人寿与健康保险

主　编　黄立强
副主编　王立军　刘海莺　陈　芙

北京理工大学出版社
BEIJING INSTITUTE OF TECHNOLOGY PRESS

内 容 简 介

本教材主要内容包括人寿与健康保险概述，人身保险合同，人寿保险概述，人寿保险合同条款，人身意外伤害保险，健康保险，寿险公司产品开发、定价与营销，寿险公司承保、理赔与投资，人身保险监管等。本教材注重理论与实践相结合，通过具体案例分析，使学生深入了解人身保险领域各个方面的知识。

本教材注重融入思政元素，本着"有趣且有益"原则，激发学生的阅读兴趣，引导学生或学员关注真实问题，采用"突出重点，引导思考"的方式进行编写，提高学生的课堂参与性和互动性。

本教材可供高等院校保险学、金融学、精算学等相关专业本科生使用，也可供高等职业学校保险专业学生学习使用。

图书在版编目（CIP）数据

人寿与健康保险 / 黄立强主编. --北京：北京理

工大学出版社，2024.4

ISBN 978-7-5763-3754-9

Ⅰ. ①人… Ⅱ. ①黄… Ⅲ. ①人寿保险-教材②健康

保险-教材　Ⅳ. ①F840.62

中国国家版本馆 CIP 数据核字（2024）第 066923 号

责任编辑：王晓莉　　　文案编辑：王晓莉
责任校对：刘亚男　　　责任印制：李志强

出版发行 / 北京理工大学出版社有限责任公司
社　　址 / 北京市丰台区四合庄路 6 号
邮　　编 / 100070
电　　话 / （010）68914026（教材售后服务热线）
　　　　　　 （010）68944437（课件资源服务热线）
网　　址 / http://www.bitpress.com.cn
版 印 次 / 2024 年 4 月第 1 版第 1 次印刷
印　　刷 / 河北盛世彩捷印刷有限公司
开　　本 / 787 mm×1092 mm　1/16
印　　张 / 14.75
字　　数 / 344 千字
定　　价 / 89.00 元

PREFACE

人身保险是一种重要的保险形式，它为个人和家庭提供了一种保障机制，可以在发生意外事故或疾病时提供经济支持。人身保险的发展与人民生活水平、社会保障制度等密切相关。随着人民生活水平的提高，人们对人身保险的需求也越来越高。《人寿与健康保险》一书的编写在延续培养保险经营与管理人才的同时，增加了保险消费者教育内容，让学习者不仅仅学到如何"生产"和"销售"保险，也学会如何"购买"和"使用"保险。本教材的编写更加注重培养学生的社会责任感和人文关怀精神，引导他们关注社会问题，理解保险的本质和作用，以及如何通过保险保障人民利益。

新文科建设是当前中国高等教育领域的一项重要任务，旨在推动中国高等教育的改革和发展，提高高等教育的质量和水平。新文科教材建设是新文科建设的重点内容之一，教材设计和内容要注重培养学生的综合素质和创新能力，推动中国高等教育的改革和发展。《人寿与健康保险》教材编写侧重教学方式的创新，例如通过问题导向、案例分析等方式，可以更好地激发学生的学习兴趣和思考能力，提高教学效果。

本教材未使用"人身保险"命名，而是使用了"人寿与健康保险"，主要有两个原因。一是教材编写初衷是服务于辽宁大学保险专业教学使用，对应教学计划中的课程名"人寿与健康保险"，与课程录制的在线开放课同名，保持统一，更便于使用；二是"人寿与健康保险"相对"人身保险"在使用译文时更容易转换。"人身保险"译为英文时，为"life insurance"，容易与"人寿保险"混淆，也有学者译为"personal insurance"，但又容易与"个人保险"混淆。本教材中"人寿与健康保险"并不是"人寿保险"与"健康保险"的简单加总，应该理解为"与人的生命或健康相关的保险"，因此与法律定义中的"人身保险"并无实质区别，在教程体系和内容上，也与被广泛采用的《人身保险》教材大体一致。在教程写作过程中，为了与现行法律体系、理论研究和实务工作做法一致，大多数情况下，均使用"人身保险"作为统称。

注意，在人身保险中，费用补偿性保险、保险金赔付以实际费用为限。同时，为了防范道德风险，在《中华人民共和国民法典》和相关司法解释等法规以及保险监管机构规定中，会设定身故保险金限额，被保险人死亡给付的保险金总和不得超过规定的限额。

本教材分为四部分，共9章：第一部分包括第一、二章；第二部分包括第三至六章；第三部分包括第七、八章；第四部分包括第九章。

本教材具有以下特色。

第一，重视思政融入性。以党的二十大报告精神为政策指导，教材使用"中国女排"等富含正能量和反映中国发展成就的电影情节，采用最新保险政策和发展数据，在"学以致用"环节中设置了"看事实"内容，引导学生或学员关注真实问题，关注中国经济发展成就，关注"十四五"规划和二十大报告等对保险业未来发展的影响。

第二，注重教材趣味性。党的二十大报告强调"坚持人民至上"。具体到保险教材编写工作中，让学生看得进去、看得有收获是本次编写的初衷。本着"有趣且有益"的原则，在教材编写过程中引用保险案例、电影情节、新闻导读等各类趣味性资料，激发学生的阅读兴趣的同时，引导学生正觉、正心、正念，加深学生对保险回归保障初心的认识，采用"突出重点，引导思考"的方式编写教材。

第三，增强学习参与性。通过"学习引导"，让学生了解为什么学习、学习什么、如何学习，以及学习后如何应用，让学生带着思考和目的性学习；设置"边学边做"专栏，让学生课堂除了读教材和听讲课，还能动起手来，自己探索保险世界；每一节都安排了"学以致用"环节，让学生看事实、查数据、学政策、用知识。以上环节让学生不再只作"听众"，不但想听课、爱听课、听懂课，也重事实、爱思考、勤动手、多讨论，成为课堂教学的参与者，与教师共同塑造课堂教学。

第四，提高教学开放性。与本书配套的视频和讲义可以通过学堂在线平台和个人教学公众号免费获取，学生可以通过在线视频进行自学，也可以随时通过个人教学公众号与教师进行交流；同时，为了支持学生课外学习，我们建立了"强哥保学"知识星球，学生不但可以获取教材使用的素材，也可以免费使用其中随时更新的最新专业资料，还可以作为知识星球的一员，进行学习打卡、提问、评论和分享专业资料。

本教材基于"人寿与健康保险"在线开放课程编写。该课程于 2020 年 7 月正式在学堂在线平台上线，课程教师组成员包括黄立强、王立军、刘海莺与陈芙。

感谢以下学生在教材编写过程中做出的贡献：刘洋、张志瑞、陈乐、肖雨、高菊、张蓝蓝、雷柠泽、蒋泰帅、刘冉、季思慧、许君卓、李海波、刘瑶瑶、张岩、董秉栋、李雨轩、徐甜甜、孙钰淑、满建萍、姜悦、唐诗奇、赵文瑄、何文静、王昳萱和崔凯元等。

由于编者水平有限，加之时间仓促，书中难免存在疏漏和不足之处，敬请广大读者批评指正。

编　者

2023 年 10 月

CONTENTS

第一章 人寿与健康保险概述

学习引导

【为何学】 生命和健康对于每一个人都是最珍贵的财产，然而意外事故及疾病死亡对于每个人而言又都是客观存在的，而且会让人们的"健康资本"受到威胁，而人寿与健康保险就发挥着分散和转移该风险的功能。通过学习本章内容，可以更好地了解什么是人寿与健康保险，从而更好地运用人寿与健康保险为生活提供保障。

【学什么】 了解人身风险；掌握人身风险的管理方法；掌握人身保险的概念及其类别；掌握人身保险的作用；了解我国人身保险的发展史。

【怎么学】 在学习理论知识的基础上，通过"火场救妻"等真实事件，了解身边的风险；查询保险监管机构和保险公司等人身保险业务种类；通过保险新闻资讯了解人身保险的功能与作用；阅读保险类书籍与其他资料，鉴古知今。

【如何用】 发现并分析人身风险，设计风险管理方案；按照不同分类方式，解读人身保险数据，分析人身保险发展情况；提升对人身保险的认知与理解，为自己与家人配置合适的人身保险产品；回顾人身保险发展历史，观察当前人身保险发展情况，思考人身保险的发展趋势。

第一节 人身风险与风险管理

新闻事件：令人痛心的"火场救妻"[1]

2022 年 3 月 13 日上午，南京市雨花台区龙凤佳园小区内发生火灾。据@南京消防发布的视频显示，事发时一女子（王某雨）站在阳台外侧，其丈夫（陈某产）浑身被烧得通红并且在阳台内紧紧拉住妻子的手臂，直至消防员到场扑灭大火，男子与消防员合力救

---

[1] 资料来源：人民资讯，"痛心！火场救妻'中国好老公'离世一周后，他的妻子也去世了"，2022 年 3 月 29 日，https://baijiahao.baidu.com/s? id=1728642673299877466&wfr=spider&for=pc

回女子。

两人身上超 90% 的皮肤在此次火灾中被烧伤，家里一开始借了 80 多万为他们救治，并通过水滴筹筹集到 100 多万元的善款。2022 年 3 月 22 日，丈夫陈某产伤重不治，3 月 29 日，妻子王某雨也离世。陈某产哥哥向媒体表示："现在家属都很悲痛，同时又考虑到他们家中的三个孩子和为治病早前欠下的巨额欠款问题，我们希望能和筹款平台商量一下能否留下一些捐款。"

2022 年 4 月 14 日，南京雨花台区消防救援大队出具火灾事故认定书。经调查，起火点为进门左侧距东侧墙面约 30 厘米的地面放置的电瓶（锂电池）处，起火原因为锂电池故障导致热失控引燃自身及附近可燃物所致。

公开报道显示，火灾发生前 10 天的 3 月 3 日，江苏省召开群租房安全管理"清患安居"行动推进会，会议要求紧盯城中村、城郊接合部、校园周边等重点区域，强调要突出重点隐患整治，具体包括紧盯群租房违规分隔住人、违规使用液化气瓶、违规使用明火、私拉乱接电线、逃生通道不畅、电瓶车违规停放充电和噪声扰民七类突出问题，要求依法加大执法查处。

一、人身风险

（一）人身风险概念

风险，是一种损失的发生具有不确定性的状态[1]。

人身风险是指导致人的伤残、死亡、丧失劳动能力以及增加费用支出的风险，包括生命风险和健康风险。具体而言，包括日常生活及经济活动中，人的生命或身体遭受各种形式的损害，造成人的经济生产能力降低或丧失的风险，包括死亡、残疾、疾病、生育、年老等损失形态。

"火场救妻"事件中，夫妻二人遭遇火灾，先是被严重烧伤，后不幸双双身亡。救治需要花费巨额医疗费用，留下的三个孩子从此失去了父母的抚养，显然这不是夫妻二人希望发生的。火灾等意外事故，显然是一种风险。

到目前为止以及未来相当长的时期内，可以断定，人的寿命是有限的，最终一定会死亡，但是每个人死亡的时间都是不确定的，因此仍然存在死亡风险。火灾中受重伤并最终去世的夫妻二人，以及他们的家人，可能从未想到灾难会以这种方式突然降临。

健康风险的不确定性相比死亡风险特征更为明显，如伤残、疾病发生与否，造成的损失程度如何，具有明显的不确定性。"火场救妻"的新闻报道让人心痛，我们多么希望百万捐款能够让夫妻二人活下来。遗憾的是，我们没有等到"大团圆"结局。

（二）人身风险要素

人身风险的要素包括人身风险因素、人身风险事故和人身风险损失。人身风险因素引发人身风险事故，而人身风险事故导致人身风险损失。

（1）人身风险因素，是指引起或增加人身风险事故发生的机会或扩大损失幅度的条件，是人身风险事故发生的潜在原因。人身风险因素可以分为实质风险因素和无形风险因

---

[1] 孙祁祥. 保险学［M］. 7 版. 北京：北京大学出版社，2021.

素（包括道德风险因素和心理风险因素）。

在"火场救妻"事件中，登堂入室的锂电池和杂乱堆放的废旧物资等属于实质风险因素。对火灾事故发生的可能性心存侥幸，疏于安全管理，则属于无形风险因素。

（2）**人身风险事故**，是指造成人身伤亡或健康资本损失的偶发事件，是造成人身风险损失的直接的或外在的原因，是损失的媒介，如火灾、爆炸、地震、交通事故、疾病、衰老等。

（3）**人身风险损失，**是指非故意的、非预期的和非计划的人体健康状况恶化、生命丧失或预期寿命延长引发的健康资本损失和财务支出增加。

损失可以分为直接损失和间接损失。**直接损失**是指风险事故导致的财产本身损失和人身伤害，这类损失又称为实质损失；**间接损失**则是指由直接损失引起的其他损失，包括额外费用损失、收入损失和责任损失。直接损失表现为现有财产或财富价值的减少，间接损失表现为可得利益的丧失。直接损失包括财物被毁损而使受害人财富的减少，致伤、致残后受害人医疗费用、护理费用的支出等；间接损失包括可得的财产之法定或天然孳息的丧失、可得利润的丧失、可得工资/奖金的丧失、可能的挣钱能力的丧失或降低等。"火场救妻"事件中，夫妻二人的治疗费用和生命是此次火灾事故的直接损失。事故发生时，丈夫39岁，妻子30岁，上有年迈父母，下有三个年幼孩子，正是承担家庭经济重担的时候。然而，火灾无情，二人生命猝然逝去，无法再为老人和孩子提供经济来源，这是此次火灾事故的间接损失。

（三）人身风险影响

人身风险对人们的影响主要有以下两个方面。

（1）人身风险事故发生后的影响。人身风险事故所导致的损失分为收入损失和额外费用损失，二者都会导致个人及家庭的生活水平下降，严重时还会使个人和家庭的生活陷于困境，甚至导致经济上的破产。此外，还会给当事人带来精神上的痛苦。例如，家庭主要经济收入提供者过早去世，对家庭的影响可能是灾难性的，导致家人陷入精神痛苦。

（2）人身风险事故发生前的影响。没有发生人身风险事故并不意味着风险对人们没有影响。人身风险是客观存在的，能够被感知、识别和分析。身边发生和新闻报道的人身风险事故事件，会加深人们对人身风险的认识。为了避免或减少人身保险事故，我们需要对人身风险进行管理。无论采用哪种风险管理方式，都会减少效用或收益（如不乘坐飞机、选择低风险职业、提高流动性高的资产比重等）或增加成本（如进行安全教育、购置消防设备和购买人身保险产品等）。

二、人身风险管理

人身风险管理是社会组织或者个人用以降低人身风险的消极结果的决策过程，通过风险识别、风险估测、风险评价，并在此基础上选择与优化、组合各种风险管理技术，对人身风险实施有效控制和妥善处理人身风险所致损失的后果，从而实现以最小成本获得最大安全保障的目的。

人身风险管理方式主要有人身风险回避、人身风险预防、人身损失抑制、人身风险隔离、人身风险自留、人身风险转移等。

（一）人身风险回避

人身风险回避是指放弃可能发生人身风险事故的行为或活动。例如，放弃驾车减少交通事故风险，选择职业风险等级更低的工作岗位等。优点是彻底阻断风险源，但也有因放弃某种活动而失去可能获取的收益的缺点。

（二）人身风险预防

人身风险预防是人身风险事故发生前为了消除或减少可能引发损失的各种因素而采取的一种风险处理方式。例如，通过规律作息、健康膳食和坚持锻炼保持身体健康，延缓身体衰老，降低疾病发生率。优点是平时预防风险，损失一旦发生则尽力减小损失程度；缺点是预防措施常有滞后性且不易操作。

（三）人身损失抑制

人身损失抑制是指人身风险事故发生后为降低损失程度采取的一系列措施。例如，疾病发生或出现意外事故后及时就医诊治等。优点是直接有效，但需要投入资源和时间，且有些损失无法抑制。

（四）人身风险隔离

人身风险隔离是指通过分离或复制人身风险单位，使任一人身风险事故的发生不至于导致风险损失过于集中，降低风险事故风险。人身风险隔离可以看作是风险预防和风险抑制的特殊形式。优点是简单易行，但隔离效果可能有限。

隔离人身风险的一个典型做法是分餐制：就餐者每人一份饭菜，自己享用，可以在很大程度上减少交叉感染而导致的疾病。

（五）人身风险自留

人身风险自留是指以自有资金作为风险准备金，用来弥补人身风险损失。优点是简单易行，风险准备金使用较为灵活；缺点是牺牲资金的消费和投资用途，且无法抵御超出预期的巨大风险事故。

人身风险自留有主动自留和被动自留两种。前者是有计划地主动预留资金用于抵御风险，后者是没有做好风险管理，只能自己承担损失后果。

（六）人身风险转移

风险转移是指通过合同或非合同的方式将风险转嫁给另一个人或单位的一种风险处理方式。

人身风险转移有保险转移和非保险转移两种方式。

1）保险转移。保险转移是指通过订立保险合同，将风险转移给保险公司（保险人）。个体在面临风险的时候，可以向保险人交纳一定的保险费，从而实现风险转移。一旦预期风险发生并且造成了损失，则保险人必须在合同规定的责任范围之内进行经济赔偿。例如，购买意外险，如果因意外导致溺水，则通过向保险公司理赔可以报销救助费用等。

2）非保险转移。非保险转移是指通过保险契约以外的方式，将人身风险转移给其他人承担。例如，在劳动合同中约定工伤造成的伤残和死亡损失由雇主承担等。

风险转移方式的优点是简单易行，且风险转移范围广，但需要支付一定的转移费用。

学以致用1-1　了解火灾情况　思考防火措施

一、看事实：2023年上半年全国火灾情况①

2023年上半年，全国消防救援队伍共接报火灾55万起，死亡959人，受伤1 311人，直接财产损失39.4亿元，与去年同期相比，火灾数、受伤人数分别上升19.9%、9.3%，死亡人数、损失分别下降14.4%、5.7%。其中，自建住宅火灾形势仍较严峻，电气火灾风险最大。全年接报自建住宅火灾17万起、死亡804人，分别占火灾总数的20.6%和39.1%，特别是发生较大火灾31起，比2021年增加9起、上升40.9%，占全年较大火灾增量的近一半。

从初步调查的自建住宅火灾起火原因看，因电气故障引发的火灾占总数的42.8%，明显高于各类场所火灾中电气故障（30.9%）和非自建住宅火灾中电气故障（32.9%）的比重，表明电气线路原始设计敷设不规范、私拉乱接电线、超负荷用电等电气类问题是自建住房存在的最大火灾隐患，加之违规用作生产、储存、经营等现象也较为普遍，又进一步放大了火灾风险。

二、做练习：校园防火怎么做？

1. 以"校园火灾"为关键词检索互联网上的相关内容。
2. 浏览完校园火灾网络信息后，谈谈自己的感受。
3. 结合本节所学知识，对校园火灾，如何进行风险管理？

第二节　人身保险的界定

 电影与现实：谁来送我们一朵小红花？

2020年一部抗癌主题的电影异常火爆，五天票房收入超过8亿，这部电影就是《送你一朵小红花》。电影中易烊千玺饰演的韦一航患有脑癌，治疗的痛苦和陪护的煎熬很少有人知晓，昂贵的复查费用和用药费用又让一家人困苦不堪，然而周围满是同情和怜悯的眼神和行为可能让他们更加难受。

这部电影让很多人第一次真正认识到身陷绝境的癌症患者的痛苦不仅有身体上的，还有经济上的以及心理上的。令人悲伤的是，该电影主题曲创作者赵英俊于2021年2月3日因患癌症逝世，享年仅43岁。赵英俊遗书中说，抗争两年还是输给了癌症，没办法，对手太强大。

相信没有一个人希望电影里的故事和赵英俊的不幸发生在我们身上，最好永远身体健康，长命百岁；就算不幸患病，我们希望自己有足够的能力支付医药费。

面对生命风险的威胁，保险在哪些方面可以大显身手，在哪些方面又无能为力呢？保险，是送给罹患重疾患者的一朵小红花吗？

---

① 资料来源：国家消防救援局，"2023年上半年全国日均火灾超3000起"，2023年7月17日，https://www.119.gov.cn/qmxfgk/sjtj/2023/38420.shtml

一、人身保险的概念

人身保险是以人的生命或身体为保险标的的保险形式。人身保险以人的生命和身体为保险标的，当被保险人发生死亡、伤残、疾病、年老等事故或保险期满时给付保险金的保险。

在人身保险中，投保人根据合同约定向保险人支付保险费，保险人根据合同约定在被保险人疾病、伤残、死亡或达到约定的年龄、期限时承担给付保险金责任的保险。

《中华人民共和国保险法》（2015 年版，2018 年修订，以下简称《保险法》）第十二条中规定，"人身保险是以人的寿命和身体为保险标的保险。"

二、人身保险的特征

（一）保险标的的特殊性

人身保险的保险标的是人的寿命或身体，人身保险的保险标的没有客观的价值标准，很难用货币衡量其价值，人的生命是无价的。

由于保险标的的特殊性，人身保险的保险金额的确定无法以人的生命价值作为客观依据，在实务中，人身保险的保险金额是由投保人和保险人双方约定后确定的。

由于人身保险的保险标的是人的身体和寿命，因此不存在重复保险的情况，也不存在保险金额的超额问题。

（二）保险期限的特殊性

在人身保险中，风险事故是与人的寿命和身体有关的"生、老、病、死、残"等。相对于财产保险中各种自然灾害和意外事故而言，人身保险的保险期限短则数年，长达数十年，甚至是保障至终身。

人身保险期限的特殊性对实务工作的影响主要表现在以下几个方面。

（1）人身保险的保险期限通常较长，这意味着人身保险合同的有效期比财产保险合同更长。这种长期的合同关系使得保险公司需要长期经营和管理保单，以确保合同的履行和保险费的及时收取。

（2）由于人身保险合同的有效期长，保单载明的权利和义务关系在整个保险期间内始终有效。这意味着，即使在保险事故发生后，被保险人或受益人仍然有权要求保险公司支付保险金，保险公司不能单方面终止合同或减少保险金。

（3）人身保险期限的长期性可能会对保险公司的经营稳定性产生影响。如果投保人要求提前终止合同，可能会导致保险公司失去未来的保费收入，从而影响其经营稳定性。因此，保险公司需要制定相应的政策和措施，以应对这种可能的风险。

（三）保险利益的特殊性

人身保险的保险利益的特殊性主要体现在以下三个方面。

1. 保险利益来源

人身保险的保险利益产生于人与人之间，即投保人与被保险人之间的关系，而财产保险的保险利益则产生于投保人或被保险人与保险标的之间的关系。

2. 保险利益期限

人身保险的投保人在保险合同订立时，对被保险人应当具有保险利益，而在财产保险中，强调的是被保险人在保险事故发生时，对保险标的应当具有保险利益。

3. 保险利益衡量

在人身保险中，作为保险标的的人的寿命或身体无法用金钱来衡量，决定了在考量人身保险的保险利益时主要考虑投保人保险利益的存在性，而不需考虑保险利益的大小，而在财产保险中，不仅要考虑被保险人对保险标的的有无保险利益，还要考虑保险利益的金额不应超过保险标的的实际价值。

（四）保险金额确定的特殊性

由于人的生命是无价的，因此人身保险的保险金额的确定就无法以人的生命价值作为客观依据。在实务中，人身保险的保险金额是由投保人和保险人双方约定后确定的。约定金额既不能过高，也不宜过低①。一般从两个方面来考虑：一是被保险人对人身保险需要的程度；二是投保人缴纳保费的能力。

（五）保险合同的储蓄性

人身保险合同的储蓄性，是指在保障人身安全的同时，还能够实现一定的储蓄功能。由于人身保险费率采用的不是自然费率（即反映被保险人当年死亡率的费率），而是均衡费率（即每年收取等额的保费），这样，投保人早期缴纳的保费高于其当年的死亡成本，对于多余的部分，保险公司则按预定利率进行积累。一般而言，人身保险的纯保费分为危险保费和储蓄保费。某些险种的储蓄性极强，如终身寿险和两全保险。

人身保险合同的储蓄性意味着对投保人来说，可以将其作为储蓄产品或者保值增值工具使用。相对银行存款，人身保险前期杠杆性更高，可以用相对较少的保费获得较大的保障。但需要注意，人身保险合同带有一定的强制性，需要定期支付保费或一次性支付保费，中途一旦退保或断交，则可能导致保单失效或承担资金损失。而存款是一种自愿行为，可以随时使用储蓄账户资金。

三、人身保险的分类

为了能够更清晰地认识人身保险，需要对其进行分类。

（一）按照实施方式分为强制保险和自愿保险

强制保险又称为法定保险，是由法律规定必须参加的保险。

自愿保险也称任意保险，是指保险双方当事人通过签订保险合同，或是需要保险保障的人自愿组合、实施的一种保险。

人身保险中，强制保险主要是社会保险，自愿保险主要是商业人身保险。

社会保险是公民的权利，也是公民的义务。社会保险的保费一般由个人、所在单位和

---

① 估计家庭保险金额时，可以参考保险"双十原则"。这是指消费者购买保险产品的保险额度为家庭年收入的10倍，家庭总保费为家庭年收入的10%左右。该原则只是一个粗略的指导原则，并不完全适用于每个家庭。每个家庭的实际情况不同，需要根据自己的实际情况来配置保险产品。另外，该原则更适合用于以家庭为投保单位，且购买保障型人身保险的情况。

政府三方共同承担，具有显著的普惠保险特点，成本优势明显；但社会保险产品单一，几乎没有选择权，保险金额较低，不一定能够满足所有人的保险保障需求。商业保险保障范围较广，灵活性较高，可以根据被保险人的需要选择合适的保险产品。对于二者之间的差异，本教材主要讲解商业人身保险①。表 1-1 所示为商业人身保险与社会保险比较。

表 1-1　商业人身保险与社会保险比较

项目	商业人身保险	社会保险
经营主体	商业保险公司	政府或其设立的机构
行为依据	保险合同	法规和政策
实施方式	自愿订立	强制实施
适用原则	个人公平	社会公平
保障功能	个体风险保障	社会稳定和促进经济发展
保费负担	个人全部承担	个人、企业和政府共同负担
保障水平	根据个人投保金额决定	保障基本生活需要

（二）按照承保风险责任分为人寿保险、意外伤害保险和健康保险

对于投保人和保险公司来说，一份保险合同的保险责任范围（通俗点说，就是"保什么"和"不保什么"）是至关重要的。以承保责任为划分标准，可以将人身保险分为以下三种。

1. 人寿保险

人寿保险针对寿命风险，即早逝或长寿风险。人寿保险是以人的生死为保险对象的保险，可分为生存保险、死亡保险和两全保险（生死合险）。目前市场上的终身寿险基本涵盖了生存和死亡两种保险责任，即两全保险。

2. 意外伤害保险

意外伤害保险针对意外风险，即因意外事故导致的身体伤害风险。只承保因意外伤害而导致的伤残或身故。通常情况下，人身险公司所售的意外险，除死亡、伤残外，还包括相应的医疗费用保障。

3. 健康保险

健康保险针对疾病风险，即因疾病导致的医疗费用和收入损失风险。健康保险以人的身体为保险标的，以疾病或意外导致的病、伤为保险责任，包括疾病保险、医疗保险、失能收入损失保险、护理保险等。

（三）按保险期限分为短期业务和长期业务

保险期限在 1 年及 1 年以下的为短期业务。保险期限在 1 年以上的为长期业务。人寿

---

① 考虑到社会保险与商业人身保险之间的关系（替代与补充并存），一般人身保险教材中，难免涉及社会保险内容，大多数作为单独一章进行讲述。不过，从学科分类角度看，社会保险应该从属于公共管理一级学科门类，与从属于应用经济学科的保险学的基础理论存在差异。通常，社会保险也会有专门课程。从教学实践的角度上看，有限的课堂教学时间里，集中讲授商业人身保险知识更有利于提高教学质量。

保险长期业务居多，健康保险既有短期业务也有长期业务，而意外伤害保险则以短期业务为主。

长期业务和短期业务在技术管理角度上有显著区别。人的生命风险与年龄关系最大，一般通过生命表进行统计分析，具有显著总体发展趋势，即（超过幼年时期后）年龄越大生存风险越小，死亡风险越高，生存率和死亡率波动性较小。长期业务受市场利率、通货膨胀率的影响比较大。

意外伤害风险和健康风险（尤其是前者）一般是短期业务，更接近于财产保险，风险事故发生具有较高偶然性，波动性较高。短期业务一般受市场利率、通货膨胀率变化影响很小。

由于长期业务和短期业务管理技术差别明显，在国际保险市场中，美国等国家或地区一般按照风险特征和管理技术的不同将保险业务区分为寿险和非寿险业务，寿险业务中仅包括死亡保险和生存保险，意外伤害保险和（短期）健康保险被划入非寿险业务中。

国内财险公司也可以经营意外伤害保险和短期健康保险业务，这是从管理技术角度出发的实践安排。

（四）按投保方式分为个人保险和团体保险

个人保险，实务工作中一般简称"个险"，是以个人或家庭为承保单位的保险。个人保险根据个人或家庭需求和购买能力购买，具有高度选择权和灵活性。

团体保险，实务工作中一般简称"团险"，是指以一张保险单为众多被保险人提供保障的保险。团体保险是以集体单位作为承保对象，以保险公司和集体单位作为双方当事人，采用一张保险单形式订立合同。社会保险可以被视为规模最大的团体保险。企事业单位也可以为员工办理团体保险。团体保险中个人选择权很小，但可以享受免体检、低保费等好处。因此，如果有参与团体保险的机会，应该优先考虑购买，性价比通常比个人单独购买时高。

个险和团险无论是营销模式、承保方式，还是核保要点，都存在明显区别，保险合同条款相应差异也较大。因此，保险公司通常会单独设置团体保险部门管理团险业务。二者具体差别见表1-2。

表1-2 个人保险与团体比较

项目	个人保险	团体保险
承保对象	个人或单独的家庭内部成员	团体中的多个成员
定价依据	根据个人情况和选择进行定价	根据团体情况和选择进行定价
核保要求	根据个人健康状况和家庭病史等进行核保	根据团体的职业、健康状况等进行核保，较为简单
手续与费率	个人保单手续较为简单，费率根据个人情况确定	团体保单手续简单，费率根据团体情况确定，一般较低
保障期限	可根据个人需求选择不同的保障期限	一般为一年或数年，也可根据团体需求定制

（五）按是否有理财功能分为传统型保险和创新型保险[①]

1. 传统型保险

传统型保险是指以保障功能为主的保险，包括重疾险、意外险、医疗险、养老险等。传统型保险产品就是固定预定利率的保险，产品不具备分红或投资功能，通常每期保费、保险期限、保险金额等在合同成立后不能改变。这类产品主要包括固定预定利率形式的终身寿险、两全保险、养老保险、意外险、疾病保险等，满足投保人对人身保障、个人养老、子女教育、健康、意外等保险需要。

2. 创新型保险

创新型保险是指包含保险保障功能并至少在一个投资账户中拥有一定资产价值的人身保险产品。创新型保险一般包括分红型保险、万能型保险和投资连结型保险等。创新型保险是一种集保险保障与投资理财于一体的保险产品。该险种将客户缴付的保费分成"保障"和"投资"两个部分，一部分用于保险保障，即使投资收益不理想，客户在保险期限内也可获得身故保险金、全残保险金、满期保险金等基本保障；其余部分保费转入专门的投资账户，由保险公司的投资部门通过专业理财渠道进行投资运作，以达到资产保值增值的目的。

 边学边做

查数据学保险

在国家金融监督管理总局官网（http://www.cbirc.gov.cn）"统计数据"栏目下，可以看到公布的最新"全国各地区原保险保费收入情况表"和"人身保险公司经营情况表"，了解一下保险监管机关是如何对保险业务分类的。

基于不同的分类标准，人身保险还有其他分类方式。具体使用哪一种分类方式，主要取决于人们的工作、学习或研究需要。大家可以访问各大寿险公司官方网站并阅读相关学术文献，看一看，在实务工作和理论研究中，人身保险业务是如何分类的，有何相似之处，又有何不同，并思考这些分类的作用是什么。

四、人身保险的作用

生老病死是生命的必然规律，但对家庭财务影响较大。人身保险可以在应对人身风险方面发挥重要作用。无论是对个人和家庭，还是对企业和社会，人身保险都是不可或缺的。人身保险被视为个人或家庭财务规划中必要和基本的因素，在个人或家庭的财务规划过程中，是有价值和有弹性的财务工具，尤其在死亡后能很快地提供资金以及协助弥补财务损失，人身保险几乎是唯一的财务工具。

2020年1月27日凌晨，当所有人还在睡梦中的时候，一个噩耗登上了各大新闻网站

[①] "传统"与"创新"是相对的。在现在的中国人身保险市场上，"创新型"保险产品甚至已经成为主流。实际上，称为"理财型保险产品"或许更合适。为什么仍然使用"传统型"和"创新型"命名，一是已经约定俗称，二是在中国保险监管机构文件和保险行业协会人身保险产品分类方式中，也延续这样的方式。

的头条。据美国媒体的消息，在当地时间 1 月 26 日，美国加利福尼亚洛杉矶县卡拉巴萨斯发生了一起直升机坠机事故。而此架直升机正是前著名篮球巨星科比·布莱恩特的私人飞机，他与自己 13 岁的女儿吉安娜·玛丽亚在此次事故中遇难，而科比年仅 41 岁[①]。

科比以一种令人遗憾、意想不到的方式离开了，给他妻子瓦妮莎留下的是巨大的精神伤痛和不得不处理的诸多问题，包括合理处置科比的遗产、抚养三个女儿和经营科比留下的庞大商业帝国。对于科比的遇难和他妻子面临的问题，通过保险能得到解决吗？

（一）人身保险的微观作用

1. 抵御意外死亡和伤残失能对家庭收入的冲击

随着现代生活日益复杂，不可预知性越来越明显。人们担心过早离世，使整个家庭陷入生活困境；担心一旦身患重病，不仅要支付巨额医疗费用，还会减少工作收入，生活质量大大降低；此外，几乎所有个人与家庭都面临寿命延长带来的养老成本上升问题。保险作为一种化解风险影响的手段，对解决或缓解以上问题可以发挥重要作用。

科比坠机死亡时 41 岁，突然离世对家庭收入冲击巨大。科比职业生涯中最高拿过 3 045 万美元年薪，退役后的明星效应和广告价值也非常可观。科比如果没有保险，意外死亡后，其巨额人力资本将烟消云散；如果科比为自己购买了足够高额的人寿保险，那么即使他遭遇了坠机，但仍然可以为家人留下巨额财富，实现自己的生命价值。

贝克汉姆为自己的身体投保了近 2 亿美元，看起来保险金额高得离谱。然而，贝克汉姆 2019 年在一款社交媒体 App 上靠发布的 30 个帖子，广告费就赚了 860 万英镑，即 8 000 万元人民币，考虑到贝克汉姆还有其他方面收入，2 亿保额并不算夸张。

富豪和巨星收入中断还有积累的巨额财富可以缓解债务冲击，对于普通家庭来说，收入中断的影响更大。据中国残疾人联合会（以下简称残联）统计，2020 年，中国有持证残疾人及残疾儿童 1 077.7 万人。研究发现，残疾对家庭收入会造成较大影响，主要表现在严重的男性残疾和中青年人残疾会使得家庭人均可支配收入分别下降 12.3% 和 9.0%，使得人均市场收入分别下降 16.6% 和 13.2%。引起市场收入下降的主要原因来自两个方面：一是残疾人本身劳动能力下降，二是残疾会改变家庭成员的劳动配置，进一步减少获得劳动收入的机会。儿童残疾、老人残疾和中青年人残疾对应的救济性收入会分别增加两倍、一倍和一倍左右，但不足以弥补市场收入的下降幅度[②]。

2. 缓解日益膨胀的医疗费用给生活造成的压力

随着医疗技术的发展，医学技术日新月异，不断有重大技术突破，许多以前被视为绝症的疾病，利用现代医疗技术已经可以治愈。

史蒂夫·乔布斯[③]确诊患有"万癌之王"的胰腺癌后仍然活了 8 年。不过，代价是医药费支出高昂，乔布斯仅进行 DNA 基因测序就花费 10 万美元。如果没有"老乔"的命，却得了"老乔"的病，经济压力可想而知。

---

① 资料来源：搜狐网，"'篮球巨星'科比坠机身亡，13 岁女儿一同遇难！外媒爆出坠机细节"，2020 年 1 月 28 日，https://www.sohu.com/a/512875427_120099877。

② 詹鹏，李懂文."残疾"对家庭收入结构的冲击多大？[J]. 湘潭大学学报（哲学社会科学版），2019，43（4）：76-83.

③ 史蒂夫·乔布斯，美国发明家、企业家，苹果公司联合创始人，曾任苹果公司首席执行官。2011 年 10 月 5 日，因胰腺神经内分泌肿瘤逝世，享年 56 岁。

按照中国精算师协会对常见几种重疾治疗费用的测算，恶性肿瘤治疗费用需要20万~80万元，重大器官或造血干细胞移植术需要花费22万~50万元，急性心肌梗死需要花费10万~30万元。2023年7月17日，国家统计局发布的《2023年上半年居民收入和消费支出情况》显示，上半年，全国居民人均医疗保健消费支出1 219元，同比增长17.1%，占人均消费支出的比重为9.6%。医疗保健消费涵盖着整个医疗健康，相当于医院和药店的综合消费。同比近五年上半年人均医疗保健消费支出，2019年上半年、2020年上半年、2021年上半年、2022年上半年、2023年上半年，人均医疗保健消费分别为941元、848元、1 015元、1 041元、1 219元。虽然2020年人均医疗保健消费有所回落，但2021年已出现逐渐增加趋势。

2023年上半年，中国人寿寿险公司赔付1 009万件，日均赔付5.57万件。赔付金额299.5亿元，医疗险赔付金额占比最高；平安人寿的理赔金额为216亿元，同比增长7.5%；新华保险的理赔金额则近80亿元。此外，人保寿险、工银安盛人寿、百年人寿的理赔金额则分别为36.82亿元、11.4亿元、11.12亿元[①]。

3. 可以丰富家庭理财和财富管理方式

人身保险作为家庭理财工具的作用如下。

（1）增加投资收益。对于家庭理财来说，保险产品不仅可以降低风险，还可以增加投资收益，如投资型保险产品，由于保险公司会将保费资金进行投资，因此可以获得更高的投资收益。

（2）实现财富传承。保险产品除了可以降低风险，还可以实现财富传承。可以在保证家庭基本生活支出的同时，积累一定的财富，为子女的教育、婚嫁等未来重大支出提供资金保障，实现财富的传承。

（3）用于合理避税。保险产品可以通过税收优惠政策，规避一定的税收。例如，购买商业健康保险、个人养老保险等，可以享受税前扣除或税务补贴等优惠政策，合理规避税收。

4. 可以发挥资产保护作用，减少债务纠纷和遗产争议

根据美国媒体报道，科比遗产可能高达20亿美元的财产，折合人民币大约140亿元。科比生前并没有留下明确的遗嘱，按照当地的法律，科比巨额遗产属于科比的妻子瓦妮莎和他的三个女儿。如果科比生前为妻子留下的是巨额的保险，保险金可以明确指定受益人，性质上不属于遗产，可以在很大程度上减少遗产继承的纠纷问题。

（二）人身保险的宏观作用

1. 发挥促进社会安定作用

人身保险促进社会安定的作用主要体现在以下两个方面。

（1）社会稳定机制作用。社会稳定机制作用主要是通过对广大劳动者和社会成员的经济生活实施稳定、可靠的基本保障来实现。在正常情况下，劳动者是通过按劳分配以工资报酬等方式来维持本人和家庭的生活来源。人身保险是为千家万户送温暖的高尚事业，可

---

① 资料来源：综合中国经营报、新浪财经、综合天眼新闻、和讯网等新闻媒体网络信息所得。

以为人们解决养老、医疗、意外伤害等各类风险的保障问题，人们可在年轻时为年老做准备，今天为明天做准备，上一代人为下一代人做准备。因此人身保险对安定人民生活、保证国家长治久安都可以发挥积极作用。

（2）促进劳动力再生产。社会保险是保障社会劳动力再生产顺利进行的重要手段。而人类社会的再生产，不仅包含物质资料再生产，而且也包含劳动力本身的再生产。人身保险对劳动者提供风险保障，对于伤残、衰老、死亡提供的保险金，可以让伤病对劳动者的影响降低，尽快恢复劳动能力，也减轻了其亲友和所在单位的经济压力。

社会保险和商业人身保险都是社会保障体系的有机组成部分。社会保障体系是人民生活的安全网和社会运行的稳定器。党的二十大报告提出，要健全社会保障体系，"健全覆盖全民、统筹城乡、公平统一、安全规范、可持续的多层次社会保障体系""促进多层次医疗保障有序衔接，完善大病保险和医疗救助制度，落实异地就医结算，建立长期护理保险制度，积极发展商业医疗保险"。

多层次社会保障体系，就是要在保障项目上，坚持以社会保险为主体，社会救助保底层，积极完善社会福利、慈善事业、优抚安置等制度。在组织方式上，坚持以政府为主体，积极发挥市场作用，促进社会保险与补充保险、商业保险相衔接。要积极构建基本养老保险、职业（企业）年金与个人储蓄性养老保险、商业保险相衔接的养老保险体系，协同推进基本医疗保险、大病保险、补充医疗保险、商业健康保险发展，在保基本基础上满足人民群众多样化、多层次的保障需求。

中华人民共和国人力资源和社会保障部（此后简称人社部）数据显示，我国基本养老保险、失业保险、工伤保险和生育保险参保人员已分别达到10.57亿人、2.4亿人、2.94亿人和2.46亿人，基本医疗保险参保率稳定在95%左右[①]。

2. 发挥资金融通作用

在现代金融市场上，人寿保险公司还是重要的机构投资者，发挥重要的资金融通作用。因为寿险产品的特点，寿险公司往往不但资本雄厚，而且可以拥有其他金融机构非常难获得的长期稳定现金流，在做战略投资时更有优势。近几年，中国成立了多家保险资产管理公司，保险投资渠道也进一步扩大，可以预见今后保险公司在资本市场上的作用将会越来越大。

3. 发挥社会管理作用

除了提供社会保障作用，人身保险的社会管理作用还体现在以下几个方面。

（1）社会风险管理。人身保险可以通过提供风险保障，减少社会成员因意外风险而造成的损失，降低社会风险。

（2）社会关系管理。人身保险可以促进社会成员之间的互助合作，增强社会凝聚力。

（3）社会信用管理。人身保险可以提供信用评估、担保等信用服务，提高社会信用水平。

---

① 资料来源：光明网，"扩大社会保险覆盖面 人社部表示将从四方面发力"，2023年9月5日，http://www.xinhuanet.com/2023-09/05/c_1212263986.htm

学以致用1-2　发展体育运动　保险保驾护航

一、看事实：高危性体育风险与相关保险现状①

在冬奥会之后，我国冰雪休闲旅游人数达到历史新高3.05亿人次，但层出不穷的滑雪受伤事件也让网友感慨，"三亿人上冰雪，三千万在骨科"。根据体育总局公告，游泳、高山滑雪、自由式滑雪、单板滑雪、潜水、攀岩等运动均被称为高危险性体育项目。

针对高危险性体育项目的风险，新修订的《中华人民共和国体育法》②（以下简称《体育法》）明确规定，高危险性体育赛事活动组织者应当投保体育意外伤害保险，高危险性体育项目经营者应当投保体育意外伤害保险和场所责任保险。

根据银保监会信息披露，截至2022年6月，财险公司共推出475款体育保险产品（其中10款为主险产品），其中涉及高风险运动的产品94款（其中仅1款为主险产品），寿险公司共推出25款体育保险产品（其中23款为主险产品）。

二、做练习：了解体育保险

1. 以"体育明星保险"为关键词检索互联网上的相关内容。
2. 浏览信息后，说说自己最感兴趣的体育明星保险故事，谈谈自己的感受。
3. 结合本节所学知识，说一说体育保险有何作用？

第三节　人身保险发展影响因素

 麦肯锡研报：重塑人寿保险的四大力量

《麦肯锡全球保险业报告（2023）：重塑人寿保险》（以下简称《报告》）研究认为，四大外部力量为全球寿险市场带来机遇与挑战，包括人口因素、利率因素、技术因素和地缘政治因素。

《报告》显示，退出劳动力市场后的预期寿命年数，女性从16年增加到24年，男性从12年增加到20年；预计未来30年，65岁以上人口数量翻倍，其中67%的数量增长来自亚洲。同时，发达经济体的政府负债累累，政府健康和养老计划面临资金缺口；据统计，全球养老金缺口近41万亿美元。寿险市场规模持续扩大。

利率变化影响不可忽视。短期内，保持在高位的名义利率可能会给寿险公司带来增长机会，特别是当投资端的资产轮换比负债端调整得更快时（因为这会导致更高的利差）。然而，从中长期来看，市场波动性持续推高名义无风险利率和风险溢价，投资者的回报要求也将提高，进而要求寿险企业实现更高的净资产收益率以满足股东预期。利率走高也可

---

① 界面新闻，"三亿人上冰雪，三千万在骨科"！体育保险首次写入体育法，如何才能迎来大发展？2022年12月31日，https://baijiahao.baidu.com/s? id=1753694094296982349&wfr=spider&for=pc

② 第十三届全国人民代表大会常务委员会第三十五次会议2022年6月24日表决通过，新修订的《中华人民共和国体育法》（以下简称《体育法》）2023年1月1日起施行。新《体育法》第九十条规定：国家鼓励建立健全运动员伤残保险、体育意外伤害保险和场所责任保险制度。大型体育赛事活动组织者应当和参与者协商投保体育意外伤害保险。高危险性体育赛事活动组织者应当投保体育意外伤害保险。高危险性体育项目经营者应当投保体育意外伤害保险和场所责任保险。

能造成信贷环境恶化，导致更多违约和信用等级迁移，这可能对保险企业的投资组合产生直接影响。

《报告》显示，技术影响与日俱增。客户对服务水平的要求不断提高，希望传统产品能够融合数字技术成果。为满足这一期待，多家保险企业已着手改变自身商业模式，采用云计算和应用人工智能等颠覆性技术，实行更加敏捷的工作方式，并启用新的人才吸引战略。在这一背景下，保险企业IT支出占总保费收入的比例还将提升。

亚洲经济体崛起，地缘政治风险重现。亚洲和其他发展中国家已经开始出现新的中产阶级。预计到2030年，中国、印度和东南亚的中产阶级人口将增长到12亿，占全球总人口的近14%。然而，鉴于地缘政治风险升温，充分抓住这些机会并非易事。

以上因素会重塑寿险业吗？影响人身保险发展的因素还有哪些？

一、人身保险产生和发展的条件

（一）自然条件

人身保险产生的自然条件就是人身风险。自人类产生以来，始终对自然界进行认识与改造活动。在长期的社会实践活动中，人们发现面对生、老、病、死等人身风险，求助于神灵或英雄人物并不能得以消除，于是产生了"积谷防饥""居安思危"的思想，开始通过社会成员之间的互助共济，减轻人身风险对人们正常生活的影响。科学技术的发展虽然可以消除一部分人身风险，但也可能带来新的风险，人身风险将一直伴随着人类社会的发展。

（二）经济条件

人身风险的客观存在促成了后备思想、保险思想的产生，但商业保险制度的建立还需要相应的经济条件。剩余产品的增加和商品经济的发展，是现代人身保险发展的经济条件。因为任何对损失进行补偿的后备基金，不管它是实物形式还是货币形式，都只能来源于剩余产品。因此只有在扩大再生产的条件下，存在满足人类生活必需以外的剩余产品，才具有补偿损失的物质基础，使保险经济补偿方式成为可能。随着商品经济的发展，社会分工高度发达、生产规模和市场范围日益扩大，人们支付能力相应增强，出于风险管理的需要，对人身风险的防范提出制度化要求。

（三）技术条件

自然条件和经济条件是人身保险产生的基本条件，但要保证人身保险的健康稳定发展，还要有相应的技术条件。人身保险发展的技术条件是保险精算。保险业，无论是人寿险还是重疾险、意外险，在其经营和管理过程中都需要在各个环节和各种层次上进行一系列的决策，包括制定合理的保险费率、提取适当的准备金、确定自留风险和安排再保险、保证充足的偿付能力等。这些核心经营问题的解决依赖于保险经营的技术基础——保险精算。

所谓精算是利用数量模型来估计和分析未来的不确定性（风险）产生的影响，特别是对财务的影响。保险精算就是以数学、统计学、金融学、保险学及人口学等学科的知识和原理，解决商业保险中需要精确计算的问题。

二、影响人身保险发展的主要因素

（一）风险因素

人身保险是针对各种人身风险的一种解决方案，因此，人身风险的存在是人身保险需求的基础。随着社会的发展，人们面临的各种人身风险也在不断增加，如交通事故、疾病、意外伤害等，这些风险的存在推动了人身保险的发展。

具体而言，风险因素对人身保险的影响如下。

（1）风险因素的存在是人身保险需求的基础。人身保险是为应对各种人身风险而产生的金融服务，因此，只有当人身风险存在时，人身保险才有需求。如果人身风险不存在，那么人身保险也就失去了存在的必要性。保险商品服务的具体内容是各种客观风险。风险因素存在的程度越高、范围越广，保险需求的总量也就越大；反之，保险需求量就越小。

（2）风险因素的存在程度和范围会影响人身保险的保费和保险条款。不同的人身风险程度和范围会对人身保险的保费和保险条款产生影响，保险公司会根据不同的人身风险情况和市场需求来制定相应的保险条款和保费。

（3）风险因素的存在会影响人身保险市场的稳定性。人身风险的存在可能会导致人身保险市场的波动和不稳定性，如突发的自然灾害、疾病大流行等，这些因素都可能对人身保险市场产生负面影响。

（二）社会经济与收入水平

人身保险产品是一种商品，且是一种无形商品，以提供风险保障服务作为主要使用价值，且需要消费者付出相应经济对价，即保险费。社会经济与收入水平会影响人身保险的规模、发展速度、结构和质量。

具体而言，社会经济与收入水平对人身保险发展的影响主要体现在以下几个方面。

（1）社会经济的发展促进人身保险的发展。随着社会经济的发展，人们的收入水平提高，人们对生活质量和保障的需求也会相应提高。人身保险作为保障人身安全的一种方式，在社会经济发展的情况下，会受到更多的关注和需求。

（2）社会经济环境影响人身保险市场的供求关系。在不同的社会经济环境下，人身保险市场的供求关系也会有所不同。例如，在经济繁荣时期，人们对人身保险的需求会相应增加，而在经济萧条时期，人们对人身保险的需求则会减少。

（3）收入水平影响人身保险的购买力。人们的收入水平直接影响其购买力和消费能力，如果人们的收入水平提高，他们就有更多的可支配收入用于购买人身保险。相反，如果人们的收入水平下降，他们就会减少对人身保险的购买。

（4）不同人群影响人身保险的市场需求。不同收入水平的人群对人身保险的需求也会有所不同。一般来说，低收入人群对基本的人身保险需求更为迫切，而高收入人群对更高级的人身保险需求更为关注。

因此，社会经济与收入水平对人身保险发展具有重要影响。为了促进人身保险的发展，需要充分考虑社会经济环境和收入水平的影响，制订相应的人身保险市场策略，以满足不同人群的需求和市场变化。

（三）人身保险产品价格

人身保险产品价格变化影响消费者购买决策、险企竞争力与市场规模。具体而言，人身保险产品价格对人身保险发展的影响有以下几个方面。

（1）价格影响消费者购买决策。人身保险的价格通常是通过保险费率来体现的，如果保险费率过高，消费者就减少购买人身保险的意愿，从而导致人身保险需求下降。因此，人身保险公司在制定保险费率时，需要考虑消费者的支付能力和市场需求，以保证人身保险市场的稳定发展。

（2）价格影响人身保险市场的竞争力。人身保险产品的价格是影响其市场竞争力的一个重要因素。如果某个人身保险产品的价格过高，消费者就会选择其他更为便宜的人身保险产品。因此，人身保险公司需要不断提高自身的服务质量，推出更多具有创新性和实用性的人身保险产品，以吸引更多的消费者，提高市场竞争力。

（3）价格影响人身保险市场的规模。人身保险市场的规模受到价格的影响，如果人身保险的价格过高，消费者就会减少购买，从而导致人身保险市场的规模缩小。相反，如果人身保险的价格较为合理，消费者就会增加购买，从而导致人身保险市场的规模扩大。

因此，人身保险产品价格对人身保险的发展具有重要影响。为了促进人身保险的发展，需要合理制订人身保险产品的价格，提高人身保险产品的性价比，增强人身保险的市场竞争力和吸引力。

（四）人口因素

人口因素包括人口总量和人口结构。保险业的发展与人口状况有密切联系。

（1）人口总量与人身保险的需求有密切联系。在其他因素一定的条件下，人口总量越大，对保险需求的总量也就越多，反之就越少。例如，一个国家或地区的人口总数越多，那么该国家或地区的居民在生命、健康、财产等方面的风险也就越大，进而对人身保险的需求也会相应增加。

（2）人口结构也会对保险业的发展产生影响。人口结构主要包括年龄结构、职业结构、文化结构、民族结构等。不同年龄、职业、文化程度和民族的人，由于生命风险、健康风险、职业风险、文化程度和民族习惯不同，对保险商品的需求也就不同。

例如，年龄结构对人身保险需求的影响较大。年轻人由于身体状况较好，对健康保险和寿险的需求相对较少；而老年人随着年龄增长，身体机能逐渐衰退，对医疗保险、护理保险和寿险的需求则会增加。

职业结构对保险需求的影响也非常显著。不同职业的人群在工作过程中面临的风险不同，例如，工人和农民在工作中面临的风险相对较高，对意外伤害保险和医疗保险的需求相对较高。

文化结构和民族结构对保险需求的影响则与文化传统和民族习惯有关。在一些文化传统和民族习惯中，重视家庭、家族和群体利益，对家庭保险、意外伤害保险和医疗保险的需求相对较高。

 边学边做

观察人口年龄结构变化情况

进入"人口金字塔"网站（https：//www.populationpyramid.net），在左上角可以切换不同国家或地区，下方左侧是人口金字塔图示，右侧是人口数随时间变化过程（包括历史过程和未来预测）。

观察世界、亚洲与中国，以及其他感兴趣的国家/地区人口金字塔，了解人口结构变化情况。

（五）宏观经济政策

财政政策主要是通过政府财政支出和税收等手段来调节总需求，从而实现经济的稳定增长。例如，政府可以通过增加基础设施投资、鼓励企业增加投资等方式，来刺激经济增长，提高人们的收入水平，进而增加对人身保险的需求。此外，政府还可以通过增加社会保障支出、鼓励个人购买人身保险等方式，来直接或间接地促进人身保险市场的发展。

货币政策主要是通过调节货币供应量和利率等手段，来影响总需求和总供给，从而实现经济的稳定增长。例如，中央银行可以通过降低利率、增加货币供应量等方式，来刺激经济增长，提高人们的收入水平，进而增加对人身保险的需求。此外，中央银行还可以通过制定相关政策，来规范和促进人身保险市场的发展，如鼓励金融机构开发新型人身保险产品、支持人身保险公司扩大业务范围等。

（六）行业监管政策

保险行业监管政策对人身保险发展的影响有以下几个方面。

（1）规范市场秩序。保险行业监管政策要求保险公司必须遵守相关法律法规，规范经营行为，对违规的保险公司进行处罚和纠正，这有助于规范人身保险市场的秩序，减少不良经营行为的出现，保护保险消费者的权益。

（2）促进市场发展。保险行业监管政策鼓励保险公司开发符合市场需求的人身保险产品，提供更加优质的服务，推动人身保险产品的创新和发展，增强保险公司的市场竞争力，促进人身保险市场的繁荣发展。

（3）防范风险。保险行业监管政策要求保险公司建立健全的风险管理制度，加强对风险的评估、控制和监测，保障保险消费者的合法权益。同时，保险监管机构也要加强对保险公司的监管，确保保险公司的合法经营和稳健发展，防范人身保险市场出现的风险，保障保险市场的稳定。

综上所述，保险行业监管政策对人身保险的发展具有重要影响，通过规范市场秩序、促进市场发展和防范风险等措施，有助于推动人身保险市场的健康发展。

（七）相关法律法规

（1）保险公司经营需要遵守相关法律法规，这些法律法规对保险公司的经营行为进行了规范和监管，确保保险公司的合法性和合规性。例如，《保险法》规定了保险公司的设立、经营和管理等方面的要求，保障了保险市场的稳定和健康发展。

（2）法律环境的变化也会影响人身保险产品的设计和销售。随着国家政策的不断更新和调整，人身保险行业也在不断推出新的保险产品来满足市场需求。例如，"健康中国"等国家政策鼓励保险公司开发健康保险产品，为消费者提供更加全面的健康保障。

（3）法律环境的变化也会影响消费者的权益。例如，《中华人民共和国消费者权益保护法》（以下简称《消费者权益保护法》）等法律法规对消费者的知情权、选择权和维权途径等方面进行了规定，保护消费者的合法权益，提高了消费者对人身保险产品的信任度和购买意愿。

（4）法律环境的变化也会影响保险公司的风险管理。例如，《企业会计准则》等法律法规对保险公司的会计处理和风险管理等方面进行了规定，要求保险公司建立健全风险管理制度，加强对风险的评估、控制和监测，保障保险消费者的合法权益。

综上所述，法律环境对人身保险的发展具有重要影响，通过规范保险公司的经营行为、推动人身保险产品的创新和发展、保护消费者的权益以及加强风险管理等方面的影响，促进了人身保险市场的规范发展，保障了保险市场的稳定和健康发展。

（八）国际政治经济环境

政治稳定性和贸易政策对人身保险市场的发展具有重要影响。政治稳定可以给人身保险市场带来信心和安全感，促进市场的健康发展；贸易政策的开放和自由化有利于人身保险市场的发展，而贸易保护主义则可能会对人身保险市场产生负面影响。

（1）政治稳定性是指一个国家政治环境的稳定程度和可预测性。政治稳定可以给人身保险市场带来信心和安全感，促进市场的健康发展。相反，政治不稳定和不确定性可能会引起市场恐慌和投资者担忧，导致人身保险市场出现波动和不确定性。例如，政治动荡和冲突可能会导致经济不稳定，影响人们的收入和消费能力，从而影响人身保险市场的发展。

（2）贸易政策是指各国之间进行贸易往来的规则和政策。贸易政策对人身保险市场的影响主要体现在以下两个方面。

①贸易保护主义：贸易保护主义是指各国采取措施保护本国产业和就业，限制外来投资和商品进入本国市场。这种政策可能会影响人身保险市场的发展，例如，限制外国的保险公司进入本国市场，限制人身保险产品的销售等。

②自由贸易政策：自由贸易政策是指各国之间互相开放市场，促进贸易自由化，鼓励跨国投资和商品流动。这种政策有利于人身保险市场的发展，例如，开放市场可以吸引更多的外国保险公司进入本国市场，增加市场竞争，促进人身保险市场的创新和发展。

（九）科技发展与应用

科技发展与应用已经对人身保险发展产生了深远的影响，主要体现在以下几个方面。

（1）提高保险公司的经营效率。科技发展使得保险公司可以运用云计算、大数据、人工智能等新技术，实现自动化、智能化的业务处理和风险控制，提高了保险公司的经营效率，增强了市场竞争力。

（2）创新保险产品和服务。科技发展使得保险公司可以获取更多的客户数据和信息，深入了解客户需求和风险状况，从而开发出更加个性化和差异化的保险产品和服务，满足客户的多元化需求。

（3）降低保险成本。科技发展使得保险公司可以通过大数据分析、风险控制等技术手段，降低保险公司的经营成本和风险损失，提高保险公司的盈利能力。

（4）提高客户体验和服务质量。科技发展使得保险公司可以通过智能客服、图像语音识别、车联网、可穿戴设备等技术手段，提高客户服务的质量和效率，提高客户的体验感和满意度。

学以致用1-3　了解行业动态　分析未来趋势

一、看事实：党的二十大报告提出的发展目标①

党的二十大报告提出，深入贯彻以人民为中心的发展思想，在幼有所育、学有所教、劳有所得、病有所医、老有所养、住有所居、弱有所扶上持续用力，人民生活全方位改善。人均预期寿命增长到七十八点二岁。居民人均可支配收入从一万六千五百元增加到三万五千一百元。城镇新增就业年均一千三百万人以上。建成世界上规模最大的教育体系、社会保障体系、医疗卫生体系，教育普及水平实现历史性跨越，基本养老保险覆盖十亿四千万人，基本医疗保险参保率稳定在百分之九十五。及时调整生育政策。改造棚户区住房四千二百多万套，改造农村危房二千四百多万户，城乡居民住房条件明显改善。互联网上网人数达十亿三千万人。人民群众获得感、幸福感、安全感更加充实、更有保障、更可持续，共同富裕取得新成效。

二、做练习：说一说党的二十大报告对人身保险业发展的影响

1. 说一说，人均预期寿命提高和居民可支配收入增加对人身保险业发展有何影响？

2. 说一说，城镇就业人数增加和社会保障体系进一步完善对人身保险业发展有何影响？

3. 说一说，居民教育水平提升与医疗卫生体系建设对人身保险业发展有何影响？

第四节　人身保险发展简史

 读史明理：首部行业纪录片《大国保险》央视网上线②

央视网倾心打造的《大国保险》是首部行业发展纪录片，全时空、全场景梳理、记录、再现了中国保险业百年来跌宕起伏的发展历程。登录官网，检索"大国保险"并观看。

一百年来，在几代保险人前赴后继的不懈努力下，中国保险业历经起伏跌宕，铸造了市场规模已居世界第二的新兴保险大国形象，为世界保险业同行打造了生动的中国样本。从高速发展的保险大国向高质量发展的保险强国迈进的征程中，尤其需要深刻、冷静地回溯发展历程、总结发展规律、展望发展前景。《大国保险》通过溯源历史轨迹、铺陈影像资料、专访权威人士、关注历史细节、梳理历史脉络，以保险业在不同历史阶段的立场、趋势为主线，构建了"故事里有故事、人物里有人物"的叙事框架，完成中国保险业从"远远落后于时代"到"日益走近世界舞台中央"的记录，带领观众纵览中国保险业从萌芽、初创、停办，到复业、扩容、飞速发展，再到全面开放、政策松绑、纠偏回归的发展

---

① 资料来源：和讯网，"中国保险这十年"：从高歌猛进到转型求变，人身险重塑进行时，2022 年 8 月 4 日，ht-tps：//baijiahao. baidu. com/s？ id＝1740229400260420849&wfr＝spider&for＝pc

② 资料来源：央视网，《大国保险》即将上线，全景展现崛起中的保险大国"，2021 年 11 月 23 日，https：//fi-nance. cctv. com/2021/11/23/ARTI2x3Ns6jnqjRsnsZsNkMA211123. shtml

之路。

"大国"与"保险"，构成《大国保险》的两个关键词，也寓意"大国保险"与"保险大国"相辅相成的辩证关系。没有高速发展、日益强健的大国，自然不会有"保险大国"的出现；而"保险大国"产生存在的意义，更在于要能充分发挥行业的社会治理功能，从而推动"大国"高质量转型发展。中国的保险业决不能"躲进小楼成一统"，而是要"扬帆大海经风浪"。奋进中的保险大国正在以实际行动交出越来越亮眼的答卷。

从历史中学习经验教训，了解保险业在不同时代、不同社会环境下的变化和挑战，可以更好地应对未来的挑战和机遇。深入了解保险行业的历史，可以增强人们对保险行业的认知和理解，提高保险业的竞争力和社会地位。通过回顾保险历史，可以发现保险业发展中的问题和不足，从而为保险业的改革和发展提供参考和借鉴。

一、人身保险起源与现代人身保险形成

（一）人身保险的萌芽

提到公元前 2 500 多年的古埃及，人们马上会想到著名的胡夫金字塔，但可能很少有人想到保险产生于金字塔的修建过程中。

在当时生产力极其落后的条件下，修建金字塔要征用成千上万石匠，工程周期长，意外或疾病死亡人数多。参加金字塔建造的石匠自发成立建立了丧葬的互助组织，用交付会费的办法解决殡葬资金。这是目前有记载的关于保险的最早组织形式。此后，古罗马士兵和其他群体中也建立过类似互助组织。

以上互助组织形式，具有一定的保险特征和功能，但是没有建立平等契约下的制度化行为规范，也没有数理统计作为保费收取或定价的科学基础，还不是真正意义上的商业保险，可以称之为保险的早期萌芽。

（二）近代人身保险诞生

如果不是追溯历史，恐怕我们很难想象，今天作为现代幸福生活"保护神"的保险会与万恶的黑奴贸易有关。

哥伦布发现美洲新大陆，从此打开了欧洲人殖民美洲的历史。为了开垦在美洲的殖民地，西班牙人从 1502 年开始把非洲黑人大批贩运到美洲。由于当时运输条件恶劣，途中食物和淡水匮乏，加上还有传染病、海难等原因，有接近三分之一的黑奴死在运输途中。为了减少利益损失，欧洲的奴隶贩子把运往美洲的非洲奴隶当作货物进行投保；后来船长和船员也被纳入被保险人范围，如遇到意外伤害，由保险人给予经济补偿，成为人身保险的早期形式。

近代保险另外一个来源是中世纪欧洲的"行会制度"，产生了公典制度、基尔特制度、英国友爱社等组织。近代保险已经出现了标准化保单和近似现代互助保险的组织形式，保险费主观性较强，主要依靠经验，仍然不够科学。

当我们仰望星空，恐怕没有几个人会首先想到保险。不过，现代保险却恰恰与天文学有不解之缘。因为正是哈雷彗星的发现者编制出了世界上第一份生命表，保险才迈入了现代的大门。

（三）现代人身保险产生

17 世纪中叶，意大利银行家伦佐·佟蒂提出了一项联合养老办法，被称为"佟蒂

法"。"佟蒂法"，在支付年金时考虑了年龄因素，是人身保险保费定价的重要进步。但是，"佟蒂法"的年龄差异划分仍然较为粗略，缺少数据支持，仍然不够科学、精确。

在前人关于生命表和生命年金理论的基础上，埃德蒙·哈雷编制出了人类历史上第一张生命表，从此人寿保险定价有了科学基础，奠定了现代人寿保险的数理基础。

1850 年前后，普罗维登特相互寿险协会设计了一种旨在承保大量雇员的团体保险方案，团体寿险产生。团体寿险通常为一年期，无需体检，保费低廉，采取直接从职工薪资中扣除的方式收取。

（四）人身保险迅猛发展

18 世纪末，在工业革命的影响下，大型机器，尤其是火车的广泛使用，让人身意外风险大大提高，人身意外伤害险产生并得到快速发展。

第二次世界大战以后，西方国家的经济快速得以恢复和发展，加上人口寿命的延长，保险业的发展异常迅速。全世界保费从 1950 年的 210 亿美元猛增到 1987 年的 10 701 亿元。

1980—2009 年，全球寿险维持高增长态势，复合增长率达 10%。保险公司成为金融业日益重要的机构投资者。经济合作与发展组织（Organisation for Economic Co-operation and Development，OECD）国家保险公司的资产总额从 1990 年不到 6 万亿美元增长到 1999 年的 12 万亿美元。

根据安联集团发布的最新研究报告，2020 年，全球寿险业务保费收入达到 2.27 万亿欧元（约为人民币 16.3 万亿元），占全球保费收入 61%。

自 2021 年起的未来十年，全球保费增长速度将有望超过 5%。中国无疑将继续占据主导地位，预计实现年均 10%的增长，全球近三分之一的保费增长将来自中国，全球保险业将开启黄金十年。

二、主要发达国家人身保险发展历史与现状[①]

（一）美国：全球最大的寿险市场，年金险、健康险和传统寿险三足鼎立

美国是目前全球规模最大的保险市场。根据瑞士再保险 Sigma 数据，2020 年美国寿险保费为 6 327 亿美元，在全球市场中的份额为 22.6%，位列世界第一；寿险密度为 1 918 美元/人，远高于全球平均水平（360 美元/人）。

20 世纪 80 年代前，传统寿险占据美国市场主导地位。美国寿险产品的发展历史最早可追溯到 18 世纪，简易人身险在初期获得了快速扩张。1940 年前后，美国经济高速发展，居民支付能力提升，杠杆率更高的定期寿险和带有储蓄属性的终身寿险成为保险市场上的主流产品。20 世纪 70 年代末，面对石油危机后日益严峻的通胀和经济衰退问题，美国保险公司顺势推出万能险，以兼具保障和投资理财功能，并满足居民对保险产品缴费灵活性的需求，迅速占据了市场主流地位。

20 世纪 80 年代至 21 世纪初，美国年金险业务快速增长。20 世纪 80 年代初，保险公司在万能险之外还推出了变额寿险和变额年金产品。直至 1986 年美国税制改革法案出台了对退休计划的税收优惠政策，包括减税、免税、税收递延等多项激励手段，使得投资年金比直接投资其他金融工具更具有价格优势，当年年金险保费收入增速就达到了峰值

---

① 资料来源：根据华创证券、海通证券研究报告等公开资料整理。

（+55.3%）。与此同时，IRA 账户体系的完善和资产规模扩张进一步加速了年金险的快速发展。1990 年，美国年金险保费总体上已经超过了寿险保费，达 1 291 亿美元，同比增速12.2%，贡献了寿险业绝大部分的增长。与此同时，资本市场的持续繁荣进一步推动了居民投资需求高涨，截至 2000 年，美国年金险保费收入达到 3 067 亿美元，1986 年至 2020年间复合增长率达 9.7%。

进入 21 世纪，美国人口老龄化进程加快，商业医疗养老保险需求旺盛，健康险业务迅速崛起。2001 年美国 65 岁及以上人口占比达 12.3%，人均预期寿命也由 1960 年的69.8 岁迅速增加至 76.8 岁。日益严峻的人口老龄化趋势使得居民养老和健康医疗的保障需求不断增加，健康险也由传统的费用报销型升级为管理式医疗保险。与此同时，经历了2001 年互联网泡沫以及 2008 年次贷危机后，美国利率进入长时间的下行通道，利率敏感性产品如变额年金、变额寿险以及万能险受到冲击，而健康险在此阶段迎来快速发展。2001 年美国健康险保费收入为 1 034.1 亿美元，2020 年则增长至 1 863.4 亿美元，增幅达76.4%，复合增长率为 3.0%，成为 21 世纪美国人身险市场最主要的增长引擎。

目前美国人身险市场已形成年金险、健康险和传统寿险三足鼎立的格局。截至 2020年年末，美国人身险保费总规模为 6 356 亿美元，其中年金险保费为 3 013 亿美元，占比达 47.4%，是规模最大的险种；健康险保费为 1 863 亿美元，占比 29.3%；传统寿险保费为 1 480 亿美元，占比 23.3%。在经济发展及消费者需求变化等多重因素的推动下，美国人身险产品体系历经不断演变，目前已达到了较为稳定的市场状态。

（二）英国：现代人寿保险诞生地，始终保持世界领先地位

18 世纪，现代人寿保险业诞生于英国，互助保险和年金保险引领市场。18 世纪初期，英国大力发展海上贸易，海上保险产品应运而生，人寿保险则作为副产品存在。随着贸易的发展，商人间抵押和借贷行为日益频繁，人寿保险作为可靠的信用抵押物发展起来。

18 世纪后期，英国主要的人寿保险企业普遍认可公平人寿保险公司的等级年金制度和死亡率统计表，英国的人寿保险业逐渐步入现代化。科学人寿保险产品的诞生是英国现代人寿保险业形成的第一个标志。英国现代人寿保险业产生的第二个标志是专业化人寿保险销售机构的出现。18 世纪，英国人寿保险企业主要的销售机构分互助会和保险公司两种。

代理人制度由全英人寿保险协会于 1830 年在爱丁堡首次使用。发展到 19 世纪中期，各寿险公司委派的代理人主要是银行家、商人、店主、招揽人等，代理人身份的多样性使得人寿保险迅速渗透进了各个圈子。19 世纪 70 年代，寿险公司出现了专业分公司制和区域经理制，寿险公司在全国其他地区的一切事务均由分公司代理，这种业务模式在全世界运行至今。除了销售渠道方面制度的创新，发展新的产品形态也是开拓市场必不可少的一部分。

20 世纪初，经济的周期性危机和两次世界大战引发了严重的贫困问题和失业问题。为了稳定社会环境，国家开始进行福利制度建设，因此限制了商业寿险发展。由于寿险的发展被限制，保险公司开始探寻具有较高利率的投资领域，将投资重点转向新的投资渠道，即海外投资。在 1870—1913 年期间，寿险公司基金用于投资的金额从 1.1 亿英镑增加到 5 亿多英镑，而人寿保险单抵押贷款金额在其中仅占很小的比重。

20 世纪 70 年代起，石油危机多次爆发导致通货膨胀加剧，同时英国人口老龄化程度

加重。英国寿险保费收入总体呈上升趋势。1993—1994 年增速为负，增速转正后 1996 年达到了 31.49%，到 1999 年时保费收入已经达 1 760 亿美元。1980—1999 年英国保费收入占全球市场份额波动上升，由 8.37% 上升到了 12.17%。

20 世纪 80 年代起，英国的保险密度和保险深度都处于领先地位。20 世纪 80 年代初，英国的保险密度略高于发达国家，1980—1984 年增速较为平缓，1985—1992 年进入快速增长期，但始终没有与发达国家产生较大差距，1993—1994 年持续下跌，但 1995 年增长幅度较大，到 20 世纪末时已经是发达国家的两倍。英国保险深度的变化趋势与保险密度类似。投连险、寿险抵押贷款、累积式分红寿险以及政府税收优惠推动英国寿险业快速增长。

英国寿险业保费收入自 2000 年的 2 040 亿美元快速增长至 2007 年的 4 237.4 亿美元，随后于 2008 年下降为 2 861 亿美元，之后逐年下降，截至 2020 年寿险保费收入 2 388.90 亿美元。全球份额在 2000 年以来一直维持在 11% 以上，2007 年达到高峰 17.22%，之后保持在 8% 左右。

英国寿险深度（3 463 美元）与密度（12.3）始终高于发达国家和世界平均水平。2000 年至 2020 年虽有波动但始终保持世界领先地位。2022 年英国寿险业保险业务收入为 149.42 亿元，同比增长 27.32%。寿险密度为 4 132 美元，较上年同期增长 3.67%。寿险保险深度为 9.6%，较上年同期增长 0.3 个百分点。

（三）日本：全球保险最发达的国家之一，人身险产品以终身寿险和医疗险为主

日本寿险发展全球领先，但优势逐渐消失。日本保险业是以海上保险和火灾保险为中心发展起来的，第二次世界大战后，由于经济恢复、人口数量增长、国民收入水平提高及行业整顿，日本寿险业实现了飞速发展。至 21 世纪初，日本寿险业市场份额占比超过 20%，保险深度与密度也始终高于发达国家和全球平均水平。虽然受经济发展乏力影响，日本寿险业近年在全球市场的份额不断下降（2020 年下滑至 10.5%），位列美国和中国大陆之后，但目前依然是世界上保险业最发达的国家之一。

人口结构变化助推日本寿险产品体系不断演进。20 世纪 50 年代后，日本经济逐渐恢复，劳动人口增长较快，催生了对死亡和遗属生存保障的产品需求，"生死两全险"成为当时最受欢迎的险种。1980 年后，日本人口老龄化进程明显加快，医疗费用急剧增加，医疗保障和护理需求持续抬升，导致医疗险及长期护理险等健康险产品不断涌现。随后，日本经济进入低增长阶段，居民对低保费、高死亡保障的产品需求迅速增加，定期寿险和终身寿险成为该阶段的主力险种，尤其是保费较低的附有定期的终身保险受到青睐。21 世纪以来，日本进入深度老龄化社会，医疗费用持续攀升，居民对寿险产品的需求逐渐从保障生死及家属的权益，转变为对养老和医疗费用的保障，终身寿险和医疗保险需求持续增长。

三、中国人身保险萌芽、形成与发展

中国寿险发展史，是民族抗争史、党的发展史、新中国发展史和改革开放史。中国曾经是世界上经济最发达的国家之一，然而晚清时期已经变得衰败落后。炮火叩开了封闭保守的大门，也惊醒"沉睡的巨狮"。从"驱逐鞑虏，恢复中华"到建党百年辉煌伟业，中华民族早已摆脱屡弱，再次勇立潮头。中国寿险历史发展的大事件无一不是民族自强、建

党伟业和改革开放的缩影与反映。

（一）保险上岸：中国寿险业开端

保险作为"舶来品"进入中国，拉开了中国保险业二百多年发展的帷幕。

鸦片战争打开了英国及其他列强对华贸易的大门，为了本国商人贸易和运输安全，依托在华洋行，保险漂洋过海，在中国大地上生根发芽，并迅速开花结果。

1805 年，中国最早的保险公司建立。当时英国人以英商渣甸和宝顺两家洋行为主，在广州创立了谏当保安行（又称为广州保险会社），标志着中国现代商业保险历史从此开始。

之后，保险公司如雨后春笋般建立和发展起来，到 1838 年，广州已经有 55 家洋行以代理方式经营保险业务，但最初主要是以海上货物运输保险为主，后来扩展到仓库、货物等财产保险。

中国寿险公司发展稍晚。1842 年，被称为"传播西方保险思想的第一位中国人"的魏源，在其编纂的《海国图志》中，第一次介绍了保险业务。书中将"保险"译为"担保"，将人身保险（生命保险）译为"命担保"。此后，太平天国洪仁玕及其他进步人士也在其著作中对人身保险进行了介绍。

1898 年，中国第一家人寿保险公司——英商建立的永年人寿创立，公司地址就在今天上海的四川路和广东路交界口。该公司最初只为外国人提供服务，1901 年开始接受华人投保，1924 年被加拿大永明人寿保险公司兼并。

（二）民族抗争：民族寿险业短暂繁荣

中华民族从来不会任人欺凌。伴随着鸦片贸易而来的保险公司和保险业务，当时几乎完全垄断在外国人手中。中国维新运动的先行者王韬极力推动民族保险业的发展，呼吁设立中国的保险公司，维护民族利益，"以中国之人保中国之货，不必假手外洋，而其利尽归于我"。

民族保险的建立已经"箭在弦上，不得不发"。

1865 年，中国第一家民族保险公司——义和保险公司在上海成立。

1875 年，李鸿章授命沙船巨商朱其昂在上海组建中国第一代民族工商企业，其中保险招商局是中国保险史上第一家官办保险企业，规模之大，堪称民族保险业的第一家旗舰店。

1897 年，清政府在上海成立了中国通商银行，也是中国银行业第一家以"银行"命名的银行。可以说，无论是外商进入建立，还是华商自主成立，中国保险公司的出现都比银行早。

1912 年 7 月 1 日，第一家民族寿险公司——华安合群保寿公司成立。

20 世纪 20 年代后期至抗战爆发，这一时期有影响力的民族保险企业几乎都为华商银行投资创办。1927 年由上海银行创办的大华保险公司成立，1929 年由金城银行创办的太平保险公司成立，1937 年由中国保险公司与中国银行联合投资创办的中国人寿保险公司成立。

抗战爆发后到中华人民共和国成立前，时局动荡，百业凋敝，中国寿险业举步维艰，业务几近停顿。

（三）中华人民共和国成立后中国寿险发展史

1. 1982—1991 年：寿险复苏

1978 年，经过建设、停摆，国内保险业开始正式恢复运转。

1979 年，在北京召开了中国人民银行全国分行行长会议，作出恢复国内保险业务重大决策。

1982 年，中国人民保险（简称中国人保）恢复办理人身保险业务。

1988 年，平安保险公司在深圳蛇口成立，这是中国第一家股份制保险企业，正式打破了保险行业的国有垄断市场。1992 年，其更名为中国平安保险公司。

2. 1992—1998 年：寿险新貌

1991 年和 1992 年，太平洋保险和平安保险分别更名为中国太平洋保险公司和中国平安保险公司，可以进行全国保险业务经营，中国人保"一家独大"垄断局面从此被打破。

1992 年，友邦保险率先将寿险代理人机制引入中国内地，从此个人代理人成为寿险市场上的主要销售渠道。

1993—1995 年，外有通货膨胀严重（最高达 22%）的环境，内有引入个人代理人机制推动，寿险保费增长迎来了一次"黄金时代"。

1994 年，中国寿险保费收入首次突破 100 亿元大关。

1994—1997 年，中国保费收入增长率连续四个年度超过 60%。

1995 年，《中华人民共和国保险法》出台，自当年 10 月 1 日起施行。

1996 年，中国人民保险公司改组为中国人民保险（集团）公司，下设中保财产保险有限公司、中保人寿保险有限公司、中保再保险公司。

3. 1999—2008 年：寿险创新

1999 年 6 月，原保监会规定所有寿险产品预定利率不得超过 2.5%。

1999 年 10 月，中国平安保险公司推出国内首款投连险产品——世纪理财。

2000 年 4 月，中国人寿推出国内首款分红险产品——千禧理财。

2000 年 8 月，太平洋保险公司推出了国内首款万能险产品——长发两全保险（万能型）。

2000 年开始，中国寿险整体进入"保险理财"时代，银行保险渠道发展成为主渠道之一。

（四）入世后中国寿险发展史

这一阶段主要是指 2001—2012 年，特点是寿险开放。

2001 年，中国正式加入 WTO。入世前寿险业对外开放已在紧锣密鼓进行。

1992 年，改革开放后，首家外资寿险公司——美国友邦保险成立。

1994 年，中国平安保险率先引进外资入股。

1996 年，中国首家中外合资寿险公司——中宏保险成立。

2000 年，美国纽约人寿、美国大都会、日本生命人寿三家外资公司获得业务执照。

2002 年，国务院颁布实施《中华人民共和国外资保险公司管理条例》。

2003 年，中国人寿险公司在美国纽约、中国香港两地同步上市。

2004 年，平安集团在港上市，次年平安银行开始营业，平安形成金融控股集团。

2004 年年底，外资保险公司取消地域限制，除有关法定保险业务外，向外资寿险公司放开所有业务限制。

2006 年，国务院颁布《国务院关于保险业改革发展的若干意见》（简称"国十条"），明确提出"大力发展商业养老保险和健康保险等人身保险业务，满足城乡人民群众的保险保障需求"。

2001—2008 年，中国经济持续飞速增长，先后近 40 家人身险公司成立。

2008—2012 年，受 2008 年全球金融危机影响，中国寿险行业发展增速放缓。

（五）寿险业新一轮改革与发展

2013 年，寿险费率市场化改革开始。普通型人身保险（人寿险、健康险和意外伤害险）费率改革启动，长达 14 年的人身险 2.5% 的预定利率上限从此成为历史。

2014 年，国务院印发《关于加快发展现代保险服务业的若干意见》（简称"新国十条"），突出亮点之一在于构筑了一张民生保障网，健康保险和养老保险迎来"政策红利"。

2016 年，"保险姓保"成为监管高频词，寿险产品从理财型产品向保障型产品转变。长期的养老保险产品、普通型产品、健康险和意外伤害险成为发展重点。

2020 年，中国人身险保费规模超过 3.3 万亿元人民币，人身险深度为 3.3%。

四、中国人身保险发展现状与展望

近年来，我国保险市场发展迅速，保险细分市场结构化差距也越来越明显，其中人身保险市场发展规模和成熟度都远高于财险市场，未来财险市场发展空间较大。

（一）保费收入以人身险为主、财产险为辅

2016—2020 年，我国保险行业细分业务保费收入中财产险占比微幅上升，而人身险保费规模占比下降，截至 2020 年，我国财产险保费规模达 3.33 万亿元，占原保费收入的 73.6%；人身险保费收入 1.19 万亿元，占原保费收入的 26.4%。

（二）人身保险行业保险深度高于财产险

2011—2020 年，我国人身保险深度不断上升，2017 年我国人身保险深度增长至 3.26%，但随后从 2018 年开始，我国人身保险深度增长趋势出现不稳定态势，2020 年我国人身保险深度为 3.28%。2018 年后我国人身保险保费收入增长速度较 GDP 增长率有所下降，人身保险保费收入对我国 GDP 的贡献率出现波动。尽管如此，人身险深度也远高于财产险深度。

（三）财险密度远低于人身险密度

2011—2019 年，我国人身保险密度保持增长趋势。2019 年，我国人身保险密度首次突破 2 000 元/人，达到 2 213.85 元/人，同比增长 13.28%。而财险密度增速缓慢，2011—2019 年年均增速仅为 10.36%，低于人身险保险密度的年均复合增速（13.27%），2019 年仅为 832.04 元/人，与人身险差距甚远。

（四）人身险市场化程度更高

2020 年，我国人身保险公司保费收入排名前三位的公司分别为中国人寿、平安人寿和

太平洋人寿，保费收入分别为 6 129 亿元、4 760 亿元和 2 084 亿元，市场份额占比分别为 19.35%、15.03% 和 6.58%。CR3（业务规模前三）市场份额合计 40.96%，远低于财险市场 CR3 份额，市场化程度更高。

2020 年，我国财产保险公司保费收入排名前三位的公司分别为人保财险、平安财险、太平洋财险，保费收入分别为 4 320 亿元、2 858 亿元和 1 467 亿元，市场份额占比分别为 31.08%、21.04% 和 10.80%。CR3 市场份额合计 63.64%，市场集中度较高。

从 1982 年寿险恢复到 2020 年，中国用 39 年达成了发达国家近 200 年的发展成就。

波士顿咨询公司预计，2020 年到 2025 年，中国人身保险年复合增长率将达到 13.4%，到 2025 年寿险保费增长至约 6 万亿元。党的十八大、十九大以来，"健康中国"战略推动了健康保险快速发展，互联网保险兴起，保险科技赋能保险业，中国保险正在从数量增长向高质量增长转变。

可以说，中国保险业自 1979 年国内业务复业后的 40 年取得了巨大的发展成就，在中国经济发展过程中充分发挥了风险管理、损失分摊、经济补偿、资金融通和社会管理的行业职能，是中国社会发展的"稳定器"和经济增长的"助推器"。

在国民收入水平稳步提高的大背景下，在"十四五"规划和 2035 年远景发展目标（以下简称"十四五"规划）的大方向指引下，中国人身保险业必将取得更好的发展。

2022 年，人身险公司实现原保费收入 3.21 万亿元，同比增长 2.78%。中国人寿发布的上述研究成果表示，宏观经济的持续恢复性发展、中等收入群体增长、人口老龄化程度不断加深、健康中国战略持续推进等，将为人身险行业带来新的发展空间，推进人身险行业高质量发展。

研究认为，当前，我国卫生总费用快速增长、个人支付压力仍较大，商业健康作为降低个人支付比例的重要方式，其长期发展空间仍然巨大，市场主体或将进一步推动健康险深化转型发展。

具体来看，短期医疗险方面，次标体、高年龄人群的医疗险市场仍然为潜在空白，通过差异化产品设计解决这部分人群的保障需求，已成为众多保险公司推动医疗险产品创新的重点方向之一。长期医疗险方面，随着费率可调规定的出台，越来越多的保险公司开始关注并推动长期医疗险业务，当前市场上已有不少产品出现。重疾险方面，随着居民生活、工作逐渐回归常态，代理人队伍质态稳步提升，消费者对购买重疾险的购买能力及意愿有所回升。

未来，商业养老保险有望进一步打开市场空间。一方面，我国人口老龄化问题严峻，养老保险需求持续提升。2021 年，我国 65 岁及以上人口比重首次突破 14%，联合国预计，到 2050 年，我国老龄人口占比将达 26%。但 2021 年我国人均 GDP 为 1.26 亿美元，距发达国家尚有较大差距，"未富先老"问题加剧了代际抚养压力。另一方面，个人养老金制度已正式确立，并将逐步完善。

研究预计，人身险行业渠道发展或将更加多元化。近年来，伴随着国内人口红利消退、保险客户不断迁徙，行业渠道结构发展产生深刻变化。从代理人渠道来看，人力规模持续收缩，但下滑幅度有所改善、队伍质态有所提升，渠道改革成效不断显现。2023 年，代理人分类分级管理办法有望正式出台，进一步助推行业代理人渠道高质量发展。从其他渠道来看，受益于储蓄型业务市场需求提升，人身险行业银保渠道保费保持较快增长，保费占比不断回升；互联网、经代渠道保险保费收入不断提升。代理人队伍规模有望逐渐企稳，队伍质态有望不断提升，个险渠道仍然是行业发展的主要渠道；银保渠道在规模发展的同时，或将更加重视价值提升；互联网、保险中介渠道发展或将迎来进一步规范化发展。

 学以致用1-4　回顾保险历史　展望保险未来

一、看事实：中国寿险与健康险并肩迈入全球第二位[①]

安联保险集团发布《2023年安联全球保险业发展报告》（以下简称《报告》）指出，预计未来十年中国保费收入年均增长约8.1%。

《报告》显示，2022年，中国保险市场表现颇为亮眼，在经历2021年短暂调整后，总保费收入6 330亿欧元，较2021年增长4.6%。其中，寿险保费收入3 300亿欧元，增长4%，增速远超全球寿险平均水平，健康险保费收入1 170亿欧元，增长2.4%。

《报告》预计，2033年，中国保险市场规模将达1.486万亿欧元，其中，寿险保费收入7 060亿欧元，健康险保费收入3 380亿欧元；2033年，中国将成为全球第二大寿险市场，远超居第三位的印度寿险市场（预计保费收入3 300亿欧元），中国健康险市场也将跃居全球第二位。

二、做练习：追寻红色足迹 赓续红色血脉

1. 进入"中国保险学会"官网，打开"保险史志"栏目，浏览保险历史和保险人物内容。

2. 进入中国人保集团官网，在"企业文化-红色保险"栏目下，下载中国人保编写组撰写的《不忘来时路》电子书，浏览其中你感兴趣的章节。

3. 浏览后，说一说你最感兴趣的保险史实或保险人物，谈一谈自己对中国保险发展历程感受，以及作为保险专业学生，对中国人身保险行业未来发展的看法。

本章小结

1. 正确理解人身风险的概念、构成要素、分类及特征，是进行科学人身风险管理的前提。

2. 科学应用风险管理理论，有助于降低风险管理成本，提高风险管理效果。

3. 人身保险是人身风险管理体系不可或缺的财务管理方式。按照保障范围不同，人身保险可以分为不同的类别。

4. 根据工作需求不同，按照不同分类标准，人身保险可以分为不同类型。

5. 人身保险的产生和发展与自然条件、经济条件和技术条件有关。

6. 经济发展、人口状况、社会文化、技术水平等因素影响人身保险发展。

7. 通过回顾人身保险发展历史，可以了解人身保险发展规律，评价发展现状和预测发展趋势。

---

① 资料来源：安联保险集团，《2023年安联全球保险业发展报告》，2023年5月17日，https://www.allianz.com/en/economic_research/publications/specials_fmo/global-insurance-report.html

关键词

生命价值　人身风险　风险因素　风险事故　避免　预防　风险控制　风险分散　风险转移　损失频率　损失程度　基尔特制度　公典制度　保险深度　保险密度　人寿保险死亡保险　生存保险　年金保险　人身意外伤害保险　健康保险　个人保险　团体保险社会保险

复习思考题

1. 什么是人身风险？
2. 如何理解人身风险各要素之间的关系？
3. 简述人身风险特征和主要类型。
4. 什么是人身风险管理？如何理解其目标？
5. 简述人身保险的特征。
6. 人身保险如何分类？
7. 人身保险有哪些作用？
8. 现代人身保险发展的条件和标志是什么？
9. 影响人身保险发展的主要因素有哪些？

第二章　人身保险合同

学习引导

【为何学】 保险合同是保险权利与义务得以成立的依据。人身保险的功能与作用，要通过订立和履行保险合同来实现。学习人身保险合同知识，可以让大家在购买保险时更加了解合同内容，选择符合自己需求的保险产品，为未来的生活增添多重保障。保险公司员工学习人身保险合同知识可以提高自身的专业素养，更好地理解消费者的需求，更好地保障消费者的权益，减少纠纷的发生。

【学什么】 了解人身保险合同的学术与法律定义，掌握保险合同三要素，以及人身保险合同从订立到终止过程中的核心环节和注意事项。

【怎么学】 本章案例较多，因而读者可以通过本章所涉及的人身保险合同的真实案例引出对相关问题的思考，并结合《中华人民共和国保险法》与《中华人民共和国民法典》进行本章相关原理的学习。

【如何用】 基于所学知识，学会查找和下载保险条款，读懂保险合同关键条款；能够运用所学知识，分析不同保险产品优劣，学会选择和使用保险产品；从保险案例中，学习保险合同知识，避免发生保险纠纷，保护消费者权益。

第一节　人身保险合同的界定与特征

真实问题：保单增长与消费者投诉

2023 年 8 月 18 日，国家金融监管总局发布的"2023 年二季度银行业保险业主要监管指标数据情况"显示，2023 年上半年，保险公司原保险保费收入 3.2 万亿元，同比增长 12.5%。提供风险保障金额 6 930 万亿元。赔款与给付支出 9 151 亿元，同比增长 17.8%。新增保单件数 337 亿件，同比增长 39.4%。

新增保单数量持续增加，增速加快，说明保险业金融服务持续加强，也说明人们的保险意识逐渐加强，对保险的需求量不断增加。然而，伴随新增保单数量增加，虽然保险消费投诉的数量已经有所下降，但人身保险公司投诉总量占比仍然高于财产保险公司，投诉类型中，销售和退保是"重灾区"。

2023 年 6 月 15 日，国家金融监管总局发布了《关于 2023 年第一季度保险消费投诉情况的通报》，数据显示：2023 年第一季度，监管部门接收并转送保险消费投诉中，涉及人身保险公司的消费投诉 14 790 件，占投诉总量的 56.5%。在涉及人身保险公司投诉中，销售纠纷 7 875 件，占人身保险公司投诉总量的 53.2%；退保纠纷 3 895 件，占比 26.3%。

人身保险合同中存在很多专业性很强的概念、术语和条款，这些概念、术语和条款对于一般的消费者来说，极容易引起歧义和误解。学习人身保险合同知识，有助于理解保险、选好保险和用好保险。

一、人身保险合同的界定

《中华人民共和国民法典》①（以下简称《民法典》）中对于人身保险合同是这样定义的："人身保险合同，是指以人的寿命和身体为保险标的的保险合同。当被保险人发生死亡、伤残、疾病或被保险人达到合同条款约定的年龄期限时，保险人应当按照合同条款的约定，承担给付保险金的责任。"

《保险法》中规定，人身保险合同是以人的寿命和身体为保险标的的保险合同。人身保险的保险人在被保险人投保后，根据约定在被保险人因保单载明的意外事故、灾难及年老等原因而发生死亡、疾病、伤残、丧失工作能力或退休等情形时，给付一定的保险金额或年金。

保险经营是一种特殊的民事经济活动，《民法典》是《保险法》的重要基础，《保险法》不能解决的问题，需要使用《民法典》。《民法典》一共一千二百六十条，突出了"以民为本"的精神，与人民群众生活息息相关，是一部信息时代的"生活指南"，涉及每个人生活的方方面面，其中对合同的一般规定以及物权、人格、婚姻家庭、继承和侵权等内容，都对人身保险发展产生深远影响。

《民法典》第五百零九条：当事人应当按照约定全面履行自己的义务。当事人应当遵循诚信原则，根据合同的性质、目的和交易习惯履行通知、协助、保密等义务。当事人在履行合同过程中，应当避免浪费资源、污染环境和破坏生态。

人身保险合同要遵循《保险法》的规定，也要遵循《民法典》所要求的平等原则、自愿原则、公平原则、诚信原则、守法与公序原则，以及绿色原则。

二、人身保险合同的特征

人身保险合同是保险合同中的一大类，具有一般保险合同的特征，同时也具有自身特点。

（一）人身保险合同的一般特征

1. 人身保险合同是双方有偿合同

投保人负有支付保费的义务，而保险人则要承担在保险事故发生时给付保险赔偿金的

---

① 2020 年 5 月 28 日，第十三届全国人民代表大会三次会议审议通过了《中华人民共和国民法典》，并将于 2021 年 1 月 1 日起施行。这是中华人民共和国成立以来第一部以"法典"命名的法律，是新时代我国社会主义法治建设的重大成果。

义务，双方都要对保险合同承担义务。保险合同中还具体约定了投保人和保险人的其他义务。比如，因为人身保险合同比较复杂，提供"阅读指引"就是保险人需要做的工作之一，而投保人有如实告知、发生保险事故及时通知等义务。

引发保险纠纷的原因，主要是保险当事人未能或完全履行义务，主要源于对保险条款理解的歧义、投保时告知义务的履行等问题。

2. 人身保险合同是射幸合同

所谓射幸合同，就是指对双方而言，合同约定的情况不一定发生，因而具有不确定性。射幸性在保险合同中的体现为：保险人收取保费，承担未来风险，而投保人支付保费，获得未来可能的保障。如果风险没有发生，则投保人无需支付保费；如果风险发生，则投保人可以获得赔偿。因此，保险合同是典型的射幸合同。

在人身保险合同约定保险责任中，意外事故和疾病发生具有较高的不确定性，生存年限和死亡事件对具体个体而言也是不确定的，因此人身保险合同同样具有射幸性特点。

保险合同的射幸性是保险制度的基础。正是因为保险合同具有射幸性，保险消费者才有以较低的保费购买到较高保险金额的可能性，保险人才能承担保险消费者转移的风险。

由于保险合同是一种附条件的合同，即只有在约定事件发生时，保险人才会履行赔付的义务，因此投保人是否能够获得保险金具有不确定性。如果被保险人没有发生合同约定的风险，则无法获得保险金，这也就意味着保险合同射幸性的不确定性可能会引发纠纷。

保险合同的射幸性可能会导致道德风险。由于保险合同的射幸性，如果被保险人没有发生合同约定的风险，则无法获得保险金，这也就意味着被保险人可能会存在侥幸心理，认为自己不需要购买保险或者购买较少的保险就可以获得保障，从而增加了道德风险。这种心理可能使被保险人为了获得保险赔偿而故意制造或扩大保险事故，造成不必要的人身伤害和财产损失。

举个例子：假设有一份保障期为一年的意外伤害保额为 10 万元的保险，通常保险价格在 100 元左右。被保险人实际交付的费用远远少于保险公司赔付的额度，如果被保险人存在道德风险，疏于防范或者故意造成事故以获得远超出其成本的保险赔偿，那么是对保险公司以及其他投保人利益的损害。

保险合同的射幸性可能会导致逆向选择。由于保险合同的射幸性，如果被保险人没有发生合同约定的风险，则无法获得保险金，这也就意味着被保险人可能会存在逆向选择的倾向，即选择购买更多的保险或者更昂贵的保险来获取更多的保障，从而增加了逆向选择的倾向。

假设有两个人，一个是健康的普通人 A，另一个是患有心脏病的人 B。如果这两个人都去购买医疗保险，由于保险公司无法准确判断谁是健康的人、谁是患病的人，因此保险公司会按平均风险来设定保险价格。

如果保险公司设定的保险价格较低，那么健康的 A 会选择购买保险，而患有心脏病的人 B 则不会购买保险。因为 B 知道，如果他购买了保险，那么他就会承担更大的风险，从而获得更多的赔偿，这对他来说是有利的。

相反，如果保险公司设定的保险价格较高，那么健康的 A 就不会购买保险，而患有心脏病的人 B 则会购买保险。因为 B 知道，如果他购买了保险，那么他承担的风险就会降低，从而获得更多的保障，这对他来说是有利的。

3. 人身保险合同是格式合同

保险公司作为保险合同的保险人，其专业化、知识掌握技术都远远高于普通的投保人。人身保险合同的内容一般是由保险人事先拟定的保险单的格式和内容，因此被称为格式合同。格式合同中投保人在签订保险合同时，在很大程度上丧失了磋商机会，只有接受和不接受两种选择，所以也被称为附和合同。

人身保险合同是由保险公司出具的书面格式合同，书面合同中的文字虽然具有相对稳定性，但是语言表达的逻辑和方式却因为社会生活的快速发展而不断变化，对于一个有效期可以长达几十年的人身保险合同而言，一旦若干年后发生因保险合同记载内容与客户理解不一致的合同纠纷，该纠纷的解决就会变得较为麻烦。

《保险法》第十七条规定：订立保险合同，采用保险人提供的格式条款的，保险人向投保人提供的投保单应当附格式条款，保险人应当向投保人说明合同的内容。

4. 人身保险合同是最大诚信合同

诚实信用原则是一切民事活动的指导准则，保险行为属于民事法律调整的范围，合同双方必然要接受诚实信用原则的强行规范。但由于保险具有道德风险和心理风险远比其他民事活动高的特点，这就决定了保险行为相对一般民事活动而言所遵循的诚实信用原则应更严格。

由于人身保险合同的保险标的是人的身体和生命，无法进行实际检查或评估，因此保险人只能依赖投保人的告知和陈述来了解被保险人的身体状况、健康状况和其他相关信息。如果投保人故意隐瞒或虚假告知被保险人的真实情况，将导致保险人无法准确评估风险，增加保险事故发生的概率，从而损害保险人的利益。因此，为了维护交易双方的利益平衡和公平性，最大诚信原则被引入人身保险合同。

比如，投保人应当在填写申请表时提供真实、准确、完整的信息，并且应当如实告知与风险评估相关的情况，如被保险人的年龄、性别、职业、生活习惯等。被保险人也应当如实告知自身的健康状况和其他相关信息，如是否患有疾病、是否接受过某种治疗等。

（二）人身保险合同的特有特征

与财产保险合同相比，人身保险合同主要特征包括以下几个。

1. 大多数人身保险合同具有定额给付性

定额给付性保险，是指保险责任的承担不以实际损失的发生为条件，只要合同中约定的条件成立，不论存在几份合同，每份合同中的保险人都应当按合同中的约定，承担起各自的保险责任；不论是否有第三人对被保险人已经履行了赔偿责任，也不论是否有其他保险人对被保险人支付了保险赔偿，人身保险的各种给付大多数为定额给付性保险。

在人身保险中，保险标的是人的生命和身体，其价值难以衡量，因此，保险金额不以保险标的的价值来确定，而是依据被保险人对保险的需求程度、投保人的缴费能力和保险人的可接受能力来确定的。养老金保险等合同，还存在不确定最高给付限额的情况，只规定保险人在一定时期内定期给付保险。大多数人身保险合同中，发生保险事故后，保险人按照合同约定的保险金额承担保险给付责任，而无法按照"实际损失"进行赔偿，所以不实行损失补偿原则，没有重复保险和按比例分摊的问题。

2. 人身保险合同的一般保险期限较长

人身保险合同的一般保险期限较长，这是因为人的生命和身体是一个长期的过程，而且许多人身保险合同具有储蓄增值的特性，长期的保险期限能够使保险金累积到较大的数额。例如，一份定期寿险合同，如果期限为 1 年，那么被保险人在 1 年内死亡，保险金就会支付给受益人。而如果期限为 20 年，那么被保险人在 20 年后仍然生存，则保险金不会进行支付。因此，人身保险的保险期限一般较长。

此外，人身保险的保险期限还受到多种因素的影响，如被保险人的年龄、健康状况、职业等。例如，对于一些老年人或身体状况不佳的人，保险期限可能会较短，而对于一些年轻人或身体状况较好的人，保险期限可能会较长。而有一些特殊的人身保险产品，如意外伤害险、健康险等，保险期限通常较短。

人寿保险的长期性，使人寿保险的经营受利率、通货膨胀、预测偏差等外界因素影响比较大。在长期的保险期限中，如果利率下降，那么保险公司的投资收益也会随之下降，这就会影响到保险公司的偿付能力。相反，如果利率上升，那么保险公司的投资收益也会随之上升，这就会增加保险公司的偿付能力。在长期的保险期限中，如果通货膨胀率较高，那么保险金的实际购买力将会下降，这就会影响到保险公司的偿付能力。在长期的保险期限中，如果预测偏差较大，那么保险公司的偿付能力也会受到影响。例如，如果保险公司低估了被保险人的死亡率或发病率，那么就会导致保险公司需要支付更多的保险金，从而影响到保险公司的偿付能力。因此，人寿保险的长期性特点，使得其经营受外界因素的影响比较大。这也是为什么保险公司需要在制定保险产品时进行风险评估和精算的原因之一。

3. 人身保险合同条款比较复杂

人身保险合同保险标的的特殊性和保险期限的长期性，使得人身保险合同内容比财产保险更加复杂。因为人身保险合同涉及被保险人的生命和身体，关系被保险人及其受益人的切身利益，因此需要规定详细的条款以确保合同的有效性和合法性。

比如，寿险合同因为缴费期很长，为了避免投保人因偶尔忘记缴付保费，规定了宽限期条款和保费自动垫缴条款；考虑到道德风险问题，在寿险合同中约定了自杀条款，在健康保险合同中约定了观察期条款等。同时，寿险合同中需要指定受益人，需要专门约定受益人条款；意外伤害保险中，需要明确职业分类，规定职业转换条款；健康保险中，为了避免理赔纠纷，需要对各种疾病给付条件做出比较详细的界定；理财型保险合同中，还要约定红利领取方式、投资收益保证等相关条款。

4. 人身保险合同具有储蓄性与投资性

人身保险合同具有储蓄性和投资性，这是指人身保险合同在为被保险人提供经济保障的同时，也具有储蓄和投资的功能。

首先，人身保险合同的储蓄性体现为保险公司在收取投保人每期缴纳的保险费后，将其中一部分存入保险公司的账户，以便在保险期满时，投保人可以获得一定的现金回报。这部分存入保险公司的资金，虽然不是立即获得回报，但在长期的保险期限中，会不断积累，最终在保险期满时获得较大的现金回报。

其次，人身保险合同的投资性体现为保险公司在收取投保人每期缴纳的保险费后，将其中一部分投资于股票、债券等金融产品，以获得投资收益，从而为投保人提供更多的保障。这部分投资资金，不仅能为保险公司带来更多的收益，也能为投保人带来更多的保障。

📋 学以致用2-1　查看人身保险条款　了解保险合同特征

一、看事实：两个寿险示范条款发布①

2023年7月，中国保险行业协会（以下简称保险业协会）发布了《定期寿险示范条款》和《终身寿险示范条款》，推荐行业各人身保险公司使用。这两个示范条款是我国人身保险领域首次发布的行业示范条款，标志着保险业在保护消费者权益、促进人身险产品"标准化、通俗化、简单化"（以下简称"三化"）方面的工作迈上了新台阶。

保险业协会有关负责人表示，示范条款的发布有助于我国形成人身保险业产品设计丰富、内容规范、格式统一、重点突出、简便易懂的产品基本格局，有助于消费者更好地理解和选择人身保险产品，督促人身保险公司进一步提升服务质量，避免销售误导。下一步，保险业协会将总结经验，继续推进人身险其他类别产品示范条款的制定工作，并同步研究示范条款的使用和管理问题，建立示范条款的定期更新机制，确保示范条款不断适应社会经济及消费者需求的变化，促进行业产品创新。

二、做练习：阅读人寿保险产品条款

1. 使用中国保险行业协会官网的"保险产品"栏目的"人身保险产品信息库消费者查询"，在"产品类别""产品销售状态"和"承保方式"选项中，分别选择"人寿保险""在售"和"个人"，查询产品信息。点击展示产品右侧的"详细信息"浏览产品条款。

2. 浏览后，说一说，作为消费者，你认为人身保险产品是否容易理解？为什么？

3. 结合本节所学知识，以真实保险条款为例，说一说人身保险产品条款有哪些特征。

第二节　人身保险合同的形式与分类

💬 真实问题：监管新规防止"团险变团购"②

国家金融监督管理总局下发《关于规范团体人身保险业务发展的通知（征求意见稿）》（以下简称征求意见稿），这是继2015年相关规定之后，团险业务迎来的重磅新规。值得关注的是，征求意见稿首次对团体人身险业务设立了八大负面清单，首当其冲的就是"团险个卖"。

为了业务提成以及用团险的折扣价吸引客户，部分渠道将团险做成了"团购"，将并无社会关系的个人集结起来虚构成一个团体投保团险业务。"陌生人在网上拼团购物可以，但是以团体名义来'团购'团险是不行的，根本原因是他们没有共同的风险特征。"

"团体人身保险是指，特定团体作为投保人为团体成员投保，由保险公司以一份保险

---

① 资料来源：中国保险行业协会，"中国保险行业协会发布《定期寿险示范条款》《终身寿险示范条款》"，2023年7月18日，http://www.iachina.cn/art/2023/7/18/art_22_107047.html

② 资料来源：第一财经，"团体人身险8年后将迎来新规，监管强调不得'团险个卖'"，2023年6月11日，https://baijiahao.baidu.com/s?id=1768413107104403301&wfr=spider&for=pc

合同提供保险保障的人身保险。特定团体是指具有共同风险特征且不以购买保险为目的的法人或非法人组织。"从此次征求意见稿中对团体人身保险的定义就可以看出，具有共同风险特征是团体人身保险的基础。

同时，征求意见稿中明确，在保险合同签发时，团体成员不得少于3人。不过，团体成员的配偶、子女、父母可以作为团体人身保险被保险人。"同一个家庭中的直系亲属成员通常有相似的居住环境、生活场景，因此可以被认为是有共同风险特征的群体。"

一、人身保险合同的形式

《保险法》规定，订立保险合同必须采用书面形式，人身保险合同的书面形式主要有保险单、投保单、暂保单、保险凭证和其他形式的书面协议形式。

（一）保险单

保险单，简称"保单"，是保险人和投保人之间订立人身保险合同的正式书面文件。它包括人身保险合同内容中的所有内容，保险单是保险双方当事人确定权利义务和在保险事故发生遭受经济损失后被保险人索赔、保险人理赔的主要依据。在实践中绝大多数保险合同是以保险单形式出现的，也是《保险法》直接规定的形式，是最重要的书面形式。

随着互联网保险的发展，保险交易可能完全通过互联网平台或手机App进行，在此基础上订立的保险合同，法律也有了相关规定。根据我国《民法典》规定，合同的书面形式是合同书、信件、电报、电传、传真等可以有形地表现所在内容的形式。因此，以电子数据交换、电子邮件等方式能够有形地表现所在内容，并可以随时调取查用的数据电文，视为书面形式。如果通过互联网平台、手机App购买保险，注意保存好电子保单，同样可以作为保险合同订立的证明。

在无法提供保单时，以下几种是可以证明保险合同存在的形式。不过，它们都是保险单简化或变化的形态，不一定像保单那样记载完整、详尽，容易引起争议。

（二）投保单

投保单，是投保人向保险人提出保险要求和订立人身保险合同的书面邀约，又称要保书或投保申请书，是保险人出具保险单的依据和前提。其内容一般包括投保人和被保险人的地址、保险标的、坐落地点、投保别、保险金额、保险期间、保险费率等。投保单不是保险合同的正式文本，只能在保单不存在时作为保险合同存在的一项证据。在投保单和保单都存在的情况下，以保单内容为准。如果保单中遗漏了投保单中的内容，投保单的有关事项不发生效力。

（三）暂保单

暂保单，是在正式保险单或保险凭证之前出具的临时性保险凭证，亦称临时保单。其作用是证明保险人已同意投保。暂保单的内容比较简单，仅载明与保险人已商定的重要项目。暂保单在保险单签发之前与保险单具有同样的法律效力，但其有效期较短，通常为30天，并在正式保险单签发时自动失效。出立暂保单一般有以下情况。

（1）保险代理人在争取到保险业务时但未向保险人办妥保险单手续前，可先出具暂保单，以作为保障的证明。

（2）保险公司的分支机构，在接受投保人的要约后但尚需获得上级保险公司或保险总公司批准前，可先出立暂保单，以作为保障的证明。

（3）保险人和投保人在洽谈或续订保险合同时，订约双方当事人已就主要条款达成协议但尚有一些条件需进一步商讨，在完全谈妥前可先出立暂保单以作为保障的证明。

（四）保险凭证

保险凭证，是保险人与投保人签发的证明保险合同已经成立的书面凭证。它内容简洁，只记载保单关键事项，也被称为"小保单"，效力与对应保险单相同。未记载的事项，以保险凭证上标注的对应保单内容为准。保险凭证比保单更容易签发和携带，例如，购买航空意外险，拿到的凭据一般就是保险凭证。

保险凭证的内容比较简单，凡是保险凭证未记载的一些事项都以保险单的条款为准，两者有抵触时，以保险凭证的内容为准。与暂保单不同，保险人出具交付保险单的行为不会导致保险凭证失效。

在人身保险实践中，以下两种保险凭证最具有代表性。

（1）人身意外伤害保险凭证。在一般公众服务行业，如旅客运输、旅游观光等服务行业中，消费者来往频繁，保险人不可能以订立保险单的形式与消费者订立保险合同，一般是将保险的简要内容印在飞机票、车船票及门票上，在消费者购票时，一并缴纳保险费。此时的飞机票、车船票或门票即具有保险凭证的作用。

（2）团体人身保险凭证。团体人身保险合同中，保险单（主单）一般由该团体的代表保管，而团体的成员则可由保险人另行出具保险凭证作为保险证明文件。

（五）保险批单

保险批单，是人身保险合同双方就保险单内容进行修改和变更的证明文件，通常用于对已经印好的保险单的内容做部分修改或对已经生效的保险单的某些项目进行变更。保险批单一经签发就自动成为人身保险合同的组成部分。批单的法律效力优于保险单，当批单内容与保险单不一致时以批单内容为准。多次批改，以最后批改为准。

二、人身保险合同的分类

（一）按保险标的分类

按保险标的分类，人身保险合同可以分为人寿保险合同、人身意外伤害保险合同和健康保险合同。

1. 人寿保险合同

人寿保险合同，是以人的寿命为保险标的，以人的生存和死亡为保险事件，当发生保险事件时，保险人履行给付保险金义务的一种保险合同。人寿保险为客户提供的保障涉及死亡、生存、生死两全、重大疾病等方面。

2. 人身意外伤害保险合同

人身意外伤害保险合同，是以被保险人的身体为保险标的，以人身意外伤害为保险事故，当被保险人遭受意外伤害事故造成死亡或残疾时由保险人给付保险金的保险合同。人身意外伤害保险的保障项目主要包括死亡给付和残疾给付。保险期限既有长期也有短期，可以作为主险单独成立，也可以作为附加险附加于人寿保险合同之上，补充主险责任的不足。

3. 健康保险合同

健康保险合同，是以被保险人的身体为保险标的，以被保险人在保险期限内因意外伤害、疾病、生育所致死亡或残疾，或因上述原因造成医疗费用支出和劳动收入损失为保险事故的人身保险合同。依据保险责任的范围不同，又可分为疾病保险合同、医疗保险合同、失能保险合同、护理保险合同。健康保险合同的期限有长期和短期之分，长期的如重大疾病保险，既可以作为主险，也可以作为附加险。短期的一般作为附加险。

（二）按投保人数分类

按投保人数分类，人身保险合同可以分为个人保险合同、联合保险合同和团体保险合同。

1. 个人保险合同

个人保险合同，是以个人为投保人，合同所载的被保险人是一个人的人身保险合同。在人身保险合同中，这种保险合同居多。

2. 联合保险合同①

联合保险合同，是将存在一定利害关系的两个或两个以上的人，如家庭成员、合伙企业的合伙人等多人，作为被保险人而签订的人身保险合同。联合保险合同中的一个被保险人死亡，保险金将支付给其他生存的人。该种合同的被保险人数量介于个人保险合同和团体保险合同之间。如果保险期限内无一死亡，保险金支付给所有联合被保险人或其指定的受益人。

3. 团体保险合同

团体保险合同，是以机关、社团、企事业单位为投保人，以单位名义投保并由保险人签发一份总的保险合同，保险人按合同规定向其单位中的成员提供保障的保险。它不是一个具体的险种，而是一种承保方式。

（三）按保险期限分类

按保险期限分类，人身保险合同可以分为长期人身保险合同和短期人身保险合同。

1. 长期人身保险合同

长期人身保险合同，是指保险期限在 1 年以上的人身保险合同，多为 5 年或 5 年以上。如终身寿险合同，保险期限持续到被保险人身故。

2. 短期人身保险合同

保险期限在 1 年或 1 年以下的人身保险合同，称为短期人身保险合同。短期人身保险合同按照保险期限的长短又可分为 1 年期人身保险合同和极短期人身保险合同。许多普通意外伤害保险、疾病保险采用一年期合同，而航空意外伤害保险、旅游意外伤害保险采用极短期人身保险合同。

（四）按是否具有投资功能分类

按是否具有投资功能分类，人身保险合同可以分为保障型人身保险合同和投资型人身

---

① 目前我国很少提及联合保险的概念，但是实践中存在这样的保险产品。例如，中国人寿保险公司的辉煌人生意外伤害保险、太平洋人寿保险公司的家庭成员意外伤害保险，前者按照团体保险操作，后者属于个人保险范畴。

保险合同。

1. 保障型人身保险合同

保障型人身保险合同，是指以保障为主要目的的保险合同，这类保险合同一般具有缴费低、保障高等特点。

一般来说，保障型保险包括意外险、医疗险、重疾险以及不具有投资功能的寿险等。不具有投资功能的寿险在保险监管机构文件中一般称为"普通型寿险"。

这里需要特别说明一下年金保险。年金保险起源很早，最初形态的年金保险给付额是固定的，不随投资收益水平的变动而变动。这种年金保险，在保险监管机构文件中归属于"普通型年金"。如果年金保险合同中含有分红功能、投资账户或万能账户，则并非"普通型年金"。

2. 投资型人身保险合同

投资型人身保险合同，是指具有投资属性的人身保险合同。目前我国投资类保险险种主要包括分红保险、投资连结保险和万能寿险。其中投资型人身保险属于创新型寿险，是为防止经济波动或通货膨胀对长期寿险造成损失而设计的，之后演变为客户和保险公司风险共担、收益共享的一种金融投资工具。

本书介绍了四种人身保险合同分类方式。根据实际工作需要，还可以依据不同标准进行划分。例如，原银保监会2022年11月11日发布的《人身保险产品信息披露管理办法》第二条规定："本办法所称人身保险，按险种类别划分，包括人寿保险、年金保险、健康保险、意外伤害保险等；按设计类型划分，包括普通型、分红型、万能型、投资连结型等。按保险期间划分，包括一年期以上的人身保险和一年期及以下的人身保险。"

💬 学以致用2-2　扩展人身保险产品种类　丰富人身保险产品供给

一、看事实：丰富产品供给　满足人民需求[①]

为促进人身保险扩面提质稳健发展，满足人民群众多样化保险保障需求，更好地服务民生保障和经济社会发展，原中国银保监会发布了《关于进一步丰富人身保险产品供给的指导意见》（以下简称《意见》）。

人身保险产品是保险行业基石，也是推动保险行业高质量发展的重要抓手。近年来，人身保险产品数量增长较快，但产品"同质化"情况严重，产品供给覆盖面不够广，风险保障功能尚未充分发挥。《意见》的出台，有利于推动保险业深化供给侧结构性改革，提供丰富优质的人身保险产品。

《意见》指出，保险机构应多领域丰富产品供给，加大普惠保险发展力度，服务养老保险体系建设，满足人民健康保障需求，提高老年人、儿童保障水平，加大新产业新业态从业人员、各种灵活就业人员等特定人群保障力度。

二、做练习：阅读人寿保险产品条款

1. 检索《2022年度进一步丰富人身保险产品供给情况的通报》（以下简称《通报》）一文并学习。

---

① 资料来源：国家金融监管总局，"中国银保监会发布《关于进一步丰富人身保险产品供给的指导意见》"，2021年10月15日，http://www.cbirc.gov.cn/cn/view/pages/ItemDetail.html? docId=1012872&itemId=917&generaltype=0

2. 浏览后，说一说，《通报》提到的保险产品中，你最感兴趣的是什么？为什么？

3. 结合本节所学知识，说一说，《通报》中的保险产品应该如何分类？

第三节　人身保险合同的要素

电影里的保险：《受益人》电影情节引发的思考

2020 年 11 月，电影《受益人》荣获第 33 届中国电影金鸡奖。在这部电影中，由演员大鹏饰演的男主人公吴海，为了给自己患哮喘的 6 岁儿子治病，在朋友的怂恿下，密谋娶柳岩饰演的网红主播岳淼淼为妻，并骗她签下受益人为自己的保险单，再制造意外获取巨额赔偿，决定谋划一场婚姻骗局。经吴海"软硬兼施"的疯狂追求，岳淼淼与其成婚。表面看似甜蜜幸福，吴海背后却计划谋杀岳淼淼获取保险补偿，来给自己的儿子治病。

什么是保险受益人呢？为什么要通过结婚实施骗局？吴海"杀妻骗保"的计划能成功吗？

人身保险合同的要素由合同的主体、客体和内容三部分组成。

一、人身保险合同的主体

人身保险合同的主体是指与保险合同发生直接、间接关系的自然人或法人，可以分为当事人、关系人和辅助人。这里的"人"，是法律上的"人"，法律上赋予不同类型的"人"的权利和义务不同。同一个自然人或法人，可能同时具有两种或两种以上身份。

（一）人身保险合同的当事人

《保险法》第十条第一款规定，"保险合同是投保人与保险人约定保险权利义务关系的协议"。该条款明确规定了保险关系的性质与保险合同当事人。

人身保险合同是民事合同。按照《民法典》第四百六十四条规定："合同是民事主体之间设立、变更、终止民事法律关系的协议。"第四百六十五条第一款规定，"依法成立的合同受法律保护"。因此，以合同方式确定的合法保险交易关系，是受法律保护的。保险合同一方违约，另一方可以依法维权。

保险合同当事人，是保险合同的缔结者，是直接参与建立保险合同关系、确定保险合同权利与义务的行为人，包括投保人和保险人。

《民法典》第四百六十五条第二款规定，"依法成立的合同，仅对当事人具有法律约束力，但是法律另有规定的除外"。保险合同的订立、变更、解除、终止等主要是由投保人和保险人之间的行为决定的。人身保险合同中被保险人和受益人拥有索赔权或受益权，在出现理赔纠纷时，可以提起诉讼，维护自身权益。

1. 投保人

投保人又称要保人，是向保险人申请订立人身保险合同，并负有交付保险费义务的主体。

投保人作为保险合同的当事人，必须具备以下条件：①具有完全的民事权利能力和相应的民事行为能力；②投保人须对保险标的具有保险利益，无可保利益，不能申请订立保险合同，已订立的合同为无效合同；③投保人须以自己的名义与保险人订立保险合同，同时还须依保险合同的约定缴纳保险费。

电影中，吴海作为一名成年人，他是有权利购买人身保险的。但是，在没有结婚之前，吴海对岳淼淼没有法律上认可的保险利益，无法以岳淼淼为被保险人购买保险，否则合同无效，骗局难成。因此，他必须与岳淼淼结婚，形成夫妻关系才能实施"杀妻骗保"计划。

2. 保险人

根据《保险法》规定，保险人又称承保人，是指与投保人订立保险合同，并承担赔偿或者给付保险金责任的保险公司。

在我国，保险人属于法人，公民个人不能作为保险人，保险人的具体形式有保险股份有限公司、相互保险公司、相互保险社、保险合作社、国营保险公司及专业自保公司。

保险人应具备以下条件：①要有法定资格。保险人经常以各种经营组织形态出现，按照我国《保险法》规定，保险人必须是依法成立的保险公司。②保险公司只有以自己的名义与投保人签订保险合同，才能成为保险合同的保险人。保险代理人开展营销活动，与投保人签订合同，是以受保险公司委托的法律形式进行的，保险合同签约双方仍然是投保人和保险公司。

吴海为岳淼淼购买的是意外险。意外险的保险金额往往是每年保险费的上千倍到上万倍不等。如果保费可以用分期支付的方式（如按天、按月），杠杆率还将提高。吴海是想付出微不足道的保费，通过制造保险事故从保险公司骗取巨额保险赔偿金。前提是保险合同成立并生效，而且骗局不会被揭穿。

（二）人身保险合同的关系人

保险合同的关系人，是指与人身保险合同有经济利益关系，而不一定参与人身保险合同订立的人。保险关系人包括被保险人、受益人、保单所有人。

1. 被保险人

被保险人，是受保险合同保障并享有保险金请求权的人。被保险人和投保人可以是同一个人，也可以不是同一个人。

当以他人为被保险人时，为了保护被保险人的利益，一般都赋予被保险人特殊的权利：①同意投保并认可保险金额的权利，即他人为被保险人订立死亡保险合同须经被保险人同意。②保险合同转让和质押须经被保险人同意，即在保险存续期间，投保人要转让或质押保险单，也应得到被保险人同意方可生效。

可见，在实践中，各国保险法律制定者，已经考虑到了可能存在被保险人会受到伤害的可能性。电影中，吴海与岳淼淼结婚，成为配偶关系，取得了法律上的保险利益。但是，要想让岳淼淼作为被保险人的保险合同生效，必须经过其本人同意。岳淼淼只有认可合同内容，并本人签字，保险合同才能够生效。这也是电影中，吴海不但在求婚过程中甜言蜜语，婚后还要哄岳淼淼开心的原因。

2. 受益人

受益人，又被称为保险金受领人，是人身保险合同中约定的、在保险事故发生后享有保险金请求权的人。正是因为受益人拥有保险金请求权，吴海才需要在保险合同中把自己作为受益人。

（1）受益权的确定。受益人必须由被保险人或者投保人指定。《保险法》第三十九条规定，"人身保险的受益人由被保险人或者投保人指定。指定受益人时，必须经被保险人同意。"

电影中，吴海可以为岳淼淼买人身保险，但是指定受益人的决定权掌握在岳淼淼手中，吴海需要让岳淼淼相信自己真的爱她，才能让岳淼淼愿意指定自己为受益人。

（2）受益权的丧失。《保险法》第四十三条规定，"……受益人故意造成被保险人死亡、伤残或疾病的，或者故意杀害被保险人未遂的，该受益人丧失受益权。"

显然，在长期经营实践中，保险业已经对吴海和他的朋友这类人的歪脑筋有了警惕，保险法中明确对此类行为作出了约束。企图以谋杀被保险人的方式取得保险金是不能得逞的。电影中吴海最终没有如愿为儿子买到空气环境好的大房子，又辜负了深爱的人的信任，作为从犯被判了几年监禁①。

（三）人身保险合同的辅助人

保险合同的辅助人，是协助保险合同当事人订立保险合同或帮助履行保险合同的人，包括保险代理人、保险经纪人和保险公估人。由于人身保险合同的辅助人介于保险人与投保人之间，所担任的角色具有中介性，因此，又称为保险中介人。

（1）保险代理人，是根据保险人的委托向保险人收取佣金，并在保险人授权的范围内代为办理保险业务的机构或者个人。

（2）保险经纪人，是基于投保人的利益，为投保人与保险人订立保险合同，提供中介服务并依法收取佣金的机构。

（3）保险公估人，又称保险公证人，是接受保险人或被保险人委托，站在第三者的立场，依法为保险合同当事人办理保险标的承保时的估价、保险事故发生时的查勘、鉴定损失原因、估算损失金额的中介机构。

 边学边做

查数据学保险

进入国家金融监督管理总局官网，搜索"保险机构法人名单"，可以查询到最新及以前各时期中国境内保险机构法人情况；搜索"保险专业中介机构法人名单"，可以查询到最新及以前各时期中国境内保险专业中介机构法人情况。了解一下，中国目前有多少家寿险公司、养老保险公司和健康险公司，有多少家保险专业代理公司、保险经纪公司和保险公估公司。

---

① 影片《受益人》是个虚构故事，但是的确存在现实版"杀妻骗保"的案例，如2018年的"普吉岛杀妻案"是其中影响比较大的一个。2018年10月底，天津女子张某在泰国普吉岛一酒店泳池内被发现死亡，其丈夫张某被认定为嫌疑人，警方后来在其家中发现保险金额3 000多万元的巨额保险单，受益人均为张某。张某被泰国普吉警方控制后，承认在酒店泳池内将妻子杀害。2019年12月24日，泰国普吉府法院判决：被告人张某获无期徒刑。2020年3月23日，该案被害人家属委托律师向泰国第八区中级法院提起上诉，2021年1月7日，中级法院改判张某为死刑。

二、人身保险合同的客体

民法中的客体是指合同双方权利和义务所指向的对象。保险合同的客体是保险利益。保险利益，是指投保人或者被保险人对保险标的具有的法律上承认的利益。订立合同时，投保人对被保险人不具有保险利益的，合同无效。所以，明确人身保险利益关乎保险合同有效性。

人身保险的保险利益在于投保人和被保险人之间的利益关系，人身保险以人的寿命和身体为保险标的，只有当投保人对被保险人的寿命或身体具有某种利益关系时，投保人才能够对被保险人具有保险利益。

我国保险法对保险利益的原则是"利益主义与同意主义相结合原则"。《保险法》第三十一条规定，投保人对下列人员具有保险利益：

（1）本人。投保人对自己的寿命或身体总是具有保险利益的，因此，每个人都可以以自己的寿命或身体为标的的投保人身保险。

（2）配偶、子女、父母。投保人与这些人具有婚姻关系或血缘关系，所以，投保人可以以这些人的寿命或身体为保险标的而订立人身保险合同①。

（3）前项以外与投保人有抚养、赡养或扶养关系的家庭其他成员、近亲属。显然，投保人与这些人有经济上的依存关系，因此，投保人对这些人的生命或身体有保险利益。

（4）与投保人有劳动关系的劳动者。除前款规定外，被保险人同意投保人为其订立合同的，视为投保人对被保险人具有保险利益。订立合同时，投保人对被保险人不具有保险利益的，合同无效。

以上四条，体现了认定人身保险可保利益的"利益主义原则"，即以投保人与被保险人之间是否存在经济利益关系为判断依据。但实际生活中，人与人之间的关系复杂多样，除了上述四条认定的可保利益，可能还有其他情况需要购买人身保险。例如，债务人的生死对债权人的经济利益有直接影响，合伙人对其他合伙人、财产所有人对财产管理人等也存在经济利益关系。还可能有纯粹出于慈善或公益目的要为他人办理人身保险的情况。因此《保险法》第三十一条特别规定："除前款规定，被保险人同意投保人为其订立合同的，视为投保人对被保险人具有保险利益。"这一规定，大大拓宽了人身保险保险利益的适用范围，即使投保人与被保险人之间没有可保利益，只要被保险人同意，都可以视为具有保险利益。

三、人身保险合同的内容

保险合同的内容，是指保险合同全部记载事项。保险合同是投保人与保险人订立保险协议的契约，保险合同记载的事项可以分为法定事项和约定事项。法定事项是按照法规要求必须记载的，缺少任何一项则合同无效；约定事项是在法定事项基础上保险当事人双方

---

① 父母子女关系分为婚生父母子女关系、非婚生父母子女关系、养父母子女关系和继父母子女关系，人身保险利益范围除了婚生父母子女关系，其他类型的"子女""父母"的界定应按照《民法典》规定执行。认定"配偶"关系，以办理结婚证书为标准，恋人和情侣关系不具有保险利益；在投保时，只要婚姻在存续期内，"配偶"关系成立就符合保险利益原则。根据最新的司法解释，申请保险金时，需要受益人姓名和与投保人关系都与投保时一致，如果离婚，"配偶"关系不再成立，最好及时办理合同变更，以免产生合同纠纷。

议定记载在保险合同当中的。无论是法定事项还是约定事项，一旦保险合同生效，法律效力相同，对保险合同当事人双方均具有约束力。

（一）法定事项

1. 保险人名称和住所

保险人的名称是确定保险合同当事人的依据，通过名称可以明确谁是保险人，从而确认其是否为合格的保险人。

保险人的住所决定了履行保险合同义务的地点。当出现保险事故或需要理赔时，可以根据保险人的住所快速联系到保险人，并按照合同约定进行相应的处理。

2. 投保人、被保险人的姓名或者名称、住所，以及人身保险的受益人的姓名或者名称、住所

明确投保人和被保险人的身份，可以确保保险合同的合法性和有效性。同时，对于人身保险合同，受益人的身份同样至关重要，因为受益人通常是实际享有保险金请求权的人。

另外，有了明确的姓名或名称、住所信息，当需要联系或核实相关情况时，无论是保险公司还是其他相关机构，都可以迅速找到当事人，提高沟通效率。

3. 保险标的名称

在人身保险合同中，保险标的是被保险人的生命和身体。在合同中应当详细记录与确定风险程度和保险利益有密切关系的被保险人健康状况、性别、年龄、职业、居住地及其与投保人之间的利益关系等。

4. 保险责任与除外责任

保险责任，是指保险人对被保险人提供的保险保障范围，在保险事故发生时，对被保险人进行赔偿或给付保险金的责任。如果保险事故符合保险责任条款，则保险人应当承担赔付责任。反之，则不承担赔偿责任。

（1）人身保险合同中对所承保疾病的种类、就诊医院的级别、保险期间等进行约定，上述条款属于保险责任范围条款。例如，医疗险、重疾险的保险责任规定中，对就诊医院级别一般有限制，通常约定"二级及以上的公立医院"。如果未在保单约定级别的医院就诊，理赔就存在拒赔风险。

（2）**除外责任**，是指保险合同中列明的，在保险事故发生时，保险公司不承担给付保险金的责任。这些条款减少了保险人对被保险人的保障范围，如果保险事故符合除外责任情形，则保险公司可以以此抗辩索赔方的请求。

例如，在医疗保险条款中，通常规定"一般身体检查、疗养、特别护理或静养、康复性治疗、既非手术又非药物的治疗"属于除外责任。

保险责任和除外责任是人身保险合同中十分重要的内容，关系投保人、被保险人的保障程度。保险责任在保险合同中有专门的责任条款，除外责任则通常要求必须在保险合同中明确列示。一般人身保险合同首页上都使用"重要提示"提醒保险消费者重点阅读责任免除规定，相关条款一般在合同中会采用加黑加粗字体等醒目的方式进行提示。在签订保险合同时，双方应当仔细阅读和理解这些条款，避免因误解或不清楚而导致的纠纷。

2020 年 2 月 4 日，刘先生以其母亲孙女士为被保险人，投保了长期医疗保险，保单以

加黑字体载明"被保险人因意外伤害在本公司认可的医院（指依法设立的国家卫生部医院等级分类中的二级或二级以上公立医院）接受治疗的，本公司承担保险责任"。

同年6月，孙女士因腰椎间盘突出至某私营医院住院治疗，花费医疗费20余万元。10月，孙女士向保险公司申请理赔，保险公司以孙女士就诊医院不属于合同约定的医院为由拒赔。后孙女士诉至法院，要求保险公司支付保险金6万余元。

北京西城法院经审理、认定，保险条款中对于医院的范围进行了明确约定，孙女士未经核实即选择了私营医院就诊，应当自行承担相应后果，最终判决驳回孙女士的全部诉讼请求。

5. 保险期间与保险责任开始时间

保险期间，是从保险责任开始到终止的时间。保险期间是确定保险事故是否属于保险责任的客观依据，还关系到保费缴付时间和保险金领取时间等问题。

大多数情况下，保险期间的起始时间（即保险期限）与保险责任的开始时间是一致的，但有时也不一致，例如，大多数健康保险类合同，为了防止逆选择，都会规定保险合同成立后，要经过90天或180天等待期或者观察期①才会承担保险责任。人身意外伤害保险责任期限是从被保险人遭受意外伤害之日起开始计算的一定期限，通常为180天。如果意外伤害发生在保险期限内，在180天内身故或残疾的，即使已经超过了保险期限，仍然可以申请理赔。

6. 保险金额

保险金额，一般简称"保额"，是指一个保险合同项下，保险公司承担赔偿或给付保险金责任的最高限额，即投保人对保险标的的实际投保金额，同时又是保险公司收取保险费的计算基础。

7. 保险费以及支付办法

保险费，是指参保人向保险人交付的费用，是参保人根据其投保时所订的保险费率，向保险人交付的费用。

人身保险保费可以趸缴，也可以分期缴付，具体支付方式和缴费金额必须在保险合同中明确记载。投保人缴纳保险费是人身保险合同生效的条件，逾期支付保费会影响保险合同的效力。但同时，《保险法》第三十八条明确规定："保险人对人寿保险的保险费，不得用诉讼方式要求投保人支付。"

8. 保险金赔偿或给付办法

保险金，是保险公司对保险事故案件审核定损之后，按照保险合同的相关约定，经由保险人将定损赔偿金额赔付给被保险人或受益人的金额。

保险金赔偿或给付，一般需要经过索赔和理赔两个环节。投保人、被保险人或受益人知道事故发生后，应及时通知保险人，并履行提供相关证明和资料的协助义务，而保险人则应及时进行理赔。具体保险金赔偿或给付金额、支付方式应在保险合同中明确规定。

---

① 观察期，又称等待期，是指保险合同在生效的指定时期内，即使发生保险事故，受益人也不能获得保险赔偿的一定时期。

9. 违约责任与争议处理

出现违约行为和合同纠纷，可以采用协商、仲裁和诉讼等方式处理。人身保险合同中，默认选择诉讼方式。

10. 订立合同的年、月、日

订立合同的时间是确定保险合同成立时间和保险责任期间的重要依据。

以上十项是《保险法》规定保险合同必须具备的内容，缺一不可。

（二）约定事项

保险合同约定事项，是指除法定事项外，保险合同双方当事人根据其意思自治原则，在协商一致的基础上，另行约定的其他条款。

1. 附加条款

附加条款指补充条款，是在保险合同基本条款的基础上，为适合特殊情形的需要，附加一些补充条文，用来扩大或限制原基本条款中所规定的权利和义务，以补充或者变更保险合同的基本条款。

附加险条款的法律效力优于主险条款。除附加险另有约定外，主险中的责任免除、双方义务同样适用于附加险。主险保险责任终止的，其相应的附加险保险责任同时终止。

2. 保证条款

保证条款，是指投保人、被保险人就特定事项担保某种行为或事实的真实性的条款。该类条款由于其内容具有保证性质而得名。保证条款一般由法律规定或合同约定，是投保人、被保险人必须遵守的条款，否则，保险人有权解除合同。

📖 学以致用2-3　明确指定受益人　保险理赔烦恼少

一、看事实：未指定受益人引发的纠纷①

2019年3月，刘某的母亲在某保险公司为刘某（被保险人）投保一份意外保险，保额为100万，受益人为法定。2020年4月，刘某因意外去世，去世后其母亲向承保的保险公司提交了相关理赔资料并申请理赔。

保险公司初次审核后告知申请人需补充提供被保险人配偶、子女、父母的相关身份资料。刘某母亲得知后表示被保险人的父亲已去世，被保险人无子女，且与配偶感情不和，另外涉案保单是自己出钱给刘某买的，故要求保险公司直接赔付给其本人。保险公司拒绝了刘某母亲直接赔付其本人的要求，并告知只有提交完整的理赔资料才能继续办理理赔。

二、做练习：看案例学保险

1. 按照《保险法》规定，刘某意外去世后，保险金应如何处理？

2. 保险公司初审意见和拒绝直接赔付给刘某母亲保险金是否合理？

3. 结合案例和本节所学知识，说一说，填写保单受益人时，我们需要注意哪些问题？

---

① 资料来源：搜狐网，"以案说险｜保单受益人指定的那些事儿"，2022年9月26日，http://www.cbirc.gov.cn/cn/view/pages/ItemDetail. html?docId＝1012872&itemId＝917&generaltype＝0

第四节　人身保险合同的订立与效力

以案说险：保险合同订立与生效

某年 4 月 29 日，A 公司为全体职工投保了团体人身意外伤害保险，保险公司收取了保险费并当即签发了保险单。保险单上列明的保险期间自当年 5 月 1 日起到次年 4 月 30 日止。投保的第二天即 4 月 30 日，A 公司职工王某登山，不慎坠崖身亡，事故发生后，王某家人向保险公司提出了索赔申请。请问，保险公司是否应该承担赔付责任呢？

对于这个问题，有两种主要观点。第一种观点认为，保险公司不承担赔付责任。因为本案中保险单明确列明，保险期间是从 5 月 1 日开始，王某事故发生在 4 月 30 日。第二种观点认为，保险公司应承担赔付责任。因为本案中，保险合同 4 月 29 日成立了，王某事故发生在 4 月 30 日，是在保险合同成立之后。那么，保险合同订立是不是意味保险合同生效呢？如果不是，保险合同生效的条件是什么呢？

一、人身保险合同的订立与生效

（一）合同订立与生效的含义

人身保险合同成立并不等于人身保险合同生效，合同成立和生效是两个不同的概念。合同成立，是指投保人与保险人就保险合同条款达成协议。而保险合同的生效则是指保险合同对保险双方当事人产生法律约束力。合同成立是认定合同效力的必要条件和先决条件。人身保险合同的订立是指合同双方在平等、自愿的基础上，就合同的主要条款达成一致意见。

合同生效，是指合同条款对当事人双方已经发生法律上的效力，要求当事人双方遵守合同，全面履行合同规定的义务。

合同订立是合同生效的前提，但合同成立并不意味着合同一定生效。合同订立后是否生效，取决于合同是否符合法定的生效条件。所谓合同的法定生效条件，是指法律规定的合同生效必须具备的基本要素。如果合同不符合法定的生效条件，仍然不能产生法律效力。

（二）人身保险合同订立须遵循的原则

除了应恪守最大诚信原则，根据《保险法》第十条规定，人身保险合同订立还应遵循协商一致和自愿原则。

1. 协商一致原则

协商一致原则，是指保险合同与其他民事合同一样，需要经双方当事人协商一致形成合意后才能形成。保险合同是格式合同，为了能够体现协商一致原则，需要建立一套保护投保人地位的制度。

首先，人身保险合同批注效力高于格式合同内容。虽然保险合同一般是格式合同，但是投保人作为合同当事人，可以与保险人磋商，以批注的形式加入约定条款，约定条款与格式条款法律效力相同。如果批注内容与格式合同内容有矛盾，以批注条款为准。

其次，保险人有说明义务。《保险法》第十七条明确规定："订立保险合同，采用保险人提供的格式条款的，保险人向投保人提供的投保单应当附格式条款，保险人应当向投保人说明合同内容。"特别是对保险合同中免除保险人责任的条款，要求保险人作出足以引起投保人注意的提示，并对该条款内容以书面或口头形式向投保人作出明确说明。否则，该条款不产生效力。

最后，出现合同异议时有利于投保方的解释。《保险法》第三十条规定："订立保险合同，采用保险人提供的格式条款的，对合同条款有两种以上解释的，人民法院或仲裁机构应当作出有利于被保险人和受益人的解释。"

2. 自愿原则

自愿原则，是指保险合同当事人双方必须是按照自己的真实意愿签订的合同才能生效，如果当事人是在受到欺诈、胁迫等其他意思表示或在不自由条件下签订的，合同无效或可以撤销。

（三）人身保险合同的订立程序

根据《民法典》规定，合同订立要经过要约和承诺两个环节，又称为投保和承保。

1. 要约

要约，是指要约人希望和他人订立合同的意思表示。发出要约的人称要约人，接受要约的人则称为受要约人。

虽然在保险实务中，保险公司及其代理人进行展业时是主动开展业务，希望与潜在客户订立人身保险合同，但这些不是法律意义上的要约。《民法典》第四百七十二条中明确了要约的定义和构成要件："要约是希望与他人订立合同的意思表示，该意思表示应当符合下列条件：①内容具体确定；②表明经受要约人承诺，要约人即受该意思表示约束。"

保险公司及其代理人进行展业时，与客户之间并未确定保险合约具体内容，双方进行交流和讨论中使用的保险计划书、保险产品宣传单、保险产品演示等资料不能对双方产生法律约束力。因此，保险人及其代理人的展业不能认定为要约，而是法律意义上的要约邀请[①]。要约邀请仅仅是使相对方当事人获得了信息，从而可以向要约邀请人发出要约。通俗点说，要约邀请是达成合同的准备阶段。

一般来说，人身保险合同的要约由投保人提出。只有在投保人提出投保申请，即填写好投保单并交给保险公司或其代理人时，才构成要约。因为投保单具备要约的两个要件：①投保单内容具体明确；②投保人签字后，经保险公司（受要约人）承保（承诺），投保人（要约人）就要遵守和履行双方签订保险合同规定的义务（即受该意思表示约束）。

正是因为投保属于要约性质，投保人在签字前要谨慎对待，认真阅读保险条款，除非特殊情况，不要请他人代签名，以免引发保险纠纷。

《关于规范人身保险经营行为有关问题的通知》规定，凡是按照《保险法》规定需要被保险人同意后投保人才能为其订立或变更保险合同的，以及投保人指定或变更受益人的，必须有被保险人亲笔签名确认，不得由他人代签。若被保险人是无民事行为能力或限

---

① 《民法典》第四百七十三条第一款规定：要约邀请是希望他人向自己发出要约的表示。拍卖公告、招标公告、招股说明书、债券募集办法、基金招募说明书、商业广告和宣传、寄送的价目表等为要约邀请。

制民事行为能力的，由其监护人签字，不得由他人代签。投保人、被保险人因残疾等身体原因不能签字的，由其指定的代理人签字。

这里要注意，代签名行为本身是不被认可的，但效力可以被追认。《〈中华人民共和国保险法〉若干问题的解释（二）》第三条："投保人或者投保人的代理人订立保险合同时没有亲自签字或者盖章，而由保险人或者保险人的代理人代为签字或者盖章的，对投保人不生效。但投保人已经缴纳保险费的，视为其对代签字或者盖章行为的追认。"

消费者甲先生的远房亲戚乙某是 A 保险公司的业务员，甲先生打算购买分红型保险产品，乙某称推荐给甲先生的保险产品"年化利率 4.25%，3 年满期，还有身故保障"。甲先生觉得产品不错，就按照乙某指导登录 App，由乙某操作完成投保。几天后，乙某电话通知甲先生保单已到，方便时可以过来取，甲先生表示最近都在外地出差，先放在乙某处过段时间再取回，一个月后甲先生回到家取回了保单，没有细看便放了起来。

一年后，甲先生由于资金周转不灵亟须用钱，想提前解约全额退保，但被告知如果提前解约只能按照保险合同约定的现金价值解约，甲先生一算，发现如果这样根本拿不回多少钱。甲先生尝试联系乙某，却发现乙某早已离职去了外地。随后甲先生想起来购买保险时均由乙某进行操作，以非本人签署保险合同重要单据为由向保险公司申请全额解约，但遭到了保险公司的拒绝①。保险公司拒绝解约的理由就是甲先生已经缴纳保费，其行为已经对代签名行为的效力进行了追认。

2. 承诺

承诺，是承诺人向要约人表示同意与其缔结合同的意思表示。作出承诺的人称为承诺人或受要约人。

人身保险合同的承诺通常由保险人作出。当投保人填好投保单后，经保险人或其代理人审查，认为符合要求的，一般都予以接受，这个过程被称为承保。承保即认可保险合同全部内容，并作出接受合同约束的意思表示，符合承诺的法律要件②。

我国《保险法》规定："投保人提出保险要求，经保险人同意承保，并就合同的条款达成协议，人身保险合同即告成立。"这意味着，投保人提出投保要求被视为要约，保险人同意承保被视为承诺。实践中，前者表现为投保人递交投保单，后者一般表现为保险公司出具盖好法人公章的保险合同。

（四）人身保险合同生效

人身保险合同的一般生效要件主要有三个：①主体合格，即订立人身保险合同的双方当事人都必须具有订立保险合同的资格。②内容合法，人身保险合同作为双方当事人合意的一种民事法律行为，内容必须符合法律要求。③合同当事人的意思表示真实自愿。③

《保险法》第十四条规定，合同成立后，投保人按照约定交付保险费，保险人按照约

---

① 资料来源：中国银保监会，"人身保险业务消费提示之二：保险合同认真看，操作签名自己来"，2021 年 3 月 17 日，http：//www.cbirc.gov.cn/branch/jilin/view/pages/common/ItemDetail.html？docId=971294&itemId=1447& generaltype=0

② 关于"承诺"的一般规定，《民法典》第四百七十九条第一款规定，承诺是受要约人同意要约的意思表示；第四百八十八条第一款规定，承诺的内容应当与要约的内容一致。

③ 蒋虹. 人身保险［M］. 2 版. 北京：对外经济贸易大学出版社，2018.

定的时间开始承担保险责任。这意味着，交付保险费是保险合同生效的必要条件。人身保险合同生效还要满足投保人对被保险人具有可保利益等条件。

本节开头的案例，尽管保险公司4月29日签发了保险合同，但只代表保险合同成立。保险合同中明确约定了保险期间是自5月1日开始，意味着合同生效时间是5月1日。王某死亡时间是4月30日，保险合同尚未生效，不发生法律效力，因此保险公司不承担赔偿责任。

二、人身保险合同的无效

人身保险合同的无效，是指当事人虽然订立但不具有法律效力，国家不予保护的人身保险合同。保险合同无效可以分为两种类型，一种是违反《民法典》等法律中关于合同的一般规定，一种是存在《保险法》中规定的保险合同无效条件。

（一）《民法典》规定无效的情形①

根据《民法典》中对于合同的规定，人身保险合同只要符合下列条件之一，即可认定为无效。

（1）人身保险合同的当事人不具有行为能力，即投保人、保险人不符合法定资格。例如，已经离职的保险代理人销售的保险合同。

（2）人身保险合同的内容不合法或人身保险合同的条款内容违反国家法律、行政法规。例如，以"洗钱"为目的购买的人身保险合同无效②。

（3）人身保险合同的当事人意思表示不真实及人身保险合同不能反映当事人的真实意志。例如，受不良保险代理人虚假宣传，甚至欺诈订立的保险合同，自始无效。

（4）人身保险合同违反国家利益和社会公共利益。利用具有高额现金价值的人身保险洗钱，就是这种类型。例如，用贪污、盗窃、诈骗得到的钱购买高额人寿保险，将非法所得伪装成来自保险金以掩人耳目。

（二）《保险法》规定无效的情形

在《保险法》中，有具体关于保险合同无效的规定。

（1）无可保利益，保险合同自始无效。《保险法》第三十条，关于人身保险利益，明确规定："订立合同时，投保人对被保险人不具备保险利益的，合同无效。"

（2）死亡保险中，未经被保险人同意并认可保险金额的，合同无效。被保险人同意并认可保险金额的表现形式，主要体现是被保险人在保险合同中的亲笔签名。因此，在订立含有死亡保险责任的保险合同时，切不可因贪图省事代替被保险签名，否则保单无效。

（3）对于未成年人，因被保险人死亡给付的保险金总和不得超过国务院保险监督管理机构规定的限额。目前为止，相关规定是不满10周岁的，不得超过人民币20万元；已满

---

① 《民法典》中关于无效的民事法律行为与可撤销的民事法律行为、效力待定的民事法律行为的规定，同样适用于人身保险合同。

② 保险洗钱是指通过购买或出售保险产品、利用保险公司或保险中介机构等手段，将非法资金伪装成合法资金，以实现转移资产、洗白贪污受贿所得等行为。保险反洗钱则是为了防止和打击洗钱活动，保护金融机构的稳健运行，维护社会经济秩序和金融稳定而采取的一项措施。它要求保险公司在经营过程中，对可疑交易进行记录和分析，并向上级监管部门报告，以确保保险业履行反洗钱的职责。

10 周岁但未满 18 周岁的，不得超过人民币 50 万元。这意味着为未成年人投保，要注意保额上限，无论是一份保单还是多份保单，总保额超过限额的部分可能是无效的。

（4）投保人、被保险人、受益人有违法行为或违反保险合同规定或未履行合同义务也会导致合同失效的情况。《保险法》第四十五条规定，因被保险人故意犯罪或抗拒依法采取强制措施导致其伤残或死亡的，保险人不承担给付保险金的责任。保险合同是双务合同，投保人一方如未能履行合同义务也会导致合同无效，如投保时未如实告知、未按期缴纳保费、故意制造保险事故等。

三、人身保险合同的中止与复效

（一）人身保险合同的中止

人身保险合同中止，是指在人身保险合同存续期间内，由于某种原因发生而使人身保险合同的效力暂时归于停止。在合同中止期间，发生保险事故，保险人不承担赔付责任。人身保险合同的中止，在人寿保险中最为突出。

《保险法》第五十八条规定："合同约定分期支付保险费，投保人支付首期保险费后，除合同另有约定外，投保人超过规定的期限 60 日未付当期保险费的，合同效力中止，或者由保险人按照约定条件减少保险金额。"由此规定可见，保险合同的中止应满足以下条件。

（1）投保人逾期未交保险费的期间已超过 60 日，即投保人在保险合同约定的缴费日后经过 60 日仍未缴纳保险费，或者在保险合同约定的缴费宽限期届满后经过 60 日仍未缴纳保险费。

（2）投保人逾期未交付保险费，即投保人在支付首期保险费后，未能在合同约定的缴纳保险费的日期或缴费宽限期向保险人缴纳保险费。

（3）保险合同没有约定其他补救办法，例如，解除合同、减少保险金额、保险费自动垫交等。

（二）人身保险合同的复效

人身保险合同复效，是指对于已经失效的人身保险单，在一定时间内经投保方提出申请，保险人同意恢复合同效力的行为。

根据有关规定，被中止的人身保险合同可以在合同中止后的两年内申请复效，同时，补交保险费及其利息。复效后的合同与原人身保险合同具有同样的效力，可继续履行。

复效和重新投保不同。复效是恢复原保险合同的效力，原合同的权利义务保留不变。重新投保是指重新开始保险。通常投保人必须按下列条件申请复效：①必须在规定的复效期限内填写复效申请书，提出复效申请。通常标准保险合同条款规定复效申请期限为合同失效之日起 2~3 年内，投保人需要注意合同中复效起始日的规定；②必须提供可保证明书，以说明被保险人的身体健康状况没有发生实质性的变化；③付清欠缴保费及利息；④办理过保单质押贷款的，付清保单货款本金及利息。

复效可以分为体检复效和简易复效。

体检复效，是针对失效时间较长的保单，在申请复效时，被保险人需要提供体检书与可保证明，说明被保险人的健康情况、职业危险、生活环境等变化状况，保险人据此考虑是否同意复效。

简易复效，是针对失效时间较短的保单，在申请复效时，保险人只要求被保险人填写健康声明书，说明身体健康状况在保险合同失效以后没有发生实质变化即可。由于大多数保单的失效是非故意的，所以保险人对更短时间内（如宽限期满后 30 天内）提出复效申请的被保险人采取宽容的态度，无须被保险人提出可保性证明。

复效后不可抗辩条款是否重新执行，存在争议。多数人认为需要重新执行，但只适用于复效申请单上的陈述。自杀条款在复效后不再执行。

 学以致用 2-4　重视保险知识　用好保险产品

一、看事实：轻信朋友言　错失保险金①

2023 年 1 月，孙女士的一个保险公司朋友告知她只需购买百万医疗险的保障就已足够，孙女士听罢便来到保险公司查询名下保单情况，工作人员告知其除了多倍保障重大疾病保险已经失效，年金保险和百万医疗保险仍是有效状态。孙女士要求将年金保险进行退保，重大疾病保险暂时不做复效处理，工作人员向孙女士讲解了这三种保险的保险责任和保障范围，劝解孙女士继续保留，但孙女士仍然坚持只交百万医疗保险，其他保险不管。在孙女士的一再坚持下，工作人员为其办理了退保手续。

仅仅时隔两个月，孙女士不幸罹患白血病，她于 4 月致电保险公司全国热线电话报案申请理赔，保险公司按照百万医疗保险的保险责任垫付了一部分医疗费用，5 月又先后赔付了两次医疗费用，但由于重大疾病保险已失效，因此孙女士无法获得重大疾病保险金。

孙女士对自己轻信朋友建议，退了保险以及未按时缴纳保费的行为感到非常后悔，不仅承担了退保损失，更未能获得重大疾病保险金。

二、做练习：看案例学保险

1. 使用中国保险行业协会官网的"保险产品"栏目的"人身保险产品信息库消费者查询"，查询在售人身保险产品条款内容明细，重点了解生效、中止、合同解除和复效条件等内容。

2. 浏览后，说一说，保险产品条款规定的生效条件和导致无效的原因主要是什么？

3. 结合本节所学知识、案例与保险条款，谈谈如何维护保险合同效力，保护自身保险权益。

第五节　人身保险合同履行与终止

以案说险：口头遗嘱变更保险受益人

某年 9 月，宋某向保险公司投保 10 万元终身寿险，指定其大儿子宋甲为受益人。两年后，宋某因患癌症病情恶化。临终前，宋某请当地村委会两位委员作证，以口头遗嘱形式将保险金受益人变更为尚未成家的小儿子宋乙，并请村委会向保险公司证明。

---

① 资料来源：天眼新闻，"以案说险：保障需求看自己，不可轻信他人云"，2023 年 8 月 1 日，https://baijiahao.baidu.com/s? id=1772997536176413601&wfr=spider&for=pc

次日，宋某去世。之后宋某的大儿子持相关资料和证明到保险公司提出理赔申请。保险公司经审核，认为属于保险责任，决定给付保险金。保险公司将要给付保险金时，又接到宋某小儿子宋乙要求给付保险金的申请。

保险金受益人可以根据口头遗嘱变更吗？宋某的保险金应该赔付给谁呢？

一、人身保险合同的履行

人身保险合同的履行，是指保险合同双方当事人依法全面完成合同约定义务的行为，主要包括投保人义务的履行和保险人义务的履行。

（一）投保人义务的履行

投保人在合同的履行过程中，按照从订立合同到申请索赔的顺序，应该履行如实告知义务、支付保险费义务、出险通知义务、提供单证义务等。

1. 如实告知义务

保险人就保险标的或被保险人的有关情况提出询问的，投保人应当如实告知。人身保险中，保险标的是被保险人的生命与健康，被保险人对自身情况比保险人更为了解，在《保险法》中，被保险人与投保人都有履行如实告知义务的责任。

2. 支付保险费的义务

投保人应该按期足额缴付保险费。人身保险中，保险合同往往是长期的，投保人交费周期比较长，经常要连续几年、十几年、几十年交费。在如此长周期中，投保人可能会经历工作变动、家庭关系变动、意外事故冲击等影响经济状况的情况，要求投保人能够每一期都能完成交付保费的义务要求有些苛刻。因此，保险法规定了宽限期、自动缴费、保险合同中止和复效等条款保护投保人的权益。

3. 出险通知义务

投保人、被保险人或者受益人在发生保险事故时，应当及时通知保险人。人寿保险中，"出险"是指被保险人生存到了约定期限，或者在约定期限内死亡；意外伤害保险中，"出险"是指被保险人因意外伤害伤残或死亡；健康保险中，"出险"是指被保险人因疾病或健康问题需要医疗费用支出。上述案件中，宋某的两个儿子，报案都很及时，完成了出险通知义务。

4. 提供单证义务

受益人在向保险人索赔时，应当提供和确认与保险事故的性质、原因、损失程度等有关的证明和相关资料。人寿保险中需要出具的证明包括死亡证明书、伤残鉴定证明、重大疾病诊断书、门诊费和住院费收据等。上述案件中，宋某的大儿子持有相关保险资料和宋某死亡证明，宋乙则提供了盖有村委会印章的其父亲留下的口述遗嘱，这些都是申请索赔的必要证明和资料。

5. 危险程度增加通知义务

被保险人在保险合同有效期内或续保时，对于其风险发生变化的情况，尤其是危险程度加重，要及时通知保险人。如投保时该被保险人身份是学生，在后面的缴费期内开始从事刑警工作，这时要通知保险人。

（二）保险人义务的履行

保险人在合同履行过程中的义务主要有承担保险责任、向投保人说明条款内容、及时签发保险单证、在保险合同解除或者无效时退还保险费或保单的现金价值、为投保人等其他人身保险合同的主体保密等。

1. 向投保人说明保险条款义务

保险人的说明义务是法定义务，保险人不能够通过合同条款的方式予以限制或者免除说明义务。不论在何种情况下，保险人均有义务在订立人身保险合同的时刻主动、详细地说明人身保险合同的各项条款，并且对投保人提出的人身有关问题给出直接、真实的回答。对于免责条款，保险人不仅要履行说明义务，而且还要明确说明或者做出特别提示，否则该条款无效。

根据《保险法》规定，保险公司就投保人或被保险人的有关情况提出询问，投保人应当如实告知。但如果保险公司未主动提出询问，或无法举证履行了该义务，则不能因投保人或被保险人未如实告知拒赔。

案例：祖某向保险公司投保人身保险，后被诊断为"右乳癌"，向保险公司索赔遭拒，遂提起诉讼。保险公司抗辩称，祖某投保时未履行如实告知义务，其故意隐瞒曾患有糖尿病、肝实性结节、肝功能异常等疾病，且在等待期内确诊合同中列明的重大疾病，根据保险合同约定，保险公司有权不予支付保险金。经审查，保险公司与祖某签订的《保险合同》中的《健康告知》，并未提及妊娠糖尿病、肝实性结节、肝功能异常的询问事项，保险公司也未举证证明其在投保时曾向祖某解释该"糖尿病"包含妊娠糖尿病、亦未询问祖某是否患有肝功能异常、肝实性结节。人民法院经审理认为，保险公司未举证证明其在投保时曾询问祖某是否曾患有妊娠糖尿病、存在肝功能异常、肝实性结节的情况，故祖某对保险公司未询问的问题不负有告知义务，保险公司应向祖某支付保险金。

2. 承担保险金给付义务

保险人履行义务通常就是指承担保险赔偿责任。投保人投保的目的在于当遭受损失时获得赔偿，因此，在保险事故发生后，履行赔偿义务是保险人的基本要求，也是保险人最重要的义务。该义务的履行以保险事故的发生为前提。从投保人角度来讲，是一个索赔的过程。保险人主要通过理赔来承担相应的保险责任。

3. 退还保险金或者保单的现金价值义务

一般来说，发生下列的情况要求退还保险费用或者保险单的现金价值①。

（1）投保人因过失不履行如实告知的义务，退还保险费。

（2）投保人申报的年龄不真实，并且真实年龄不符合合同约定的年龄限制的，保险人可以解除合同。在扣除手续费之后，退还保险费。但是自合同成立之日起超过两年的，保险人不能解除合同。

（3）发生保险事故或者故意制造保险事故的，并且投保人已经缴纳两年以上保费的，应该向其他享有权利的受益人退还保险费或者保单的现金价值。

（4）合同效力中止两年以上没有达成复效协议的，保险人有权解除合同，投保人缴纳

---

① 保险现金价值又称"解约退还金"或"退保价值"，是指带有储蓄性质的人身保险单所具有的价值。

保险费两年以上的，应该按照合同约定退还保费或者保单现金价值，不足两年的，可以在扣除了手续费之后退还保险费。

（5）被保险人在合同成立两年内自杀的，保险人不承担给付保险金的义务，但是应该退还保单和保单现金价值。

（6）被保险人故意犯罪而导致其自身伤残或死亡的，保险人不承担给付责任，缴费超过两年的应该退还保费或者保单现金价值。

（7）投保人要求解除合同的，缴费超过两年的应该退还保费或保单现金价值，不到两年的可以扣除手续费之后退还保险费。

4. 及时签发保单

及时签发保单，为投保人的人身及时得到保险保障创造条件。

5. 为保险合同主体保密

为投保人、被保险人、再保险人等人身保险合同主体保密是对保险人的基本道德要求。

二、人身保险合同的变更

人身保险合同变更，是指合同在没有履行或没有完全履行之时，当事人根据情况变化，依照法律规定的条件和程序，对原保险合同的某些条款进行修改或补充。

人身保险合同在履行过程中，由于某些情况的变化而需对其进行补充或修改称为人身保险合同的变更。人身保险合同变更有合同主体的变更、客体的变更、双方当事人权利和义务的变更，即内容变更。人身保险合同的变更形式可以通过法定变更和合同约定变更。人身保险合同的变更或修改，均须经保险人审批同意，并出具审批单或进行批注。

保险合同变更有以下特点。

（1）必须由投保人与保险人协商而定。

（2）变更保险合同的内容表现为修改合同的条款。

（3）变更保险合同的结果是产生新的权利和义务关系。

保险合同的变更通常包括合同主体的变更和合同内容的变更。合同主体的变更实际是合同的转让。真正意义上的保险合同的变更应当是保险合同内容的变更。

（一）人身保险合同主体的变更

人身保险合同主体变更，是指投保人、被保险人和受益人的变更。

人身保险合同主体的变更，大都是由于保险标的的权利发生转移而引起的。因而保险合同主体的变更实际上就是合同的转让。人身保险合同的转让，不改变合同的权利和义务。

（1）保险人的变更。在人身保险合同中，作为保险人的一方是不允许变更的，投保人只能选择退保来变更保险人。

（2）被保险人的变更。普通个人人身保险中的被保险人在合同中确定之后是不存在变更的，因为人身保险合同的承保与否和保费的缴纳与被保险人的年龄、健康状态等紧密联系，若被保险人变更，相当于重新投保。因此，不存在被保险人的变更情况。只有团体人身保险合同允许变更被保险人人数。

（3）受益人变更。为了避免道德风险，变更受益人必须经被保险人同意。因为变更受益人对保险公司来说承担的风险没有任何变化，因此投保人要向保险公司发出书面变更通知即可，无须保险人批准同意，也无须征得受益人的同意。

（4）投保人的变更。投保人的变更可能涉及变更后的投保人是否对被保险人具有的保险利益和保费的交付能力的问题，因此需要经保险人同意后才可以变更。因为我国认定保险合同效力遵循的是"利益主义加同意主义原则"，投保人变更也需要经被保险人同意。

本节篇首案例中，宋某通过口头遗嘱变更受益人，邀请了两位利益无关的见证人，符合关于合法遗嘱的规定；被保险人变更受益人无须保险人同意，且宋某已经请村委会将变更意思通知了保险公司，完成了应尽的义务。因此，保险公司应该将保险金给付给宋某的小儿子宋乙。

（二）人身保险合同客体的变更

人身保险合同客体变更，是指投保人与被保险人之间的保险利益关系发生变化。

（1）投保人与其配偶、子女、父母具有保险利益。如果投保人与这些人具有的婚姻关系或家庭关系发生变化，人身保险合同的客体随之变化。

（2）与投保人有抚养、赡养或扶养关系的其他成员具有保险利益。如果投保人与这些人有经济上的依存关系发生变化，人身保险合同的客体随之变化。

（3）被保险人同意投保人为其订立合同的，视为投保人对被保险人具有保险利益。如果投保人丧失这种权益，人身保险合同的客体随之变化。

（4）保险利益变化的其他情形。投保人死亡，除非此保险利益为投保人专有，否则，可变更投保人（变更后的投保人须对被保险人具有保险利益）使合同继续有效。

投保人丧失缴费能力时，如受益人或其他对被保险人具有保险利益的人愿意替代原投保人交付保险费而使合同继续有效，保险人不得拒绝，保险合同客体发生变化。

（三）人身保险合同内容的变更

保险合同内容的变更，是指主体权利和义务的变更，即合同条款的变更，如保险责任和责任免除、保险金额、保险费、保险期间和保险责任开始时间、保险金给付、违约责任和争议处理等内容变更。

人身保险合同内容变更的程序如下：通常是由投保人向保险人提出变更申请，告知有关人身保险合同的情况。随后，保险人对变更申请进行审核，若需增加保险费，则投保人应按规定补交；若需减少保险费，则投保人可向保险人提出要求，均要求当事人取得一致意见。最后，若保险人同意变更，则签发批准单或附加条款；若拒绝变更，保险人也需通知投保人。

三、人身保险合同争议处理

人身保险合同争议，是指人身保险合同在履行过程中，合同当事人等有关主体之间常常会因为对合同的条款理解有分歧，对索赔、拒赔等处理不一致而发生纠纷。能否及时、合理地处理人身保险合同争议，对规范保险活动，保护保险双方当事人的合法权益，促进保险事业的健康发展，具有十分重要的意义。

人身保险合同的争议处理通常采用如下四种方式：协商、调解、仲裁、诉讼。

（一）协商

协商是在争议发生后，双方当事人在平等、互相谅解基础上对争议事项进行商议，取得共识、解决纠纷的方法。该方法是解决争议最常用、最基本的方法。该方法具有较大的灵活性，且双方关系友好，有利于合同的继续履行。

（二）调解

调解是在协商无效的情况下，由双方接受的第三者出面进行的、促使双方达成一致、使合同继续履行的方法。根据第三者的身份不同，调解可分为行政调解、仲裁调解和法院调解。除行政调解外，后二者均具有法律强制执行效力。

（三）仲裁

仲裁是指当事人双方约定发生争议时，由双方认可的第三方来裁决，并在裁决后双方有义务执行的一种处理争议的方式。该方式与法院裁决效力等同。

仲裁必须遵循双方自愿的原则。当事人如果想采用仲裁的方式解决纠纷，应当取得对方的同意，并且双方达成仲裁协议，递交仲裁委员会。在双方自愿的基础上才能采用仲裁的方式。如果没有仲裁协议，仲裁委员会将不予受理。仲裁应当独立进行，不受行政机关、社会团体和个人的干涉，仲裁委员会之间也没有隶属的关系。

仲裁委员会的裁决书下达之后，实行的是一裁终局的制度。如果裁决书下达之后，当事人就同一纠纷再申请仲裁或者向人民法院提起诉讼，仲裁委员会或者人民法院将不予受理。

（四）诉讼

诉讼是指人身保险合同的一方当事人按有关法律程序，通过法院对另一方提出权益主张，并要求法院予以解决和保护的请求处理争议的方法。在我国，法律诉讼实行二审终审制度。

四、人身保险合同的解释原则

人身保险合同的解释，是对人身保险合同条款的理解和说明。人身保险合同产品设计具有高度专业性，保险格式、条款文字比较晦涩难懂。保险合同内容构成远比一般合同复杂，合同条款之间可能产生冲突。这种冲突既可能存在于保险合同内部不同组成部分之间，也可能存在于同一保险合同的不同款项中，并会导致保险当事人对合同条款内容的解释不一致，从而影响人身保险合同的履行。

人身保险合同的解释首先应遵循合同解释的一般原则，即在坚持合法、公平、诚信、互利的基础上根据合同的整体内容和当事人订立合同的目的，对人身保险合同条款进行全面、公正的解释。

一般来说，对人身保险合同的解释遵循文义解释、意图解释、专业解释、有利于投保方解释、补充解释等原则。

（一）文义解释原则

文义解释，即按照人身保险合同条款所使用文句的通常含义和保险法律法规、保险习惯，并结合合同的整体内容对人身保险合同条款进行的解释。文义解释是对人身保险合同解释的最一般的原则。

我国人身保险合同的文义解释主要有两种情形，一是按照人身保险合同一般文句的解释，对人身保险合同条款使用的一般文句，按文句公认的表面含义和其语法意义去解释；另一种是按照保险专业术语和法律专业术语的解释，对于保险专业术语或其他法律术语有立法解释的，以立法解释为准，没有立法解释的，以司法解释、行政解释为准，也可以按行业习惯或保险业公认的含义解释。

立法解释，是指由有权创制法律、法规的国家机关对其所创制的法律、法规所作的解释。如《保险法》中关于"自杀身故"责任的规定；司法解释，是人民法院对立法内容的阐释，如《最高人民法院关于适用〈中华人民共和国保险法〉若干问题的解释（二）》；行业通用解释，是本行业出台的一些被共同遵守的解释，如中国保险行业协会出台的《重大疾病保险的疾病定义使用规范》（2020 年修订版）。

（二）意图解释原则

意图解释，是指按人身保险合同当事人订立人身保险合同的真实意思，对合同条款所作的解释。人身保险合同是最大诚信合同，在对合同条款进行解释时还必须充分考虑当事人订立合同时的真实意思。但是，当事人的真实意思只是对当事人订立合同时心理状态的一种推定。因此，在进行意图解释时，应注意下列几方面问题。

（1）双方既有书面约定又有口头约定的，当书面约定与口头约定不同，应当推定书面约定更能体现人身保险合同当事人的真实意图，即以书面为准。

（2）保险单及其他保险凭证与投保单及其他合同文件不一致时，以其他保险凭证中载明的合同内容为准。

（3）合同的特约条款与基本条款不一致时，以特约条款为准。

（4）人身保险合同的条款内容与批单不一致的，按照批单优于正文，后批注优于先批注、手写优于打印的规则解释。

（三）专业解释原则

专业解释原则，是指对人身保险合同中使用的专业术语按照其所属专业含义进行解释的原则。在人身保险合同中除了保险术语、法律术语之外，还有某些其他专业术语。因此，对于这些具有特定含义的专业术语，应按其行业或学科的技术标准或公认的定义来解释。如寿险合同中，对疾病的解释，用医学界公认的标准来解释。

（四）有利于投保方解释原则

有利于投保方解释原则，是指对保险条款作有利于非起草方的解释，也就是作有利于投保人、被保险人和受益人的解释。

保险条款具有极强的专业性、技术性、复杂性，一般人很难有精准、全面的理解和把握，且保险合同条款由保险公司预先拟定、重复使用，属于典型格式条款。保险公司作为格式条款拟定一方，对合同条款信息更加熟悉和了解，而投保人一方相对处于信息弱势，存在信息不对称问题。为了避免保护投保人一方利益，各国司法部门在保险合同格式条款出现争议时，一般都作出有利于投保人一方利益的解释。

案例①：伍某于某年 4 月 10 日通过某保险公司网站投保了某一重大疾病保险，保险期间终身，缴费年限为 20 年，年缴保费 2 300 元，保险金额为 10 万元。4 月 23 日，伍某签收了纸质保单回执，确认收到了保险合同。同年 12 月 28 日，伍某因病住院，被确诊为右肾血管平滑肌脂肪瘤，并根据治疗需要进行了右肾切除术和下腔静脉修补术。伍某向保险公司提交了理赔申请。保险公司以该手术不符合保险合同对"重大器官移植术"的定义而属于免责范围为由拒绝给付保险金。伍某向当地法院提起诉讼。

法院经审理认为，本案被保险人伍某在保险期限内因患右肾血管平滑肌脂肪瘤并实施了右肾切除术，该手术已经对其健康及生活造成了较为严重的影响，应属于重大疾病范围，保险公司应依保险合同约定向其给付重大疾病保险金 10 万元。

关于这一规定的适用应当注意：并非双方当事人对保险条款的任何争议都必须给出有利于被保险人和受益人的解释。当双方当事人对保险条款的内容理解不一致时，应当遵循公平和诚实信用原则，首先按照通常理解，结合条文词句的含义、逻辑关系以及保险交易惯例等进行合理解释，有专业解释的，应按照专业术语的理解来解释。只有当保险条款的含义含混不清或产生多种理解时，才应当援引上述规定，进行有利于被保险人和受益人的解释。

（五）补充解释原则

补充解释原则，指当保险合同条款约定内容有遗漏或不完整时，借助商业习惯、国际惯例、公平原则等对保险合同的内容进行务实、合理的补充解释，以便合同能继续执行。

五、人身保险合同的终止

保险合同的终止，是指由于某些法定事件或者合同双方约定事件的发生而导致保险合同当事人双方权利义务关系的消除和灭失。保险合同的终止按照其终止原因可分为自然终止、解约终止、履约终止等形式，这里主要介绍前两种。

（一）自然终止

自然终止，是指人身保险合同在保险期限届满时，合同当事人约定的权利与义务的终止。这是人身保险合同中最为普遍也是最基本的一种终止方式。自然终止包括以下几种情况：一是保险期限届满；二是人身保险合同履行完毕；三是保险合同中被保险人死亡。

（二）解约终止

解约终止，是指合同的一方当事人行使解约权提前终止保险合同关系的一种行为。我国《保险法》规定，除法律规定和合同约定不得解除保险合同的情况之外，投保人有权随时解除保险合同，保险人不得拒绝。除法规和合同约定情况外，保险人不得解除合同。保险合同的解除一般分为法定解除、约定解除、协议解除。合同一经解除即告终止。

---

① 资料来源：澎湃网，"【以案释法】重疾险中以限定治疗方式来限制被保险人权利 保险责任如何认定？"，2022年 7 月 6 日，https://m.thepaper.cn/baijiahao_18900881

学以致用2-5　　重视合同变更　　减少合同纠纷

一、看事实：离婚后身故保险金的领取资格①

2020年10月，王女士为自己的丈夫张先生一次性缴费投保了某保险公司的一份百万身价意外伤害保险，保障期10年，身故的保额为100万元，当时指定的身故受益人为王女士，与被保险人的关系填写为配偶。2021年7月夫妻二人离婚，张先生并未再婚。2022年3月，张先生因交通事故不幸离世，A女士得知消息后，想起了曾经给张先生投保的保险，遂以身故受益人的身份前往保险公司进行索赔。

后经保险公司查明，被保险人张先生的父母均健在，其与前妻王女士育有一子小张，已成年。保险公司随后根据保险法规给出了不接受王女士作为身故保险金受益人申请保险金的决定，并表示应由张先生的父母和儿子小张共同作为受益人领取保险金的理赔决定。

王女士对此结果非常不满，认为自己是保险合同指定的身故受益人，保费也是自己交的，现在被保险人去世，理应由自己来领取赔款，认为保险公司的做法不合情理，多次到保险公司讨要说法，并向上级公司进行了投诉。

在本案中，投保时被保险人张先生虽然指定了妻子王女士作为身故受益人，但在二人离婚后，王女士和张先生并未及时到保险公司变更受益人。

根据《保险法》相关规定："当事人对保险合同约定的受益人存在争议的，如受益人的约定包括姓名和身份关系，保险事故发生时身份关系发生变化的，认定为未指定受益人。"

由此可见，张先生身故时，与王女士已经不是夫妻关系，虽然没有办理受益人变更，但王女士的受益权已经依法丧失。根据上述保险法规的规定，本案应视同未指定受益人，由被保险人的全体第一顺序继承人来作为受益人共同领取，即张先生的父母、配偶和子女，因张先生并未再婚，故受益人仅有其父母和子女。

由于保险是一种特殊商品，合同的履行期限较长，故合同签订时的一些信息可能在履行过程中发生变化，这就需要合同当事人认真了解合同约定内容及保险法规的规定，及时通过保全进行相应的调整，以充分保障合同各方的合法权益。

二、做练习：看案例学保险

1. 说一说，在上面案例中，谁有权利进行保险合同变更？如何变更受益人？

2. 说一说，王女士为了维护自己的权益，在离婚后，应该对保单如何进行变更？

3. 根据本节所学知识和案例，谈谈在哪些情况下，我们需要重视和及时进行保单变更。

本章小结

1. 人身保险合同是指以人的寿命和身体为保险标的，投保人与保险人约定，保险人依被保险人的年龄、健康状况按约定向投保人收取保险费，在被保险人死亡、伤残、疾病或者生存至约定年龄、期限时，向被保险人或受益人给付保险金的合同。

---

① 资料来源：河北新闻网，"以案说险：离婚了，还能领取身故保险金吗？"，2022年5月25日，https：//finance. hebnews. cn/2022–05/25/content_ 8799994. htm

2. 人身保险合同按照保障范围不同可分为人寿保险合同、人身意外伤害保险合同、健康保险合同；按照承保方式不同可分为个人保险合同、联合保险合同、团体保险合同；按照保险期限不同可分为长期人身保险合同、短期人身保险合同；按照是否具有投资功能可分为保障型人身保险合同投资型人身保险合同。

3. 人身保险合同的要素由合同的主体、客体和内容三部分组成。主体可以分为当事人、关系人和辅助人；保险合同的客体是保险利益；人身保险合同内容指保险合同全部记载事项。

4. 人身保险合同订立需要经过要约和承诺，需遵守协商一致原则和自愿原则。人身保险合同的无效必须出现《民法典》规定无效的情形、《保险法》规定无效的情形。复效与重新投保不同：复效是恢复原保险合同的效力，原合同的权利义务保留不变；重新投保是指一切都重新开始。

5. 人身保险合同变更有合同主体的变更、客体的变更、双方当事人权利和义务的变更，即内容变更。人身保险合同的变更形式可以通过法定变更和合同约定变更。

6. 人身保险合同的争议处理通常采用如下四种方式：协商、调解、仲裁、诉讼。

7. 人身保险合同解释原则包括文义解释、意图解释、专业解释有利于投保方解释、补充解释等。

8. 保险合同的终止按照其终止原因可分为自然终止、解约终止和履约终止等形式。

关键词

人身保险合同　射幸合同　定额给付性保险　保险单（保单）　投保单　暂保单
保险凭证　保险批单　当事人　关系人　投保人（要保人）　保险人（承保人）　被保险人
受益人　保险代理人　保险经纪人　保险公估人　保险责任　除外责任　保险期间
附加条款　保证条款　合同成立　合同生效　保险合同中止　保险合同复效　保险合同履行
保险合同变更　保险合同终止　文义解释　立法解释　司法解释　意图解释　专业解释

复习思考题

1. 简述人身保险合同的特征。

2. 人身保险合同有哪些种类？

3. 人身保险合同有哪些主要形式？

4. 人身保险合同的当事人、关系人和辅助人有哪些？

5. 试述人身保险合同中投保人、被保险人和受益人的关系。

6. 试述人身保险合同对成立、生效、履行等内容的确定方式。

7. 简述人身保险合同变更的主要内容与注意事项。

8. 人身保险合同中止与终止的区别是什么？

9. 简述人身保险合同中投保方和保险人的主要义务。

10. 人身保险合同争议处理方式和主要解释原则有哪些？

第三章　人寿保险概述

📖 学习引导

【为何学】 人寿保险是人身保险市场份额最高的险种，对寿险公司经营发展的作用举足轻重。对居民家庭来说，人寿保险通常也是保费支出占比最高的险种，保障内容关乎生存与死亡，有必要认真对待。创新型寿险产品设计比传统产品更复杂，学好相关知识，有助于合理选择、配置和运用相关产品进行风险管理和财富管理。

【学什么】 掌握人寿保险及其不同产品的定义和作用，理解不同寿险产品的特点、原理与作用，学习查询各种产品信息的方式，尝试使用获得的信息和数据进行分析。

【怎么学】 阅读教材进行简单识记，尝试用图示方式表示不同寿险产品的特点，有助于加深对产品特性的理解；关注相关产品的监管动态和新闻报道，可以掌握最新信息；了解市场变化情况，并学习分析相关产品发展趋势的思路和方法；学会查询相关产品最新披露数据，进行整理和分析，可以提高独立分析、思考能力。

【如何用】 本章所学知识可以用于分析寿险公司寿险产品规模与结构，衡量不同公司创新型寿险产品回报率水平，评价家庭寿险配置合理性，推断相关产品未来发展趋势。

第一节　人寿保险概述

📑 **真实问题：老龄化、养老服务需求与保险作用**①

1949 年中华人民共和国成立之初，中国人均预期寿命不足 35 岁。1953—2021 年，中国 65 岁及以上人口从 2 632 万增至 2 亿，占比从 4.4% 增至 14.2%。2022 年，65 岁以上老年人口达到 20 978 万人，占全国人口的 14.9%。

2023 年 8 月 16 日，大家保险在第二届中国保险养老融合与发展论坛上发布《2023 年

---

① 资料来源：搜狐网，"大家保险发布《2023 年中国商业养老服务供需洞察白皮书》"，2023 年 8 月 16 日，ht-tp://news.sohu.com/a/712408971_120988533

中国商业养老服务供需洞察白皮书》（以下简称《白皮书》）。至此，大家保险已连续三年开展中国城市养老服务需求调查，聚焦城市养老服务需求变化趋势，提出匹配新时代家庭需求的商业化养老服务解决之道。本次发布的《白皮书》需求调研历时数月，覆盖全国25个省（区、市）的1 526名中老年城市居民，调研更注重以家庭为单位的商业化养老服务需求特征梳理。

《白皮书》指出，保险业基于自身转型发展需要和响应国家政策号召，近年来在养老领域持续发力，成为养老市场上一支重要力量。保险业投资偏好与养老业天然匹配，做养老具有资金优势、信用优势和产业链协同优势，可为养老业带来长期资金、稳定客源、质优价廉的可靠养老服务。养老之于保险，除了赋能保险主业，本身还具备造血功能，有望成为保险公司新的盈利增长点。

目前保险业投资养老有重资产、轻资产和合作模式，一般从养老金融和养老服务两个方向进行战略切入。养老金融方向，通过附加养老服务，引导消费者提前规划和储备养老资金，并实现养老资金的保值增值。养老服务方向，通过投资建设养老机构或其他养老服务，实现对养老资源的控制能力，使消费者的养老资金能够购买到更多更好的服务。

一、人寿保险的含义与特征

在人身保险业务中，人寿保险是与老龄化和养老服务关联度最大的。

人寿保险，是指以被保险人的寿命为保险标的，以被保险人的生存或死亡为给付条件的人身保险。人寿保险是人身保险组成中最基本、最重要的组成部分，

人寿保险具有人身保险的一般特征，包括保险标的的不可估价性、保险金额的定额给付等。人寿保险还有承担风险责任的特殊性，还具有其自身特征，主要表现在以下几个方面。

（一）生命风险具有相对稳定性

死亡水平受到多种因素的影响，包括经济发展、医疗保健、文化习俗、生活习惯等，以及个体特征如年龄、性别和职业等。

人寿保险所保障的风险，从整体角度来看，具有相对稳定性。在一定时期内，一个国家或地区的死亡率通常会保持相对稳定，除非发生重大灾难性事件。这种稳定性主要是由于死亡率受到多种综合因素的影响，包括社会、经济、文化、医疗保健等各个方面的因素。

尽管从整体上来看人寿风险具有一定的稳定性，但具体到个体而言，死亡何时发生却具有极大的不确定性。人类的寿命受到多种因素的影响，包括基因、生活方式、环境等，因此很难准确预测某个特定个体的寿命长短。因此，人寿保险的保障作用在于为被保险人及其家庭提供一定的经济保障，以应对因被保险人死亡而可能导致的经济困难。

此外，随着经济和技术的发展，人口老龄化趋势日益明显。这也意味着生命风险将逐渐发生变化，但这种变化趋势是平缓的，且变动方向相对确定，不会出现大幅度的波动。因此，人寿保险的保障作用也需要在不断变化的背景下进行适应和调整，以更好地满足社会的需求和期望。

（二）寿险期限具有长期性

人寿保险是人身保险中最具代表性的长期业务类别，其保险期限通常为数年乃至数十

年，甚至终身。这一特点源于以下两方面因素。

首先，人寿保险采用均衡保费方法计算保费，这种方法需要较长的保险期限以平摊保费。均衡保费方式是将整个保险期限的保费总额，均匀分摊到每一年或每一期间，使得投保人每年或每期间支付的保费保持一致。通过这种方式，可以减轻投保人的初期保费负担，同时确保在整个保险期限内，被保险人都能得到充分的保障。

其次，人寿保险的保障需求也促成了其保险期限的长期性。投保人购买人寿保险的目的在于缓解被保险人早逝给家庭带来的经济困难，或是为被保险人的老年生活提供经济保障，这些需求都需要一个较长的保险期限来满足。

因此，人寿保险的长期性业务特点使得寿险公司在经营上能够获得较为稳定的保费收入，从而在资本市场中发挥重要作用。然而，这种长期性也带来了更高的不确定性，例如，通货膨胀和市场利率对投资收益的冲击，这些因素可能对寿险公司的经营产生较大的影响。

另外，人口老龄化趋势对人寿保险业务的影响尤为显著。随着人口老龄化程度的加深，人们对人寿保险的需求将进一步增加。这是因为老年人口增加会导致社会养老压力增大，因此人们更倾向于通过购买人寿保险来为自己和家庭的老年生活提供经济保障。

(三) 寿险功能具有储蓄性

储蓄具有个人返还性和收益性，是指个体将资金交付给金融机构，金融机构在约定的期限后向个体返还本金和利息的行为。这种行为的特点是金融机构承担了资金风险，为储户提供了一种风险保障。寿险保单退保时，保险公司不仅要退还给被保险人所交的保费，而且还会附上一定的利息，这体现了寿险的返还性。同时，寿险公司会将保费分为风险保费和储蓄保费。储蓄保费是保险人每年收取的保险费超过其当时风险保障需要支付的保险金，这部分保费具有收益性。储蓄保费部分有储蓄性特征，投保人退保时获得现金价值，甚至可以在资金短缺时用保单质押贷款，同时还可以获得一定的利息、红利或投资收益。换句话说，储蓄保费相当于投保人存放在保险公司的储蓄存款，而且存放时间一般比较长。在此期间，保险人对其进行管理与运用，使其不断增值，以保证未来保险金的给付。如果投保人中途退保，则保险人需将责任准备金以退保金的形式返还给投保人。如果投保人财务出现一时的困难，还可以用保单抵押贷款。这些都体现了寿险的返还性和收益性。

另外，在理论上，随着年龄的增长，个体面临的死亡风险也随之增加，除了在婴幼儿时期由于年龄较小存在较低的死亡风险。因此，针对这种风险，人寿保险通常采用均衡保险费的方式来进行保费计算。

均衡保险费是一种保险策略，它基于被保险人的年龄、性别和健康状况等因素来计算保费。这种策略的目的是确保保险公司在整个保险期间内能够获得足够的资金来支付死亡赔偿金。

在早期阶段，被保险人缴纳的保费可能会高于其当年面临的死亡成本。然而，保险公司会将超出部分作为责任准备金进行提存，并对其进行投资增值。责任准备金是保险公司为了应对未来可能出现的索赔而预先提取的资金。

在投资增值方面，保险公司会利用这些责任准备金进行投资组合，以实现资金的最大化增值。这些投资组合通常包括股票、债券和其他类型的投资工具。这些投资工具的风险和收益取决于市场情况，但保险公司通常会选择稳健的投资组合来保证投资回报的安全性和稳定性。

因此，当被保险人在保险期限的任何时间点上出现死亡时，保险公司将能够及时支付死亡赔偿金。并且，由于保险公司的投资增值，所支付的死亡赔偿金通常会超过被保险人历次所交保费的总额。因此，人寿保险不仅具有保障性，还具有收益性。

二、人寿保险的分类

（一）按保险责任分

人寿保险按照保险责任范围，可以分为死亡保险、生存保险和两全保险。

1. 死亡保险

死亡保险，是指以被保险人在保险期间内死亡为给付保险金条件的保险。通俗点说，就是"保死不保生"①。

虽然理论上使用"死亡保险"更容易理解其保险责任，但是在实践中，用"死亡保险"作为保险产品名称显然不利于保险宣传和销售，因此通常使用"人寿保险"替代，一般简称为"寿险"②。

死亡保险，按照保险期限的不同又可以分成定期人寿保险和终身人寿保险。

（1）定期人寿保险，是指以被保险人在保单规定的期间发生死亡，身故受益人有权领取保险金。该保险大都是对被保险人在短期内从事较危险的工作提供保障。

（2）终身人寿保险，是一种不定期的死亡保险。保险责任从保险合同生效后一直到被保险人死亡之时为止。由于人的死亡具有必然性，因而终身保险的保险金最终必然要支付给受益人。由于终身保险的保险期长，故其费率高于定期保险，并有储蓄的功能。

人口老龄化意味着，大多数中国居民领取保险金的时间将延后，个人储蓄受通货膨胀影响更严重，终身寿险现金价值增长速度一般高于储蓄利率，因此相比于个人储蓄更具有优势。

2. 生存保险

生存保险，是指以被保险人的生存为给付保险金条件的保险。通俗点说，就是"保生不保死"。

在保险宣传和行业数据统计中也很少直接使用"生存保险"这个词，反而更常用"年金保险"替代。因为生存保险的保险金支付一般采用年金方式，就是保险金并不是一次性支付，而是有规律分期支付。

生存保险最常见的产品类别或业务形式是养老年金保险。除此之外，还有教育年金保险等。

人口老龄化意味着更多的被保险人能够生存到保险期满，保险公司支付保险金的概率提高。因此，居民平均预期寿命提高，对拥有生存保险的被保险人来说是个好消息，对

---

① 注意，这里的"死亡"，应该做广义的解释，除了生理上的"死亡"，还包括经济上的"死亡"，如全残的情况，也包括法律上的死亡，即"宣告死亡"。

② 实务工作中，有时"人寿保险"实际上指的是人身保险，比如用于公司名称时，中国人寿保险公司、中国平安人寿保险公司等，指的是经营人身保险业务的公司；再比如，学术文献、新闻报道和研究报告提到"寿险市场"时，一般指的是人身保险市场，而不仅仅是死亡保险市场。请注意区分以上概念，避免误解。

保险公司则正好相反。

3. 两全保险

两全保险，是指在保险合同约定的保险期间内，被保险人死亡或保险期届满仍生存时，保险人按照保险合同约定均应承担给付保险金责任的人寿保险。

为了满足投保人多元化风险管理需求，更利于保险宣传和营销，保险公司主流销售产品中纯粹承保死亡风险和生存风险的占比极低，一般是以产品组合的方式存在。两全保险的"两全"，是指生死两全，即无论被保人在保险期间内死亡还是保险期满后仍生存，保险公司都会承担理赔责任。生死两全险是定期人寿保险与生存保险的结合，相当于购买了两种保险，获得的保险保障更全面，保费也比前两种要高。目前商业养老保险产品大多数都采用的是生死两全保险。

人口老龄化实际上降低了定期寿险给付概率，提高了生存保险给付概率。因此，人口老龄化对生死两全保险影响被中和，这也是为什么市场上养老保险产品的保费和保额变化不大的原因之一。但随着人口老龄化的发展，越来越多的居民也意识到养老保险对于未来养老生活品质的重要性，我国生存保险的需求也随着人口老龄化的进程增长。

死亡保险、生存保险与两全保险比较如表3-1所示。

表3-1　死亡保险、生存保险与两全保险比较

保险类别	死亡保险	生存保险	两全保险
保障对象	生命安全	生存	生命安全和生存
保障程度	较低	较高	较高
保费缴纳方式	一次性或分期缴纳	分期缴纳	分期缴纳
保险金领取方式	被保险人死亡后才能领取	被保险人生存到约定期限后领取	被保险人死亡或生存到约定期限后领取
储蓄性	无	有	有
给付性	有	无	有
返还性	无	有	有

（二）按保险期限长短分

按照保险期限长短的不同，通常可以将人寿保险分为短期人寿保险和长期人寿保险。

1. 短期人寿保险

短期人寿保险，是指保险期限在1年以内（含1年）的人寿保险。短期人寿保险多见于团体保险和互联网保险。

2. 长期人寿保险

长期人寿保险，是指保险期限在1年以上的人寿保险，多见于以个人形式投保的人寿保险。目前市场上大部分人寿保险产品都属于长期人寿保险。

（三）按投保方式划分

按照投保方式，人寿保险可以分为个人寿险和团体寿险。

1. 个人寿险

个人寿险，是指以个人为投保者，根据自身对保险保障的需求以及缴费能力而投保的

人寿保险。个人人寿保险 1 张保单只承保 1 名被保险人。

2. 团体寿险

团体寿险，是指一张总保单为法定团体中所有符合条件的成员提供人寿保险保障的一种人寿保险。团体人寿保险通常作为雇主为雇员提供福利的一部分。

学以致用3-1 了解人寿保险合同类型

一、看事实：预定利率"降档" 险企陆续"推新"[1]

随着较高预定利率或保证利率的人身险产品自 2023 年 8 月 1 日起停售，哪些产品将接力备受关注。

记者了解到，2023 年 8 月 1 日以来，险企陆续"上新"符合要求的人身险产品，综合来看，预定利率 2.5% 的分红险、预定利率 3.0% 的普通型人身险以及保证利率 2% 的万能险是三大主流产品。其中，预定利率 2.5% 的分红险销售表现最为突出。

预定利率全面"降档"之后，险企陆续推出新产品。记者在采访中了解到，保险公司当前主要销售的储蓄险产品一般包含以下三大类：一是预定利率 3.0% 的增额终身寿险，采取保证收益模式，保额一般随保单年度以 3.0% 的速度递增；二是分红险，采取"保证利率+浮动收益"的模式，预定利率多为 2.5%，消费者的收益由保证利率和保单红利组成，但保单红利具有不确定性；三是年金险+万能账户，也是"保证利率+浮动收益"的模式。

二、做练习：比较不同类型寿险产品

1. 登录中国保险行业协会官网的"保险产品"栏目的"人身保险产品信息库消费者查询"，在"产品类别"中选择"人寿保险"，调整"保险期间类型"和"设计类型"选项，阅读具体产品条款。

2. 浏览后，说一说，不同保险期限、不同类型人身保险产品的特点与区别。

3. 浏览后，结合本节内容，思考并讨论如何选择适合自己的人身保险产品。

第二节 传统型寿险

真实问题："酱香拿铁"和定期寿险哪个更香？[2]

2023 年 9 月 4 日，贵州茅台与瑞幸咖啡推出的联名咖啡"酱香拿铁"开卖，当天便引爆社交媒体，朋友圈一时间也被"酱香拿铁"刷屏。

"酱香拿铁"爆火的同时，代理人也来蹭热度。"保险界一直都有一个酱香型选手，而且它是当之无愧，用料也真的是'茅台'。""这家保险公司，也是'酱香茅台味'

---

[1] 资料来源：证券日报，"预定利率全面'降档'三大类保险产品'接棒'"，2023 年 10 月 18 日，http://epaper.zqrb.cn/html/2023-08/18/content_973639.htm

[2] 资料来源：北京商报，"茅台有'联名'保险？代理人借势推定寿，适合谁买？"，2023 年 9 月 5 日，https://m.bbtnews.com.cn/article/312259

的"……代理人口中的这家公司便是华贵人寿，该保险公司由茅台集团发起成立①。

在卖完关子的同时，代理人也推荐起了华贵人寿的特色产品——一款定期寿险。因为承保该产品的华贵人寿有一定的"含茅量"，因此，有代理人将该产品比喻成保险界的"酱香拿铁"。

北京商报记者了解到，当前不少寿险公司都有定期寿险。不论是新产品、老产品、互联网保险产品还是线下渠道销售的产品，对于这一保险的特点，在英国精算师协会会员、泰生元精算咨询公司创始人毛艳辉看来，定期寿险主要在核保规则以及产品责任和销售渠道上有一定的差别，部分网销的定期寿险性价比相对更高；在产品责任上，线下产品针对猝死责任，有一些保险公司的定期寿险没有等待期；线下产品的保险额度更低一些，而网销的很多产品在航空意外、公共交通意外的责任上，尤其保险额度上做了一些附加或提升。

定期寿险保费相对较低，保障额度很高，几百元到几千元的保费一般有百万元以上的保额，属于杠杆极高的保险产品。但对于每天一杯咖啡钱，换一份百万寿险保障这一建议，在业内人士看来，需要因人而异。那么定期寿险有哪些特点？适合哪类人群呢？

一、传统型寿险的含义

传统型寿险，是指以人的生命为保险标的，被保险人在保险责任期内生存或死亡，由保险人根据合同约定给付保险金的一种保险。

传统型寿险通常包括死亡保险、生存保险和两全保险三种，每一种又分为不同类型，各具特点。除此之外，保障性寿险还包括为了专门目的设立的特种人寿保险。

二、死亡保险的特征与作用

1. 定期寿险的特征与作用

（1）定期死亡保险具有以下特征。

1）多为短期保险。定期寿险的保险期限虽可以为5年、10年、20年或30年不等，但大多数定期寿险的保险期限多为短期。相比其他形态的人寿保险，定期寿险更接近财产保险。

2）保费低廉。由于定期寿险只承担一定时期内的死亡保险保障，费率厘定也只考虑被保险人的死亡风险，保险责任单一。因此，在相同保险金额与投保条件下，其费率低于其他任何一种人寿保险。被保险人在一定时期内可以以较低的保费支出获得较大的保险保障，这是定期寿险最显著的优势。单纯从保费价格和保障额度的关系角度看，确实可以把定期寿险比喻成"酱香拿铁"。不过，因为死亡率与年龄有显著关联性，定期寿险后期费率会随保单持续时间的延长而快速增加。

3）不退还保费。定期寿险属于纯粹保障型产品，保单不具有现金价值。如果保险期满，被保险人仍然生存，保险人不承担给付保险金责任，也不退还保费。因为投保人所交

---

① 2023年4月11日，贵州银保监局批准华贵人寿注册资本从10亿元增加至20亿元，中国贵州茅台酒厂（集团）有限责任公司（下称茅台集团）成为华贵人寿第一大股东，持股比例为33.33%。增资完成后，茅台集团由华贵人寿第二大股东晋升为第一大股东。这是茅台集团第二次成为华贵人寿第一大股东。2017年茅台集团以第一大股东的身份发起设立华贵人寿，持股20%。

保费及其利息被用于分摊死亡者的保险金，即死亡成本分担。

4）存在逆选择可能。由于定期寿险具有低保费、高保障的特点，所以健康状况不佳或职业危险程度大者往往会选择定期寿险，或利用定期寿险的可续保性进行续保。健康状况好的人逐渐退出，健康状况差的人有强烈的投保意愿，为了遏制这种现象，所以一般定期寿险投保的核保标准比较严格。

长期以来，定期寿险一直是争论的焦点。有些人强调保险就是为了保障，主张推广定期寿险，排斥带有现金价值的保险。而另外一些则意见相左。事实上，这两种极端观点都难以立足。

风险管理的一个基本原则是，重点保障可能对家庭造成巨大损失的保险。定期寿险既可以作为主险单独承保，也可以作为附加险承保。作为附加险时价格更低一些，比较适合低收入家庭或刚参加工作的年轻人投保。收入较低但需要高额保障的人、创业初期的人也适用于投保定期寿险。很多人会在抚养子女期间，把定期寿险作为现有保障的一个补充。总之，定期寿险可以满足暂时性收入保障需要。

定期寿险对于将大部分资金投入新兴事业的企业来讲同样适用。新兴企业尚处于成型阶段，经营风险很高，趋于成熟尚需时日。此时，如遇人员死亡必将造成巨大的投资损失。在这种情况下，定期寿险是一种十分有用而且力所能及的避险工具。与此相关，那些对企业成功起关键作用的个别员工一旦死亡，必将给企业带来沉重打击。如果企业为这些员工投保了定期寿险，就可以在一定程度上弥补损失。

除了起到风险保障作用，通过建立一个"购买定期寿险，将余钱进行投资"（可以简称为"买定投余"）的财务安排，定期寿险还可以成为投资的基础。与购买具有现金价值或投资功能的寿险相比，选择价格更低廉的定期寿险，投保人可以节省一笔资金，然后将这笔钱投资于其他金融工具，如共同基金、储蓄、年金等。

（2）定期寿险的局限性主要体现在以下两点。

1）保费费率会随着被保险人年龄的增加而增加，以至于无法承受。

2）除了长期定期寿险外，短期定期寿险保单不具有现金价值。

2. 终身寿险的特征与作用

（1）终身寿险具有以下特征。

1）给付的确定性。终身寿险提供终身保障，保险金的给付是确定的。只要保单有效，无论被保险人何时死亡或者生存到终极年龄，保险人都要向其受益人给付保险金。

2）保单的储蓄性。终身寿险保单因其具有长期性，所以与定期寿险不同，终身寿险保单具有现金价值，如果投保人中途退保，还可以获得一定数额的退保金。而且一般来说，终身寿险的保费低于两全保险，但高于定期寿险。

3）保单的灵活性。普通终身寿险保单具有很好的灵活性。保单具有现金价值，不仅能用于抵押贷款，缓解短期的资金压力，而且贷款期间保单依旧有效。如果投保人有意愿，终身寿险保单还可以转换成其他保险保单。例如，终身寿险可转换为保费缴清减额保险；还可以用终身寿险的现金价值作为趸缴保费，将保单转换成定期寿险，或者在退休时将保单转换成年金保险。

（2）终身寿险的作用有以下两个。

1）终身寿险能够保障终身，它是不定期的死亡保险，所以无论被保人何时死亡，保险公司都是需要给付保险金的。

2）也正是因为终身寿险的保险金是在被保人死亡之后才可以拿到的，所以终身寿险的保险金就相当于以资产的形式留给了被保人的法定继承人，可以合理避税。

（3）终身寿险的局限性有以下两个。

1）终身寿险的保险费是比较高的，大多是分期缴费，要缴几十年的时间。这对于经济条件一般的人来说，负担是比较大的。

2）终身寿险的保险金是在被保人死亡之后才能领取的，被保人在生存期间无法领取保险金。要想领钱的话，除了去申请保单贷款，就只能选择退保来退还保单现金价值，所以终身保险是无法解决养老问题的。

三、生存保险的特征与作用

投保生存保险的目的主要在于保险期满后，被保险人可以领取一笔保险金，以满足未来生活的需要。因此除了应用在养老保障上，生存保险还可以为子女投保教育保险或婚嫁金保险。

与死亡保险恰好相反，生存保险保险金的给付是以被保险人在保险期满时生存为条件，如果被保险人中途死亡，则保险人既不给付保险金，也不退还已交的保费。生存保险单独推行吸引力较小，通常与其他险种组合出售，例如，与死亡保险组合就是生死两全保险，与年金保险组合成为养老保险。

生存保险主要以年金保险方式出现，在本章第三节详细介绍。

四、两全保险的特征与作用

（1）储蓄性高于保障性。两全保险的保额分为保障保额和储蓄保额。保障保额随保单年度的增加而减少，直至期满消失。储蓄保额则随保单年度的增加而增加，期满时全部为储蓄，即保额的变化规律为"保障递减，储蓄递增"。因此需要低度保障、高度储蓄的人适宜投保两全保险。

（2）保险费率高。两全保险是生存保险与死亡保险结合的产物，因而从精算角度讲，两全保险的保费等于定期寿险与生存保险的保费之和。除了长期的两全保险同终身寿险的费率差不多外，短期两全保险比其他寿险的费率高得多，不适于经济负担能力差的人投保。

（3）特殊用途。两全保险的主要作用在于为被保险人本人的老年生活提供经济保障，因此可以将其作为养老保障的一种手段。此外，两全保险还可以另作他用，即为子女积累教育金或婚嫁金，以备不时之需。

边学边做：查数据学保险

打开"腾讯微保"小程序，选择"人寿"，然后进入寿险保险产品界面，选择一款定期寿险产品（如"护身福·定期寿险"），阅读产品说明后，选择"我要投保"，选择不同缴费期限和保额，看看保费各是多少。

五、特种人寿保险的特征与作用

特种人寿保险通常包括简易人寿保险、弱体人寿保险和团体人寿保险。

（1）简易人寿保险是专门针对低收入者开办的险种，是指以低收入者为承保对象，按月或按周收取保险费、免体检、低保额的人寿保险。因为保险金额较小，简易人寿保险通常被称为"小额保险"。

（2）弱体人寿保险又称次标准体保险、非标准体保险，其被保险人通常是身体有缺陷或者从事危险职业的人。对保险公司而言，弱体人寿保险整体风险性高于普通人寿保险，因此在承保方式上采用征收特别保险费、削减保险金额等方面控制保险风险。开展弱体人寿保险是扩大保险覆盖面、发展普惠保险的需要。

（3）团体人寿保险，简称团体寿险或团险，是指以团体作为投保人，用一张总的保单为团体成员提供人寿保险保障的一种人寿保险。与个人寿险相比，团体寿险具有无需体检、保费较低的显著优势。

学以致用3-2　丰富人身保险产品供给

一、看事实：美国传统寿险逆势增长①

根据美国寿险行销调研协会 LIMRA 和 Life Happens 开展的 2022 Insurance Barometer Study，美国传统寿险产品在近五年间的保费分别为 1 371 亿美元、1 451 亿美元、1 510 亿美元、1 431 亿美元和 1 595 亿美元，2018—2021 年的增长率分别为 5.84%、4.07%、−5.23% 以及 11.46%。

美国传统寿险在 2020 年及之前的增长率也是个位数，在 2020 年甚至出现了负增长，呈现出一种颓势。但是到了 2021 年，取得了强势的两位数增长。LIMRA 于 2021 年第二季度对美国个险销售的调查显示，在 2021 年前六个月，售出的保单总数增加了 8%，创自 1983 年以来的最高增长量。同一时期，美国人寿保险总保费增长 21%，为 1987 年第三季度以来的最大同比增幅。2021 年上半年，总保费与 2020 年前六个月相比增长 18%。

二、做练习：读保险条款 学保险知识

1. 登录中国保险行业协会官网的"保险产品"栏目的"人身保险产品信息库消费者查询"，查询在售传统型定期寿险和终身寿险产品条款内容明细。

2. 浏览后，说一说，寿险合同中"死亡"和"永久完全残疾"的含义是什么？

3. 结合本节知识和寿险条款，试分析美国传统寿险市场逆势增长原因与发展趋势。

第三节　年金保险

真实问题："人活着呢，钱没了"，怎么办？

2009 年春晚小品《不差钱》中有句经典对白。小沈阳说："人不能把钱看得太重了，

---

① 资料来源：和讯网，"美国人身险逆势增长：年金为主，个险强势创纪录，独立代理人仍为关键渠道"，2023 年 2 月 25 日，https://baijiahao.baidu.com/s? id=1758806024679033448&wfr=spider&for=pc

钱乃身外之物，人生最痛苦的事情你知道是什么吗？人死了，钱没花了。"赵本山则说："人这一生最最痛苦的事情你知道是什么吗？就是人活着呢，钱没了。"

上述对白真实地反映了年轻人和老年人对财务安排观念的差异。

因为好日子在后头，年轻人担心"有钱无命花"。

因为鼎盛之年已过，年长者更担心"有命无钱花"。

年轻人确实不能把钱看得太重了，但钱不是身外之物，今天要做好明天的准备，年轻时做好财务规划，年老才不至于"老无所依"。

截至 2021 年年末，全国 60 周岁及以上老年人口 26 736 万人，占总人口的 18.9%；全国 65 周岁及以上老年人口 20 056 万人，占总人口的 14.2%。

截至 2021 年年末，全国基本养老保险参保人数 102 871 万人，比上年增加 3 007 万人。职工基本养老保险参保人数 48 074 万人，比上年增加 2 453 万人；其中，参保职工 34 917 万人，参保离退休人员 13 157 万人，分别比上年增加 2 058 万人和 395 万人。职工基本养老保险执行企业制度参保人数 42 228 万人，比上年增加 2 320 万人。城乡居民基本养老保险参保人数 54 797 万人，比上年增加 554 万人，实际领取待遇人数 16 213 万人。全年共 2 354 万困难人员代缴城乡居民养老保险费 26.8 亿元，5 427 万困难人员参加基本养老保险，参保率超过 99%[①]。

那么，养老财务规划中，商业保险是否能有一席之地呢？我们如何理解和运用年金保险呢？

一、年金保险的定义

从最宽泛的角度讲，年金是一系列的定期支付。年金具有等额性和连续性特点，但年金的间隔期不一定是一年。年金在生活中很常见，租金、分期收付款等都是年金的具体形态。

年金保险，是指将年金运用在生存保险中，投保人或被保险人一次或按期缴纳保险费，保险人以被保险人生存为条件，按年、半年、季或月给付保险金，直至被保险人死亡或保险合同期满，保障被保险人在年老或丧失劳动能力时能获得经济收益。

寿险的主要目的是建立一笔储备金。年金正好相反，其基本功能是系统地变现一笔资金。

二、年金保险的原理

年金保险业务经营是基于大数法则下的精算平衡原理。

年金给付由三个要素决定：本金、利息和生存因素。年金领取人得到保险金来自两个部分，一个部分是投保人交付的保险费，一部分是来自其他投保人交付的保险费。

利用大数法则，年金保险公司不需要知道每一个人的死亡率或生存率，通过选择恰当的生命表、参考利率和人口寿命趋势等指标，借助不同年金产品的精算平衡公式，对年金产品厘定合理费率，使可以让某一类参保人群所缴纳的纯保费能够等于被保险人或受益人

---

① 中国政府网，"2021 年度国家老龄事业发展公报"，2022 年 10 月 24 日，http：//www.nhc.gov.cn/lljks/pqt/202210/e09f046ab8f14967b19c3cb5c1d934b5.shtml

领取的预期保险给付金。覆盖该类人群的人数越多，个体因素带来的影响越小。

年金保险公司参保人群中每一个人的寿命实际上是存在差别的。也许并非十分准确，我们可以这样看待年金保险运作过程：如果一个人存活时间等于平均寿命，那么他参加年金保险既不会获益也不会有所损失。如果一个人的寿命超过平均寿命，他所领取的额外年金给付主要来自没有活到平均寿命的被保险人所积累的资金。相反，对于没有活到平均寿命的年金领取人而言，他得到的年金给付少于其缴纳的保费及利息，剩余的部分贡献给了那些生存超过平均寿命的年金领取人。

购买年金保险的人既可以为能够帮助别人而自豪，也要为得到帮助而感恩。

三、年金保险的特点

（一）保险期限不确定

年金保险可以有确定的期限，也可以没有确定的期限，但均以年金保险的被保险人的生存为支付条件。在年金受领者死亡时，保险人立即终止支付。

（二）主要用于防范老年风险

投保年金保险可以使晚年生活得到经济保障。人们在年轻时节约闲散资金缴纳保费，年老之后就可以按期领取固定数额的保险金。

（三）保险安全性高

投保年金保险对于年金购买者来说是非常安全可靠的。因为，保险公司必须按照法律规定提取责任准备金，即使投保客户所购买年金的保险公司被合并，合并保险公司仍会为购买者承担年金给付。

四、年金保险的分类

年金保险分类方法很多，我们可以从以下角度对年金保险进行分类。

（一）按被保险人的不同分类

按被保险人的不同分类，可以分为单人年金、联合年金、最后生存者年金、联合及生存者年金。

（1）单人年金。被保险人为独立的一人，是以个人生存为给付条件的年金保险。

（2）联合年金。联合年金是指以两个或两个以上被保险人的生存作为年金给付条件的年金保险。这种年金的给付持续到最先发生的死亡时为止。此种保险虽然较为便宜，但市场需求有限。

（3）最后生存者年金。最后生存者年金是指以两个或两个以上被保险人中至少尚有一个生存作为年金给付条件，且给付金额不发生变化的年金保险。这种年金的给付持续到最后一个生存者死亡为止。

（4）联合及生存者年金。联合及生存者年金是指以两个或两个以上被保险人中至少尚有一人生存作为年金给付条件，但给付金额随着被保险人人数的减少而进行调整的年金保险。这种年金保险的给付持续到最后一个生存者死亡为止，但给付金额根据仍生存的被保险人人数进行相应的调整。其中，两人为被保险人多是夫妻联合年金保险，超过两人为保险人的在企业年金计划中不常见。此种年金直到被保险人全部死亡，保险才终止，给付期间比单人终身年金更长，所以保费更高。

一般来说，联合最后生存者年金给付固定的年金直到最后一名被保险人死亡。但给付金额根据仍生存的被保险人人数进行相应的调整，其中一种修正形式是当两名联合被保险人中一人死亡时，生存者领取原年金的三分之二或二分之一。

（二）按保费支付方式分类

按保费支付方式分类，可以分为趸缴保费年金和分期缴费年金。

（1）趸缴保费年金。趸缴保费年金是指一次交清保费的年金保险，即年金保费由投保人一次全部交清后，于约定时间开始，按期由年金受领人领取年金。

（2）分期缴费年金。分期缴费年金是指在给付日开始之前，分期交付保险费的年金保险，即保险费由投保人采用分期交付的方式，然后于约定年金给付开始日期起由年金受领人按期领取年金。

（三）按年金开始给付的时间

按年金开始给付的时间，可以分为即期年金和延期年金。

（1）即期年金是指在投保人缴纳所有保费且保险合同成立生效后，保险人立即按期给付保险年金的年金保险。即期年金必须以趸缴保费的形式购买，在购买之日起开始第一次年金给付。由于购买者一次性支付给保险人大量的保费，同时又收回一部分资金的做法几乎是无意义的，所以即期年金的第一次给付日与购买日之间会有一个较短的给付间隔期，如1个月或1年。

（2）延期年金。延期年金是指保险合同成立生效后且被保险人到达一定年龄或经过一定时期后，保险人在被保险人仍然生存的条件下开始给付年金的年金保险。延期年金可以通过趸缴保费或分期缴费的方式购买。开始年金给付的时间与购买时间之间的间隔较长，至少超过一个给付间隔期。延期的时间越长，保费支付方法就越灵活。一般在开始支付之前要经过较长的时间。

如果是延期支付年金，保险人一般可以提供多种年金的支付方式供年金领取人选择，保险金领取方式更加灵活多样。

（四）按年金的给付额是否变化分类

按年金的给付额是否变化分类，可以分为定额年金和变额年金。

（1）定额年金。定额年金是指每次按固定数额给付年金的年金保险。这种年金的给付额是固定的，不随投资收益水平的变动而变动。也不会因为市场通货膨胀的存在而变化。因此，定额年金与银行储蓄性质相类似。

（2）变额年金。变额年金属于创新型寿险产品，通常变额年金也具有投资分立账户，变额年金的保险年金给付额，随投资分立账户的资产收益变化而不同。通过投资，此类年金保险有效地解决了通货膨胀对年金领取者生活状况的不利影响。变额年金因与投资收益相关而具有投资性质。

五、年金保险的注意事项

由于与其他保险产品不同，年金保险从购买到领取，时间跨度可能相隔 10 年、20 年乃至更长的时间，因此消费者购买年金保险应首先考虑带有分红功能的年金保险产品。而除了要选带有分红性质的险种外，消费者在购买养老年金保险时还应注意一些问题。

（一）领取方式可"量身定制"

年金保险有定额、定时和一次性趸领三种领取方式。趸领是被保险人在约定领取时间，把所有的养老金一次性全部提走的方式，定额领取的方式则是在单位时间确定领取额度，直至被保险人将保险金全部领取完毕。定时则是被保险人在约定领取时间，根据保险金的总量确定领取额度。

（二）重养老应增加领取金额

年金保险是以被保险人生存为给付条件的一种保险，为避免被保险人寿命过短损失养老金的情况，不少养老险承诺 10 年或者 20 年的保证领取期，未到领取年限就身故可将剩余未领取金额给予指定受益人。一些侧重于养老功能的年金保险产品，每年领取金额较多，也有保证领取年限。

（三）慎选即缴即领型年金保险产品

年金保险的领取时间比较灵活，其起始领取时间一般集中在被保险人 50 周岁、55 周岁、60 周岁、65 周岁四个年龄段。但是，即缴即领型年金保险因为缺乏资金积累时间，产品现金价值较低，通常很长时间才返本。

六、年金保险的作用

（一）保障老年生活质量

没有年金保障，过度消费或消费不足都可能给老年人生活带来不良影响，导致老年生活的生活质量出现大幅度的下滑。

有了年金保险的保障，虽然个人收入下滑，但不至于影响生活质量，定期给付的年金给老年人一种安全感，使老年人敢于增加消费支出，改善自己的生活，年金的数量可以确定年金领取人的消费水平。

（二）资金保值增值功能

年金购买者可以享有保险公司提供的投资管理的好处。只要购买者谨慎决策，考虑到复利效应的作用，年金的净收益可以与其他投资工具相媲美。而且相较于其他的理财产品，年金保险产品能够享受一定的税收优惠。对于政府而言，对个人购买商业养老保险予以税收优惠，提高了年金保险的价值，有利于满足居民多层次养老保险需求。2018 年，原银保监会发布了《个人税收递延型商业养老保险业务暂行办法》，个人通过专用账户购买符合规定的商业养老保险，可以在一定标准内税前扣除，计入该账户投资的收益暂不征收个人所得税，等到领取商业养老金时再征收。但无论能否享受税收优惠，年金保险都是一种非常实用的产品。如果有税收优惠作用，年金净收益将超过很多储蓄方式，将吸引更多的人购买年金保险，解决个人的养老问题。

学以致用3-3　步入老龄社会 做好养老准备

一、看事实：居民养老退休准备情况①

2023年8月16日发布的《麦肯锡中国养老金调研报告》（以下简称《报告》）显示，居民对退休时的财务状况普遍期待较高，有70%的受访者希望达到与退休前相当的生活水平，并愿意拿出较高比例收入作为退休养老储备。国内居民对"个人养老金"制度的了解度已达80%，但是实际购买率仅为8%。其中，从"了解"到"开户"的转化率为45%，而从"开户"到最终购买的转化率仅为23%。目前我国居民在养老准备上存在信心、规划、储备三方面不足。受访者中，70%的人担心退休后财务水平不足，80%的人没有明确的养老退休规划，75%的人养老储备较薄弱。

从调研反馈来看，55%的受访者选择3～5年后可取的中短期养老金融产品，同时约25%的受访者选择10年后取出或退休后取出的长期产品，后者的比例不容小觑，特别是税前年收入在66万元以上的高收入人群对长期产品有明显偏好。

二、做练习：查看人口数据　思考保险对策

1. 登录国家统计局官网，在"普查数据"栏目下，打开"第七次人口普查主要数据"，重点查看"历次人口普查金字塔""年龄构成"和"年龄结构比较"三部分内容。

2. 浏览后，说一说，你对中国年龄结构变化、老龄化趋势以及老龄化区域差异的认识。

3. 结合《报告》和本节所学知识，说一说，年金保险在老龄时代可以发挥的作用。

第四节　分红保险

 真实问题：分红保险成为"新宠"吗？②

复利3.5%的产品退出市场一月有余，如今哪些产品接棒银保市场"主力"？近日，《每日经济新闻》记者以客户身份走访多家银行网点时了解到，目前客户经理主推的保险产品集中于利率3.0%的传统寿险和分红险两大类。

某国有大行的朱经理向记者演示的是一款终身寿险产品，每年1万连缴5年，满8年的现金价值为56 049元，能达到本金。他表示，"差不多8年以后都是固定收益了。"

朱经理在与记者交流时表示，最近所有理财产品的收益都在下降，3.0%的保险产品已经是目前固定利率中最高水平了，如果短时间内不用资金，客户还是会购买的，属于中短期投资。

在另一家股份制银行网点，客户经理向记者推荐了一款分红型增额终身寿险，包含基

---

① 资料来源：麦肯锡中国，"拥抱老龄化时代：保险机构参与中国养老保障的整合式探索"，2023年8月16日，https：//www.mckinsey.com.cn/%e6%8b

② 新华网，"银保市场火爆局面'降温' 客户经理：保险销售回归常态"，2023年9月5日，http://www.xinhuanet.com/2023-09/05/c_1212264178.htm

本利益和分红利益两部分。除了确定的收益外，该客户经理表示，分红保险利用保险公司投资端的配置优势，更能抓住市场中的稳健增值机遇。从保险公司的期缴分红账户历史水平看，一直维持在中档分红水平 4.5% 以上。

近期，以国有大行带头的存款利率下调已进行过两轮，多家银行再度传出存款利率调降的消息。虽然寿险产品的预定利率同步下调，但调整仍相对滞后。随着人身险产品预定利率进入 "3.0% 时代"，保险公司纷纷推出 3% 的终身寿险、年金险等储蓄类保险，以及保证利率 2.5%、历史结算利率更高的分红型寿险。在中国平安联席首席执行官陈心颖看来，这两大类切换产品在低利率环境下还是非常有竞争性的。

什么是分红险？分红保险有哪些特点？分红险会成为市场的 "新宠儿" 吗？

一、分红保险的定义

分红保险，又称利益分配保险，是指寿险公司按照相对保守的利率收取较高的保费，在每个会计年度结束后，保险公司将上一会计年度经营中取得的一部分盈利，以现金红利或增值红利的形式分配给投保人的一种人寿保险。

分红保险最早可以追溯到 200 多年前。1768 年召开的第 18 次世界精算师大会上，20 多个国家的与会代表对保单分红的必要性达成共识。1776 年美国精算师协会成立了红利委员会，对保单分红进行理论探讨并对保险公司进行指导。同年，公司进行年度结算时，发现实际责任准备金比将来给付保险金所必需的责任准备金多出许多，于是按已收保费的 10% 返还给投保者，1881 年变为每年按保额的 1.5% 增加保额，这是最早的分红保险的雏形。此后，欧美发达国家广泛开展了分红保险，并通过保险法律加以规范。从 1948 年开始，日本的寿险公司以总保费的 3% 支付红利，两年后，又以利差益和死差益的二利源法支付红利，1957 年开始采用三利差益法（利差益、死差益和费差益）支付红利。

分红保险是世界各国保险公司规避利率风险，保证自身经营稳定的有效手段。分红保险通过制定较低的预定利率和较高的附加费用，保险人可以在保险期限内以红利的形式将多收取的保费以及额外的投资收益返还给客户，增加了保险公司经营的灵活性。此外，红利与预定最低收益率不同，不具有保证性，有利于保险人更加有效地利用资本，为保险公司和被保险人的共同利益实现资本收益的最大化。

二、分红保险的原理

死差益、费差益和利差益是红利的三大来源，除此之外，还有其他一些来源，如解约收益、投资收益及资产增值等。

分红保险的红利主要来源于保单定价时，所假设的预定死亡率高于实际死亡率、预定费用率高于实际费用率、预定利率低于实际利率的部分，即通常所说的死差益、费差益与利差益。

（一）死差益

死差益是实际死亡率低于预定死亡率，致使实际收取的纯保费高于实际死亡成本所产生的盈余。死差益的计算公式为：

$$死差益 = (预定死亡率 - 实际死亡率) \times 风险保额$$

风险保额是保险金扣除责任准备金后的余额。储蓄型寿险保单的责任准备金随着保单期间的增加而增加，故风险保额随着保单期间的增加而减少，满期时趋于零。保险公司在使用生命表（国民生命表或经验生命表）进行费率厘定时，都应遵循安全保守原则，使保险公司实际发生的赔付金额低于假定值，从而产生稳定的死差益。同时，为了确保获得死差益，保险人在经营上应注重对被保险人的风险选择，尽力保证获得优良保险合同，避免逆选择的发生。

（二）费差益

费差益是指保险公司的实际营业费用率低于预计营业费用率所产生的利益，费差益的计算公式为：

$$费差益 = (预定费用率 - 实际费用率) \times 保险费$$

一般情形下，在承保初期，保险人由于需要支付大量的费用，如代理人佣金、保单印制费、体检费用等，会产生费差损；之后随着费用的减少和有效合同的累积，产生费差益。因此保险人在经营中有两个方面需要注意：一方面要扩大营业规模，降低单位费用率，即注重新业务的招揽及后期对合同的维护；另一方面应提高经营效率以促进经营的合理化、效率化。

（三）利差益

利差益是指当实际投资收益率高于预定利率时，产生利差益；反之，为利差损。利差益的计算公式为：

$$利差益 = (实际收益率 - 预定利率) \times 责任准备金总额$$

长期寿险产品在费率厘定时，保险人通常会假设一个保守的预定利率，以期获取足够的保费支付所需的成本。当保险公司的实际投资收益率大于保单预定利率时，就产生了利差益。

（四）其他来源

寿险公司分红保险的红利除了上述三大利源外，还有其他盈余来源，即解约收益、投资收益及资产增值、残疾给付、意外加倍给付及年金预计给付金额与实际给付额之差。其中，解约收益指保险合同于中途失效或解约时产生的利益，是责任准备金与解约金的差额。虽然解约收益也是保险公司盈利的一部分，但由于解约收益取决于投保者退保与否，具有不确定性，同时，这种收益并不是基于现存有效保单产生的。所以，为简化红利计算模型，通常不把解约收益视为分红的基本利源。

三、分红保险的特点

（一）定价的精算假设更保守

分红保险定价时，保险人对预定死亡率、预定费用率和预定利率估计更为保守，未来的预期红利也包含在定价中。一般情况下，最初几年的预期分红不高，因为如果前期红利高而后期红利下降，势必会影响到投保者对保险公司的信心。因此，保费与红利是保险公司考虑的重要因素。

（二）共享经营成果

分红保险不仅可以为被保险人提供合同规定的保险保障，而且还能使投保者分享保险公司的盈利，与保险公司共享经营成果。按照原银保监会公布的《分红保险精算规定》，分红保险分配给分红保险保单持有人的比例不低于可分配盈余的70%，与没有分红的保险产品相比增加了投保人与保险公司共享经营成果的机会。

（三）客户承担一定的投资风险

客户购买带有分红的保险产品比没有分红功能的保险产品保费更高，而且分红水平主要取决于保险公司的实际经营成果，每一年保险公司经营状况也不完全一样。分红险的分红情况与保险公司的经营情况之间挂钩，无法提前告知投保人未来对应年份的本金和收益有多少，也无法提前告知投保人未来每年可以领多少钱，实际分红金额具有很大的不确定性。从这个角度上看，客户与保险公司共同承担了投资风险。

（四）具有风险保障和投资理财双重功能

分红保险定价保守，消除利率风险的能力比较强；同时由于高通货膨胀伴随着高利息率，因而使得保险公司的投资将获得高于预定利率的回报。分红保险通过红利分配，可以有效弥补投保者因通货膨胀而遭受的贬值损失。

四、分红保险的作用

分红险的作用主要有以下几个方面。

（一）提供长期保障

分红险是一种长期的保险产品，可以为保险人提供长期的保障。在保险期间内，如果保险人发生意外或疾病，保险公司会按照合同约定给予赔偿。

（二）实现财富增值

分红险的投资方式相对稳健，风险较小，投资收益可以实现财富增值，为保险人提供额外的收入来源。保险公司会将保费中的一部分用于投资，而投资收益会以分红的形式返还给保险人。

（三）抵御通货膨胀

通货膨胀会导致货币贬值，而分红保险可以保值增值，降低通货膨胀带来的影响。

五、分红保险的领取方式

一般来讲，保险公司都会提供几种不同的红利领取方式供保单持有人选择，包括现金领取、红利再投保、红利抵缴保费、红利提前领取和红利转让等。其中，红利再投保是指保险公司在保险期限结束后，将保险利润以保险费的形式再次投入保险合同中，增加保险金额和保险期限，其中，增加保额最为常用。

我国寿险公司目前主要采用的是现金领取和增加保额两种方式，前者被称为现金红利分配方式，后者被称为增额红利分配方式。

（一）现金红利分配方式

现金红利分配方式，是指直接以现金的形式将可分配盈余分配给保单持有人。对保单持有人来说，以现金方式领取分红比较灵活，能够满足其对红利的多种需求。但对保险公司来说，由于将大部分盈余分配出去，导致这部分资产不能被有效利用，将减少可投资资金。另外，这种支付方式也会对保险公司现金流产生较大影响。保险公司为了保证资产流动性，只能相应减少投资长期资产的比率，在一定程度上将会影响总投资收益，进而影响保险持有人最终的盈利。

（二）增额红利分配方式

增额红利分配方式，是指以增加保单现有保额的形式分配红利，保单持有人只有在发生保险事故、期满或退保时才能真正拿到所分配的红利。

增加保额方式领取红利，使得保险公司有足够的灵活性对红利分配进行平滑，保持每年红利平稳。由于没有现金红利流出，以及可以对红利分配递延，增加了保险公司的可投资资产。同时，没有流动性压力，可以使保险公司增加长期资产投资比率。这在很大程度上增加了分红基金的投资收益，提高了保单持有人的红利收入。这种方式的问题是降低了保单持有人对红利处理的灵活性，更适合没有短期资金压力和需求的客户。

学以致用3-4　保险信息越透明　选择保险越理性

一、看事实：分红险信息披露规则正式落地①

2022年2月，原银保监会下发《人身保险产品信息披露管理办法》和《长期人身保险产品信息披露规则》两份征求意见稿。2022年11月，《人身保险产品信息披露管理办法》正式发布。2023年1月4日，《一年期以上人身保险产品信息披露规则》也正式落地。

文件要求相关人身险产品信息披露事无巨细，其中对分红险与万能险影响最大，要求调低演示利率水平，以此适应市场利率水平走低的新形势，对于保险行业和消费市场算是双向保护，一方面有利于引导行业关注自身风险，另一方面也合理引导保险消费者的预期。

保险公司应当于每年分红方案宣布后15个工作日内，在官网披露分红险的红利实现率。如果采用现金红利分配方式，则披露现金红利实现率；如果采用增额红利分配方式，则披露增额红利实现率和终了红利实现率。

二、做练习：查看分红产品红利实现率

1. 通过阳光人寿、合众人寿和百年人寿等寿险公司官网查询分红产品红利实现率公告查询（不同寿险公司查询方式可能有所差别）。

2. 经过查询与浏览公告，说一说，不同寿险公司分红产品红利分配方式与实现率有何差异。

3. 根据本节所学知识和公告信息，说一说，你对分红保险的看法，为消费者提供购买建议。

---

① 资料来源：和讯网，"监管新表态：分红险信披更透明！调低演示利率，公示红利实现率！"，2023年1月4日，https://baijiahao.baidu.com/s? id=1754105897311927566&wfr=spider&for=pc

第五节　投资连结保险

📖 **真实问题：投连险收益为何遇冷？**[①]

近期，投连险的收益情况持续遇冷。华宝证券发布的《中国投连险分类排名》显示，2023年5月排名体系内账户共217个，全月投连险账户单月平均收益率-1.64%，其中，217个投连险账户中仅有71个取得正收益，占比32.72%。也就是说，将近七成的投连险消费者均出现了亏损。

投连险投资收益惨淡背后，是整个投资市场的跌宕起伏。投连险在运行过程中，由保险公司使用投保人支付的保费进行投资，投保人从中获得投资收益。投资账户的资产配置范围也比较广，如上市权益类资产、固定收益类资产等均可投资。而2023年5月，权益市场震荡下行，沪深300指数收益率已经达到了-5.72%。

而在收益大幅下滑背景下，部分投资者对投连险的投保热情亦有所下降。国家金融监管总局公布的数据显示，2023年前4月投连险独立账户新增缴费为60亿元，去年同期的数据为117亿元，保费增长规模几乎"腰斩"。

投连险是什么？为什么投资市场收益率下降对投连险影响如此大呢？

一、投资连结保险的定义

投资连结保险，简称投连险，是指一份包含保障功能并且至少在一个投资账户拥有一定资产价值的人寿保险。所谓"连结"是指将其投资直接同某个投资基金相关联，因而保单现金价值随其投资账户中投资收益变化而变化。

投连险在不同的国家或地区有不同的名称，在美国称为变额寿险，在英国称为基金连锁产品，在中国香港则被称为挂钩保单。

传统寿险都有一个固定的预定利率，保险合同一旦生效，无论保险公司经营状况如何，都将按预定利率赔付给客户。而"投资连结保险"则不存在固定利率，保险公司将客户交付的保险费分成"保障"和"投资"两个部分。其中，"投资"部分的回报率是不固定的。如果保险公司投资收益比较好，客户的资金将获得较高回报。反之，如果保险公司投资不理想，客户也将承担一定的风险。

二、投资连结保险的原理

投资连结保险的投资账户完全独立于保险公司的其他投资账户，该账户是投资连结保险区别于其他类型保险产品的一个最主要的特征。保险公司收到保险费后，按照事先的约定将保费的部分或全部转入投资账户，并以投资单位计价。投资单位有一定的价格，保险公司根据保单项下的投资单位数和相应的投资单位价格计算其账户价值。保险公司每过一

[①] 资料来源：北京商报，"仅三成账户赚钱，保费增长乏力，投连险缘何持续遇冷"，2023年6月12日，https://baijiahao.baidu.com/s?id=1768500202310604539&wfr=spider&for=pc

段时间对投资账户进行评估，公布投资单位价格，评估间隔为月、周或日。在投资账户的投资方向上，不同类型的投资账户也不一样。

投资账户的单位价值或价格（简称单位价格）具有特定的含义，应区分两种不同的价格，一个是单位买入价，另一个是单位卖出价。在实务中，买入价与卖出价间通常有一定的差异，这给保险公司带来正现金流，以补偿在金融市场购买资产时的费用支出。保险公司在收到第一笔保费后，根据投保人所选择账户对应的投资单位买入价，按照约定的分配比例，购买投资单位产品。投资单位产品的数量因扣除成本或费用而有所减少，单位价格随投资业绩的好坏而波动。

投资连结保险为投保人提供了多种投资选择，投保人可以广泛介入货币市场基金、普通股票基金、指数基金、债券基金等，并把相当一部分的保险费专门用于投资，对投保人来说，这既可以形成"保障为主、投资为辅"的配置，也可以形成"投资为主、保障为辅"的配置，或"储蓄为主、保障为辅"的配置等。

三、投资连结保险的特点

与传统寿险相比，投资连结保险具有以下特征。

（一）具有保障与投资双重功能

与传统寿险最大的不同是，投资连结保险集保险保障与投资理财于一身。投资连结保险将投保人所交保费分设两个账户，即保险保障账户与独立的投资账户。保险保障账户的费用为保障专用基金，即使在投资收益不理想时，也能够得到身故、全残或期满生存保险金。投资账户上的基金由保单持有人选择投资方式，保险公司自身或委托基金公司专业经营管理。大多数保险公司可提供的投资方式有货币市场基金、普通股票基金、债券基金以及其他形式的基金。

（二）未来的死亡给付金额不确定

传统寿险的死亡给付一般都是确定的，即订立合同时约定的保险金额。而投资连结保险的死亡保险金是不确定的。死亡保险金额的设计有两种方法：一种是给付保险金额和投资账户价值两者中的较大者，另一种是给付保险金额和投资账户价值之和。第一种方法的死亡给付金额在保单期间的前期是不变的，当投资账户价值超过保险金额后，死亡给付金额随投资账户价值的变化而变化。第二种方法的死亡给付金额在整个保险期间内都随投资账户价值的波动而变化，但风险保额保持不变。

（三）所有投资风险转嫁给保单持有人

投资连结保险允许保单持有人根据自己的投资收益目标与风险偏好选择投资组合，投资风险也完全由投保人承担。在投连险投资账户的运用上，投保人具有完全决定权，保险公司扮演的是买卖中介角色，类似于证券公司的经纪业务。保险公司不担保任何投资回报率的，但可以按投资账户金额收取一定比例的资产管理费和按证券买卖差价收取一定比例的佣金。

（四）保费交付方式灵活

投连险保单保费可以灵活支付，保险金额可以灵活调整，投资账户也可以灵活转换，一张保单就可以灵活适应消费者未来多样化且不确定的理财需求。只要保单的账户价值足以支付按月扣缴的死亡率费用与附加费用，保单就继续生效。相比之下，传统保单的生效有赖于按时缴纳事先预定的保费。同时，灵活性要求投连险的投保人对保险和投资具备更专业化的知识和投资能力。

（五）费用收取透明

与传统寿险及分红保险相比，投资连结保险在费用收取上十分透明。保险公司扣除的费用会详细列明性质与用途。

四、投资连结保险的分类

投资连接保险按投资策略可以分为进取型账户、稳健型账户和保守型账户。

（1）进取型账户包括股票和债券，主要以股票为主，具有高风险和高预期收益的特点。

（2）稳健型账户同样包括股票和债券，主要以债券为主，追求稳健的预期收益，同时也能承担一定风险。

（3）保守型账户采用保守的投资策略，在保证本金安全和流动性的基础上，通过对利率走势的判断，获得资产长期、稳定的增长。

投资连结保险也可以按照投资的标的类型分为指数型、激进型、混合保守型、增强债券型、全债型账户。

五、投资连结保险的作用

投资连结保险将客户所交的保费分成"保障"和"投资"两个部分，被保险人在获得风险保障的同时，将保费的一部分用来购买保险公司所设立的投资项目，由保险公司进行投资运作，投保人享有投资收益的同时，也要承担投资风险。故而投资连结保险有以下作用。

（一）保障的作用

投资连结保险保障的范围、程度等因具体产品而异。有的险种除了提供意外与疾病身故保险金、全残保险金等保障外，还有其他服务项目，如保证可保选择权和豁免保险费等。

可保选择权的含义是指投保人在保单生效后可根据实际需要，在规定允许的范围内增加投保一份或多份保险，且无需进行体检；豁免保险费的含义是指在保险期间内，如被保险人因疾病或意外伤害事故丧失劳动能力，将可享受免交保险费的待遇，所有的保障内容均不受影响。

（二）投资的作用

投资连结保险除提供风险保障外，还具有投资功能。其中，投资连结保险的投资部分的回报率是不固定的，未来投资收益具有一定的不确定性，保单价值根据保险公司实际投资收益情况确定。

一方面，保险公司投资收益比较好时，客户的资金也将获得较高的投资回报；反之，保险公司投资收益不理想时，客户也将承担一定的风险。

另一方面，正是由于取消了保单固定利率，所以保险公司可以制订更加积极的投资策略，通过对资金的有效组合和运用，使资金发挥更大的效率。这样投保人就有可能获得比采用固定利率的传统人寿保险更好的投资收益。

总体来看，投连险更加适合经济收入水平较高，以投资为主、保障为辅，追求资金高收益且具备高风险承受能力的激进型投保人。

在投保投连险时，投保人需认真对待风险承受能力测评，如实告知收入、投资经验、风险偏好等情况；同时，可以对相关保险公司有一定了解，着重摸清保险公司投资管理流程、风控经验和投资策略，通过对其以往投资业绩的了解，评估投资团队的能力。

学以致用3-5　查询人身险数据 分析投连险特点

一、看事实：投连险账户回报率情况①

从投连险账户分类表现来看，2023年6月份，激进型投资账户排名居前的公司有中国太平、泰康人寿、中信保诚人寿、德华安顾人寿、泰康人寿、汇丰人寿、中意人寿，投资账户分别为太平价值先锋型、泰康沪港深精选、中信保诚积极成长、德华安顾进取型壹、泰康多策略优选、汇丰粤港澳大湾区精选、泰康行业配置型、太平蓝筹成长型、泰康优选成长型、中意积极进取，账户回报率分别为6.68%、5.19%、4.56%、3.74%、3.58%、3.57%、3.18%、2.92%、2.85%、2.84%。

不过从2023年以来上述投连险账户业绩表现来看，部分账户呈现负回报率情形，诸如太平价值先锋型、泰康沪港深精选、中信保诚积极成长、汇丰粤港澳大湾区精选、太平蓝筹成长型回报率分别为−0.76%、−3.54%、−3.57%、−0.40%、−1.68%，不过德华安顾进取型壹、泰康多策略优选、泰康行业配置型、泰康优选成长型、中意积极进取账户则仍呈现正回报率，其中泰康优选成长型、中意积极进取账户回报率高达5.89%、5.70%，泰康行业配置型账户回报率为3.47%。

从投连险混合型账户表现来看，2023年6月份，排名居前的公司分别为泰康人寿、中德安联人寿、中意人寿、建信人寿、中美联泰大都会、瑞泰人寿、中信保诚人寿，投资账户分别为泰康平衡配置型、泰康安盈回报、中德安联安赢慧选2号、中意增长理财、建信平衡收益型、联泰大都会混合偏股型、瑞泰财智平衡、中信保诚策略成长、中意策略增长、混合偏股型基金（原中美），账户回报率分别为3.14%、3.06%、3.00%、2.82%、2.67%、2.31%、1.98%、1.91%、1.90%、1.89%。

而将时间拉长至最近三年，上述账户除中信保诚策略成长账户回报率为−11.25%，其余账户均呈现正增长，其中中德安联安赢慧选2号最近三年投资回报率高达39.40%，泰康平衡配置型和中意增长理财账户回报率亦不俗，分别为17.97%和14.65%。

二、做练习：查投连险数据 判断发展趋势

1. 查询国家金融监管总局最新一期与去年同期人身险公司经营情况表，说一说，与去年同期相比，投连险独立账户新增缴费情况有什么变化？

2. 查询中国人寿、陆家嘴国泰、友邦人寿等寿险公司官网披露的最新投连险账户信息报告，说一说，各寿险公司不同类型投连险独立账户投资收益率有什么变化？

3. 根据本节所学知识和查询数据情况，谈一谈，你对投连险特点、现状和未来趋势的看法。

---

① 资料来源：财经五月花，"3.5%产品下架后，分红与投连险如何选择？"，2023年8月18日，https://baijiahao.baidu.com/s?id=1774575512846639702&wfr=spider&for=pc

第六节　万能型人寿保险

真实问题：万能险结算利率下调[①]

Wind 数据显示，截至 2023 年 9 月 9 日，已有 370 余款万能险产品公布了 8 月结算利率。整体来看，上述产品中，8 月年化结算利率超过 4%（含）的比例不足 25%，这一比例相较于 2023 年年初出现较大下滑。2023 年 1 月年化结算利率超过 4%（含）的比例超过 50%。

相较于 2023 年年初，不少产品都进行了利率调降。例如，北大方正人寿聚宝盆终身寿险（万能型）2023 年 8 月的年化结算利率为 4.5%，而 2023 年 1 月为 4.85%；富德生命富贵管家 A 款年金保险（万能型）2023 年 8 月的年化结算利率为 4.2%，而 2023 年 1 月为 4.60%；爱心人寿爱享盈两全保险（万能型）2023 年 8 月的年化结算利率为 4.0%，而 2023 年 1 月为 4.5%。

从历史情况来看，万能险结算利率较长一段时间内明显高于很多银行理财产品收益率，又因兼具保险和投资理财双重功能，曾受到不少投资者追捧。事实上，随着市场利率下行和险企投资收益承压，2022 年，万能险结算利率就经历了比较明显的趋势性下调。就在 2022 年年初，5% 的年化结算利率并不鲜见，现在 5% 的年化结算利率已经难觅踪影。

万能险的实际结算利率与险企选取的投资组合收益情况有强关联性。如果险企相关投资组合收益不佳，万能险的结算利率大概率会受到影响。业内人士认为，在市场利率下行以及保险公司投资压力增大的背景下，为了防止"利差损"，万能险结算利率还面临进一步调降压力。

"从长远看，利率下行是大趋势，很可能大部分万能险会趋近保底利率。"一位业内人士称，2023 年 8 月，人身险利率换挡，万能险保证利率也进行了上限调降，未来万能险产品实际结算利率还有一定调降空间。

什么是万能险？除了有收益性，万能险还有哪些特点？

一、万能型人寿保险的定义

万能型人寿保险，又称万能型储蓄类寿险，简称"万能险"，是一种交费方式灵活、保额可调整、非约束性的终身寿险。

任何一种保险产品都不可能是"万能"的，都有其自身特点和局限性。万能险的英文为"universal life insurance"，实际上翻译为"通用型人寿保险"更合适。"通用"是指"普遍的，广泛适用的"，用来表明该险种在交费方式、保额大小、保险金支付等方面都较为灵活，可以根据投保人需要自由调整。它是针对消费者在生命周期中保险需求和支付能力的变化而设计的，满足了客户对人寿保险的个性化需求，并能与投资公司、银行和其他金融机构提供的货币市场基金、存款单等业务竞争。万能险的出台，为寿险公司在 20 世

[①] 资料来源：中国经济网，"8 月万能险结算利率明显下调"，2023 年 09 月 11 日，http://finance.ce.cn/insurance1/scrollnews/202309/11/t20230911_38710104.shtml？ivk_sa=1023197a

纪 80 年代初美国高通货膨胀的市场竞争状态下开辟了一个新市场。

二、万能型人寿保险经营流程

第一步，保单持有人交付首期保费，保险公司扣除首期交易中各种费用支出，根据被保险人的年龄和保险金额计算相应的死亡给付分摊额以及一些附加条款费用，这些费用也要从首期保费中扣除。首期保费一般有一个最低限额，该限额要足够支付上述费用。在首期保费中扣除了以上费用后，剩余部分就是保单最初的现金价值。现金价值性质上属于投保人所有，相当于投保人交给保险公司的投资额，这部分现金价值按照新的投资利息计息累积到首期期末，成为期末现金价值。

第二步，在保单的第二个周期，保单在期初的保单现金价值就是上一期的期末现金价值。在这一周期中，因为有现金价值存在，保单持有人可以根据自己的情况选择是否交付保费。如果保单的现金价值足以支付第二周期的费用与死亡给付分摊额，保单持有人就可以不再交付保费。如果保单现金价值不足，保单就会因保费不足而失效，要维持保单效力，需要补足保费。保单现金价值加上本期交付的保费，扣除各种费用和死亡分摊额，余额就是第二个周期的期初现金价值。这部分现金价值按照新的投资利率累积到本期期末，成为第二周期的期末现金价值。

此后，这一过程不断重复，在保单有效的情况下，投保人只要交付保费，就会增加保单现金价值，也可以要求提高保险金额；保单的现金价值实际上属于投保人所有，投保人可以在不影响交付下一期保费情况下，申请提取一部分或者全部。即使投保人没有交付保费，只要现金价值还可以支付死亡给付分摊额和其他费用，保单就持续有效。

三、万能型人寿保险的特点

万能寿险最大的特点在于其交费方式的灵活性，还有透明性及管理费用较高的特点。

（一）万能险的灵活性

万能寿险的灵活性主要表现在保费交付方式灵活、保险金额可以调整、保险金额领取灵活几个方面。

1. 缴费方式灵活

万能寿险采用灵活的保费交付方式，保单持有人在交付一定金额的首期保费后，可以按自己的意愿选择任何时候交纳任何数量的保费，只要保单的现金价值足以支付保单的相关费用，投保人甚至可以不再交费。

从万能寿险经营流程上看，保单持有人交付首期保费，首期保费有一个最低限额（规定最低限额是为了避免保单过早失效），首期的各种费用支出从保费中扣除。其次根据被保险人的年龄和保险金额计算的相应的死亡给付分摊额以及一些附加优惠条件（如可变保费）等费用，也要从首期保费中扣除。死亡给付分摊是不确定的，而且常常是低于保单预计的最高水平。在进行了这些扣除后，剩余部分就是保单最初的现金价值。这部分价值通常是按新投资利率计息累积到期末，成为期末现金价值。

在保单的第二个周期（通常一个月为一周期），期初的保单现金价值即为上一周期期末的现金价值额。在这一周期，保单持有人可以根据自己的情况交付保费，如果首期保费足以支付第二个周期的费用与死亡给付分摊额，第二个周期保单持有人就可以不再交付保费。如果前期的现金价值不足，保单就会由于保费不足而失效。本期的死亡给付分摊及费用分摊也要从上期期末现金价值余额及本期保费中扣除，余额就是第二个周期期初的现金价值余额。这部分余额按照新投资利率计息累积至本期末，成为第二个周期的期末现金价值余额。

这一过程不断重复，一旦现金价值不足以支付死亡给付分摊额和其他各项费用，而又没有交付新的保费时，该保单失效。

2. 保额可以灵活调整

万能寿险灵活性的另一方面体现在保单持有人可以根据自己的需要调整保额，既可以在具备可保性前提下提高保额，也可以根据自己的需要降低保额。

万能寿险提供两种死亡保险金给付方式供选择，当然，给付方式也可随时改变。这两种方式习惯上称为 A 方式与 B 方式。A 方式是一种均衡给付的方式，B 方式是直接随保单现金价值的变化而改变的方式。

在 A 方式中，死亡给付保险金固定，净风险保额（即指保险人在任何时候支付保险金所需的金额，即纯粹的死亡保险保障所对应的金额）每期都进行调整，以使得净风险保额与现金价值之和成为均衡的死亡给付额，相关公式如下：

$$死亡保险金 = 保额$$

$$净风险额 = 死亡保险金 - 现金价值$$

这时，如果现金价值增加，则净风险保额将等额减少。反之，若现金价值减少，则净风险保额将等额增加。这种方式与传统的具有现金价值的寿险保单类似。

在 B 方式中，规定了死亡给付额为均衡的净风险保额与现金价值之和，即：

$$死亡保险金 = 保额 + 现金价值$$

$$净风险额 = 保额$$

这时，如果现金价值增加，则死亡给付额将等额增加。反之，若现金价值减少，则死亡给付额将等额减少。

3. 保险金领取灵活

只要万能险账户有余额随时可以申请提取，不论是用作儿女升学还是作为周转资金，相比于其他保险产品资金账户的限制，万能寿险更适合未来有不确定的资金缺口，但当下又有部分资金闲置的人。

（二）万能寿险的透明性

传统寿险产品只向保单持有人提供总保费水平，对于死亡保障成本、应计利息和营业费用等各种定价信息一般不予披露。相对于传统寿险而言，万能险的透明度更高。

1. 披露死亡费用和经营费用信息

万能险透明度高的表现之一是保险人在每张保单上都列示了三大定价因素，即适用于被保险人生命表中对应的死亡率、保单现金价值采用的利率和保险人的经营费用支出。

万能寿险保单的死亡费用用于补偿死亡风险所需的金额，通常以每 1 000 元净风险额的死亡费用表示，净风险额的公式如下：

$$净风险额 = 保单死亡给付金额 - 保单现金价值$$

每份保单中都规定了各个年龄 1 000 元保额的最大死亡给付分摊额，死亡给付分摊一般不超过规定的最大额度。万能寿险明确规定了适用的死亡费用，并定期从保单的现金价值中扣除，作为死亡的保障成本。死亡费用的金额取决于被保险人的风险等级，并随被保险人年龄的增长而上升。

万能寿险保单通常都规定一个最低的现金价值累积利率，即最低保证利率。原保监会在《中国保监会关于万能型人身保险费率政策改革有关事项的通知》[①] 中明确规定："万能保险应当提供最低保证利率，最低保证利率不得为负。保险期间内各年度最低保证利率数值应一致，不得改变。"但保险公司应当根据万能寿险单独账户资产的实际投资状况确定结算利率。结算利率不得低于最低保证利率。

同时，每张万能寿险保单都列示了保险公司各项费用，如原保监会颁布的《个人万能保险精算规定》中明确规定，万能保险只能收取以下几种费用：①初始费用，即保费进入个人账户之前所扣除的费用；②风险保险费，即保单风险保额的保障成本；③保单管理费，即为了维持保险合同有效向投保人收取的服务管理费；④手续费，保险公司可在提供部分领取等服务时收取，用于支付相关的管理费用；⑤退保费用，即在保单中途退保或部分领取时保险公司收取的费用，用于弥补尚未摊销的保单获取成本。该项费用在第一保单年度不得超过领取部分个人账户的10%，保单生效5年后该项费用应为零。

2. 定期寄送财务报告

万能寿险透明度高的第二个表现是保险人将定期（每年或每半年，也可以每季度）向保单持有人寄送财务报告，显示所交保费如何在死亡给付保障、各种管理费用以及现金价值之间分配的信息。这些信息包括应交死亡保险费、保单现金价值及其利息收入、退保金、报告期内已交付的保费等。

从万能寿险的运作来看，保险公司根据投保人上一年的缴费情况计算其保单现金价值，保单现金价值取决于所交保费、应计利息、死亡率费用和各种经营管理费用。

（三）万能寿险产品管理费用较高

万能寿险保费交付灵活，容易因投保人忘记交付保费失效，一般保险公司需要特别进行交费提醒；为了让投保人能够灵活管理自己的现金价值，万能险需要具有极高的透明度，保险公司需要定期发送账户明细给投保人；投保人可以灵活支取账户资金，让万能险基金账户资金数额存在较大不确定性。

为此，万能寿险额外扣除的费用很多，如收取部分领取手续费等。万能险各种费用前期扣除占比较高，若在前几年退保，资金损失较大。

四、万能型人寿保险的分类

万能型人寿保险按照功能可以分为重保障型万能险和重资金管理型万能险两种。

（1）重保障型万能险，也称传统期交型万能险，其保险金额较高，最开始几年从保费当中扣除的费用也高，因此分配到资金管理账户的资金少，而且在前期退保的损失较大。

（2）重资金管理型万能险，也称高现价策略型万能险，其特点正好与重保障型万能险相反。重资产管理型万能险的购买金额起点低，前期扣费少，预期资产回报较高，分配到资金管理账户的资金多。

---

① http：//www.cbirc.gov.cn/cn/view/pages/ItemDetail.html？docId＝359811&itemId＝928&generaltype＝0

五、万能型人寿保险的作用

万能寿险于 1979 年在美国寿险市场上首先出现，是针对消费者在生命周期中保险需求和保费支付能力变化而设计的，满足了那些要求保费支出较低且方式灵活的寿险购买者的个性化需要，具有与投资公司及银行等金融机构的金融产品竞争的能力，拓宽了寿险业的发展空间。

万能寿险诞生之前，除非保单到期或解除合同重新签订新的保单，寿险的保费和保额水平都很难改变，对保单持有人来说寿险不够灵活，不能满足教育金、婚嫁金等重要人生事件中的资金需求。万能寿险诞生后，推动寿险进入了新阶段，以往固定保费和保额的寿险开始被人们归类为传统保险。为了满足保户多样化的需求，以万能寿险为代表的新型保险开始大量地被保险公司开发出来。

万能寿险可以如此灵活调整的核心基础是长期寿险中保单可以形成现金价值。正是因为长期寿险保单的现金价值，如果在保单有效期期间，投保人想要更换保险产品就可以选择先退保再投保的操作。投保人退保，保险人需要返还等额的现金，投保人又可以使用退保所得的现金去选择其他保险产品，万能寿险的出现相当于简化了这个过程，而且对于保险公司而言，如果能挽留投保人，保险公司也愿意给予这部分投保人部分便利。

与此同时，万能寿险有最低收益保证，也更加灵活，一度受到消费者热捧。万能寿险"吸金"效果明显，寿险公司积累了大量资金，就有了在资本市场上呼风唤雨的能力，持股市值自然提高。

但万能寿险仍遭遇"退潮"，万能寿险"退潮"有两大原因：一是人身险行业经营模式持续变革，此前采用高结算利率推动万能险销售的险企近两年或主动压缩该险种保费，或被监管机构接管，或清算重组，诸多因素导致万能险保费持续下滑；二是随着万能险给付期的到来，一些此前通过万能险持有 A 股公司的险企陆续减持相关上市公司，导致持股市值下滑，收益下降。

为了解决这些问题，一般保险公司会采取下面几种方式促使投保人定期缴付续期保险费：①规定一个目标交费额，目标交费额是按某一规定的交费方式为维持保单效力而必须交付的保费数额；②定期寄送交费催款单；③要求投保人签发一张银行汇票，授权保险公司从其银行存款账户中定期收取目标保费。

此外，有些万能寿险的保单在宣传和销售方面过分强调了现行利率，淡化了其他潜在的重要因素，如附加费用、死亡费用以及退保费用等。但由于未来利率的不确定性，所以很难保证保单持有人对保单的预期价值与实际价值一致。同时，因为最低保证利率的存在，未来利率的不确定性也很容易导致寿险公司处于财务风险中。

学以致用3-6　查询万能险结算利率　掌握行业最新趋势

一、看事实：险企下调万能险结算利率[①]

市场率一发而动全身，继多家银行下调存款利率之后，保险公司万能险产品结算利率也跟着出现下调。2023 年 6 月 27 日，北京商报记者梳理发现，2023 年以来，各大中小型

---

① 资料来源：北京商报"利率随行下调 万能险终结辉煌"，2023 年 6 月 28 日，https：//baijiahao.baidu.com/s？id=1769874018176050761&wfr=spider&for=pc

险企纷纷下调万能险结算利率，下调幅度在 0.1~0.55 个百分点，更有保险公司成批下调万能险结算利率。而根据业内预测，在长端利率趋势性下行、权益市场波动加剧背景下，万能险产品结算利率下调或成行业趋势。

在 2020 年以前，市场上遍布结算利率超过 5% 的万能险产品，不过，记者梳理发现，2023 年以来，各大中小型险企纷纷下调万能险结算利率，下调幅度在 0.1~0.55 个百分点。目前市场上的万能险结算利率多数能达到 4%，集中在 4%~4.5% 之间，同时，更有一些万能险产品的结算利率跌破了 4%。

二、做练习：观察市场利率变化　分析万能险产品信息

1. 登录"中国货币网"官网①，进入"基准"栏目，查看"利率与汇率"中现行利率水平与历史利率变化趋势，谈谈你对利率变化趋势的看法。

2. 查看中国平安人寿、百年人寿、工银安盛人寿等寿险公司披露的最新万能险结算利率公告，说一说，目前市场上万能险结算利率水平如何？

3. 查询在售的万能险产品信息，详细阅读有关"保单账户价值""最低保证利率""保单管理费"和"退保费用"等内容，谈谈你的发现和感受。

本章小结

1. 正确理解传统保障型人寿保险的分类及其各自的特征。
2. 正确理解两全保险的含义。
3. 清晰了解年金和年金保险的定义。
4. 准确划分年金保险的类别。
5. 科学掌握分红保险的红利来源。
6. 了解投资型保险的种类和各自特征。
7. 了解投资连结保险的现实理论依据。

关键词

死亡保险　生存保险　两全保险　年金保险　分红保险　万能寿险　变额万能寿险
投资连结保险

复习思考题

1. 什么是人寿保险？
2. 什么是两全保险？其特点有哪些？
3. 什么是年金和年金保险？其特点有哪些？

---

① 网址：https://www.chinamoney.com.cn/chinese/index.html

4. 什么是人身风险管理？如何理解其目标？

5. 什么是万能寿险？有何特点？

6. 试讨论这句话的含义："定期寿险是最廉价的寿险形态。"

7. 万能寿险是如何运作的？

8. 投资型保险的种类和各自特征是什么？

第四章　人寿保险合同条款

学习引导

【为何学】保险合同条款约定了保险合同当事人的权利与义务，保险合同生效后对保险合同双方均有约束作用。了解人寿保险合同相关的知识可以帮助人们更好地了解人寿保险合同的内容以及公司的责任，当购买产品时，能够根据相关条款的内容审查和理解合同内容，保护自己的权益。

【学什么】掌握人寿保险合同六种条款的内容并学会解读，了解人寿保险合同六种条款的作用。

【怎么学】以保险学原理和人身保险基础知识为基础，结合真实保险案例，站在保险人、投保人和保险监管机构角度，思考寿险合同条款规定的合理性和存在的问题。找一份真实的人寿保险合同，认真阅读其中的具体条款，可以加深对本章内容的理解。

【如何用】不妨尝试找一找最新的人寿保险纠纷案例，根据所学知识，动手写一写自己的看法，并分享给同学、老师或者发布到互联网上；如果自己或身边的朋友有购买保险的需求，可以尝试从保险专业角度思考一下如何选择和购买自己的保险产品；如果身边有购买过人寿保险的亲朋好友，可以聊一聊对保险合同条款的认识，讨论如何用好保险产品，以及当出现保险纠纷时，如何维护自己的权益。

第一节　不可抗辩条款

一、不可抗辩条款的内容

保险案例：被保险人出生日期如何认定？[1]

兰女士的女儿某年 3 月 8 日出生，爱女心切的兰女士同年 4 月 16 日以女儿为被保险

---

[1]　资料来源：许飞琼. 经典保险案例分析 100 例 [M]. 北京：中国金融出版社，2020.

人从某保险公司购买了少儿保险，每年交费 365 元，14 岁交满，从 15 岁起每年可领 365 元保险金，可领取 20 年。由于市场利率持续下降，该产品在兰女士购买五年后因无利可图停售下架。兰女士第六年去保险公司续费时，保险公司以其女儿户口本上出生日期是某年 4 月 8 日，比合同签订日期要晚一个月为由，主张这份保单为无效保单。兰女士声称是给孩子落户口时出了差错所致，并请居住地派出所出具了相关证明，证实其女儿实际出生日期确实为某年 3 月 8 日。但保险公司不予认可，表示兰女士违反了如实告知义务，只能解除合同，或者兰女士退保返还保单现金价值。

兰女士难以接受保险公司的做法，双方产生了纠纷。

保险公司的法律依据是什么？保险公司的做法是否合理呢？

有一句关于法治和德治关系的"金句"："法律是成文的道德，道德是内心的法律。"①

寿险合同条款既要遵循法律规定，也要合乎道德规范。保险条款的形成过程，恰恰印证了"法律是成文的道德"这句话。保险业以诚信为基石，"道德是内心的法律"应该成为每一个保险从业人员铭刻在心的警世名言。

人寿与健康保险条款按照订立目的可以分为三类：保护保险公司的条款、保护保单所有者的条款和为保单所有人提供灵活性的条款。

保护保单所有者条款主要是为了避免保单所有者因信息不对称蒙受损失，典型代表是不可抗辩条款，又称为不可争条款。该条款规定，保单生效一定时期（通常为两年）后，就成为不可争议文件，保险人不能以投保人在投保时违反最大诚信原则，没有履行如实告知义务等理由，否定保单的有效性。保险人的可抗辩期是两年，保险人只能在两年内以投保人的误告、漏告、隐瞒等理由解除保险合同或者拒付保险金。在人寿保险中，对于足以影响保险公司觉得是否同意承保的因素（如年龄、健康状况、职业），投保人或被保险人不得有任何隐瞒；若投保时故意隐瞒或因为重大过失未告知，足以影响保险人承保条件以及是否承保的，保险公司有权解除保险合同，此外，保险公司在有权解除保险合同的情况下，自知道其隐瞒事实之日起，超过三十日不解除的，之后不得以此为由解除保险合同。我国《保险法》规定"自合同成立之日起超过两年的，保险人不得解除保险合同；发生保险事故的，保险人应当承担赔偿或者给付保险金的责任"。

案例中，兰女士与保险公司签订合同已经五年，保险公司以违反如实告知义务为由解除合同显然是无效的。

二、不可抗辩条款的解读

根据上述规定，对不可抗辩条款应做如下解读。

第一，时间期限为两年，对于超过两年后的保险条款即成为不可争条款，这体现了对保险人合同解释权的限制，无论投保人一方对于投保时是否有隐瞒、欺诈等行为，在保险事故发生后，保险人均负有赔偿责任。

第二，合同自始至终无效的情况除外，也就是说，在合同订立时，保险合同就不存在法律效力，那么也就不存在不可抗辩问题。例如，投保人对保险标的不具有保险利益，这时订立的保险合同当然就不存在法律效力。因此，合同无效时并不适用不可抗辩条款。

---

① 习近平 2016 年 12 月 9 日在十八届中央政治局第三十七次集体学习时的讲话。

三、不可抗辩条款的作用

在保险合同中列入不可抗辩条款是维护被保险人利益，限制保险人权利的一项措施，目的是防止保险公司的逆向选择。

不可抗辩条款的产生与保险中应用最大诚信原则有直接关系。

根据最大诚信原则，在保险合同签订过程中，告知和保证是两个重要事项。告知是投保人对事实所作的书面陈述，保险人依据这些事实决定是否签发保单或以何种条件签发保单。保证是投保人所做的，保证完全符合事实的一项声明。根据最大诚信原则要求，投保人身保险时要如实告知被保险人年龄、职业、健康状况等重要事实，如果投保人隐瞒真实情况，保险人查实后可以主张合同无效，从而不承担保险责任。

但是人身保险业务中，最大诚信原则的应用可能出现两种问题。

一是事实变化问题。人身保险的期限一般比较长，投保多年后，被保险人的情况很有可能出现变化，如果保险人以此为理由在给付保险金时提出投保人违反如实告知义务，主张合同无效，对投保人显然是有失公平的，这会侵害保单所有人权益。

二是道德风险问题。保险人在明知投保人未如实告知的情况下，仍然收取保险费。如果保险事故不发生，保险公司无须给付保险金。如果保险事故发生，保险人就以早已掌握的投保人未如实告知的事实为由，也不用给付保险金。这实际上就可能出现保险公司坐收保费而无须承担任何保险责任的现象。

案例中，兰女士女儿户口本上的出生日期是某年4月8日，保险公司在其投保时就应该知道，但并未提出异议，而恰恰是在保险产品无利可图停售的情况下提出，显然存在道德风险问题。

事实上，保险发展历史早已证明上述问题的确存在，而且引发了严重的行业危机。18世纪末到19世纪上叶的英国，保险事故发生后，一旦发现投保人有不如实告知的事项，即使是已经生效数十年的长期保单，保险人也会认定保险合同无效，拒绝向被保险人和受益人履行赔付义务。这使得购买了保险的善意被保险人无法得到预期的经济保障，由此而出现的合同纠纷案层出不穷，与日俱增，保险公司也因此被讥讽为"伟大的拒付者"。"道德是心中的法律"，英国保险业受此影响，声誉一落千丈，市场严重萎缩，受到了比法律制裁还严厉的惩罚。

案例中，兰女士在已经通过居住地派出所出具权威机构证明的情况下，保险公司仍然不予认可，这种本身既不懂法也不信法且明显违背商业诚信的行为，会严重损害公司商业信誉和保险公众形象。

为了重塑保险公司的诚信形象，1848年，英国伦敦寿险公司出售的产品中首次应用了不可抗辩条款。此后，不可抗辩条款通过立法的形式，成了绝大多数寿险合同中的固定条款。"法律是成文的道德"在保险史中得到了印证。

值得庆幸的是，随着依法治国理念和保护保险消费者权益工作的推进，我国2009年10月实施的新《保险法》对1995年的《保险法》进行了大幅度修订，将"不可抗辩条款"全面引入法律规范之中，成为本次修订最明显的变化之一。此举促使保险公司加强对承保环节的管控，有效遏制了销售误导现象。案例中的情况，现在已经越来越少了。

学以致用4-1 回顾保险司法案件 了解保险条款争论

一、看事实：新保险法不可抗辩条款"第一案"①

自2009年10月1日正式实施以来，新保险法就备受社会各界关注。如今，这部新法律已经实施一年有余，"不可抗辩"条款也在司法实践中出现了"第一案"。投保人王某于2002年购买了中国人寿保险股份有限公司云南省分公司和昆明分公司的两份"康宁终身保险"。合同保险条款约定，被保险人如确诊重大疾病时，保险公司按两倍给付重大疾病保险金。2002年至2006年，王某均按照合同约定缴纳保费。2006年，王某确诊罹患"慢性肾功能衰竭"，并于2007年接受了换肾手术，之后王某提出理赔申请。但保险公司拒赔，并在《理赔处理意见书》中表明被保险人未如实告知患有慢性疾病。而王某则认为，保险公司以"未如实告知"为由拒赔，不符合新保险法的"不可抗辩"条款，因此将保险公司告上法庭。

在本案当中，原被告双方争议的焦点在于是否适用新保险法。原告认为，被告在事发两年之后、开庭之前才拿出《解除合同通知书》，并且没有递交给原告，因此适用新法中的不可抗辩条款，应全额理赔。而被告保险公司则认为，新保险法施行前成立的保险合同，如果保险人知道有解除事由之日起，按照相关的司法解释，在新保险法实施后，保险公司可以在30日之内，行使合同解除权。因此保险公司在2009年10月1日起至10月30日前都有权解除合同。

区别于旧版保险法，新保险法的一大亮点就是引入了"不可抗辩条款"。作为国际保险业惯例，不可抗辩条款对于保护投保方利益，规范保险人行为和推动保险业持续健康发展有极其重大的意义。不可抗辩条款的引入赢得了一片喝彩，业内学者普遍认为，此举将在防止国内保险公司滥用合同解除权、保护保险消费者对长期人寿保险合同的期待利益和信赖利益以及解决投保人"投保易、理赔难"等方面起到极大的推动作用。

但是，一部新法律的出台势必也会带来新旧法律衔接的问题，不可抗辩条款"第一案"出现的原因之一，就是因为诉讼双方对于法律适用的不同理解。当然，本案中涉及的法律问题并非如此简单，但新保险法中未对不可抗辩条款适用设置除外情形，这却是与国外通行做法有所差距的。目前，美国、德国的保险法均规定，若有确凿证据证明客户属于恶意带病投保或故意不如实告知，保险人解除合同不受不可抗辩条款的限制。为坚持诚实信用原则，有效防范被保险人的欺诈行为，维护保险人与被保险人利益的平衡，通过司法解释来具体界定不可抗辩条款的适用范围、明确新旧法律衔接的条件势在必行。

二、做练习：比较不同类型寿险产品

1. 在中华人民共和国最高人民法院（以下简称"最高法"）官网首页右上角检索处，输入"保险法"进行搜索。在搜索结果中，找到有关"《中华人民共和国保险法》若干问题的解释（一）"的内容进行浏览。

2. 浏览后，说一说，根据最高法司法解释，你认为不可抗辩条款"第一案"应如何处理。

3. 在中国知网（https：//www.cnki.net）等学术平台，以"不可抗辩条款"关键词进行主题检索，在检索结果里，找到自己感兴趣的文献读一读，说一说自己的收获。

---

① 资料来源：沃保网，"2010年中国保险业十件大事"，2011年1月5日，https：//news.vobao.com/article/678122912290_2.shtml

第二节　宽限期条款

 保险案例：未及时缴纳保费有何影响？[①]

"自由、平等、公正、法治"，是对美好社会的生动表述，也是从社会层面对社会主义核心价值观基本理念的凝练。保险合同是民事合同，是规范平等主体直接权利和义务的契约。我国《保险法》明确规定，保险合同订立要遵循协商一致原则和自愿原则。那么保险合同是否也体现了"公正"和"法治"呢？我们来看一个保险案例。

2008年1月2日，赵先生购买了定期人寿保险，缴费至2009年1月1日。保险受益人一栏写明是赵先生的妻子。当第2期缴费日临近时，由于赵先生业务繁忙，收到缴费通知书后，未去办理缴费，之后也将此事搁置。

而就在2009年1月18日，赵先生骑摩托车发生交通事故，经抢救无效死亡。赵先生的妻子想起他去年曾买过保险，但第2年保险费至今未交。于是赵先生妻子担心，这次事故是否能得到保险公司的理赔？

一、宽限期条款的内容

很多人寿保险合同的保费采用分期缴纳的形式，投保人除了在保险合同生效时缴纳第一期保险费外，以后每一期按保险合同约定缴纳约定数额的保险费。由于寿险期限往往较长，投保人可能遇到各种财务或非财务问题，让每一期都做到按期缴费的难度较大。

赵先生就是因为工作繁忙未及时缴纳保费的。

如果仅因投保人偶尔未按时缴纳保险费而让保单进入中止状态，对投保人不尽公正，宽限期条款的规定就是为了解决这个问题。

我国《保险法》关于宽限期规定，"（人身保险）合同约定分期支付保险费，投保人支付首期保险费后，除合同另有约定外，投保人自保险人催告之日起超过三十天未支付当期保费，或超过约定期限六十天未支付当期保险费的，合同效力中止，或者保险人按照约定减少保险金额。被保险人在前款规定期限内发生保险事故的，保险人应当按合同约定给付保险金，但可以扣减欠缴的保险费。"

二、宽限期条款解读

根据上述规定，对宽限期条款应做如下解读。

第一，在宽限期内未缴纳保费保险合同仍然有效，这体现了保险法对投保人权益的合理保护；超过宽限期，保险合同中止，发生保险事故保险人不承担保险责任，这是对保险人合同权益的保护。赵先生未按时缴纳保费，保险受益人能否得到赔偿，要看出险时间是否在宽限期内。

第二，宽限期有法律规定和合同约定两种，合同约定优先。法律规定中，宽限期有两

---

①　希财网，"保险宽限期内是否赔　看完这个案例你就清楚了"，2019年1月4日

种方式。如果到期未交付保费，保险公司以合理方式进行了催缴，则自催缴之日起宽限期是 30 天；如果没有催缴，自应缴保费之日起宽限期是 60 天。实务中，通信技术和自动化程序发达，保险公司一般都会在应缴保费之日前 30 天左右通知投保人。不过，民事合同中当事人约定条款高于法定条款，也有寿险合同中约定宽限期是 90 天或更长。

赵先生首期保费交付时间是 2008 年 1 月 2 日，那么第二期应缴保费时间，应该是 2009 年 1 月 2 日。到应缴保费时赵先生没有如期缴纳保费，且保险公司发出了催缴保费通知，那么宽限期就是 30 天，即到 2009 年 1 月 31 日前，赵先生虽然未缴纳保费，但保险合同有效，超过 1 月 31 日则合同进入中止期。

不幸中的万幸是，赵先生的交通事故发生在 1 月 18 日，未超出宽限期时限，保险合同有效。所以，赵先生妻子无需担心，向保险公司申请赔付可以得到保险金。

第三，宽限期内发生保险事故保险公司仍然承担保险责任，这是以保险公司垫付保险费为前提条件的。所以赵先生妻子领取的保险金中需要扣除保险公司垫付的保险费及滞纳保费损失的利息。

第四，超过宽限期后的结果也有两种选择。默认方式是保险合同进入中止期，保险效力暂时停止；另一种方式是可以约定超过宽限期后，合同仍然有效，保险人减少保险金额。一般来说，保险金额是按照当时实缴保费和应缴保费比例计算，而不能任意减少。

与宽限期条款相关的，还有自动垫缴保险费条款。

自动垫缴保险费条款，是指分期支付保险费的人身保险合同，如果选择使用自动垫缴保险费条款，则保险合同生效满一定期限后，如果投保人未按期缴纳保费，保险人自动使用保单的现金价值垫缴保险费。

宽限期条款是法定条款，即使保险合同中未载明，保险当事人双方也需要遵守。而自动垫缴保费条款属于选择性条款，即只有投保人确认选择使用该条款时才生效。因为，本质上用于垫缴保费的钱来自保单积累的现金价值，垫缴保费将会减少现金价值的数额，投保人在保险合同期满得到给付保险金或退保时能拿到的退保金会减少，如果未经投保人同意而使用，属于未经授权的违约行为，可能会损害保单所有人利益，引发不必要的纠纷。

该条款通常特别约定在"保险合同生效满一定期限后"有效，这个期限一般是两年或两年以上。因为该条款发挥作用的必要条件，是保单积累的现金价值足以支付当期保费。寿险合同前期保单成本比较高，通常缴费两个周期后，才能形成足以支付下个周期保费的现金价值。本案例中，赵先生仅缴付了首期保费，即使选择了保费自动垫缴条款，也无法发挥作用。

对于自动垫缴保险费条款，投保人要偿还并支付利息。在垫缴保险费期间，如果发生保险事故，保险人要从应给付的保险金中扣除垫缴的保险费和利息。直到累计的贷款本息达到保单上的现金价值的数额为止，此后投保人若再不缴纳保费，保单将失去效力。

规定自动垫缴保险费条款的目的是避免非故意的保险单失效。选择该条款后，保单因欠缴保费失效的可能性大大降低。因为宽限期是法定条款，可以将保费缴纳日期延后 30 天或 60 天而不影响保单效力。宽限期结束，投保人仍未缴费又可以通过自动垫缴保费维持保单效力。如果保单项下的现金价值比较充足，投保人甚至可以连续多个周期不缴纳保费，但保险合同仍然有效。这对保单所有人来说，增加了缴费的灵活性和获得保障的稳定性。

不过，自动垫缴保险费也有副作用。对投保人而言，可能让投保人不太重视保费缴纳时间，反而让保单更容易失效。为了防止滥用该条款，有些保险公司也会对使用次数及每次使用的间隔加以限制。

对于保险公司而言，自动垫缴保费条款降低了保单失效概率，降低保单复效管理的成本，让保费收入更加稳定，也有助于获得更高的客户满意度和忠诚度，减少客户流失率。

三、宽限期条款的作用

第一，维护投保人的利益不受损失，寿险期限一般时间较长，投保人很有可能忘记缴费时间而错过缴费。宽限期条款的存在不会因为投保人一时失察或经济暂时紧张未交保费而使保单进入中止状态，被保险人可以始终在保单承保范围之内，在宽限期内发生保险事故，保险人承担赔偿责任，在宽限期内，被保险人不会失去保障。

第二，合理规划自己的资金流转，给予投保人更多的时间筹措资金以及考虑是否续保，保单保障依旧有效。

第三，保险人不会因此而流失客户，提高续保率，降低因此而造成的业务损失。

学以致用4-2 学法知法 守法用法

一、看事实：法治中国 司法透明①

2013年5月8日至9日，最高人民法院在广西壮族自治区柳州市召开司法公开调研会，裁判文书网上公开成为会议热点。会议表示，最高人民法院正在着手依照权威、规范、便捷的原则，建立全国法院规范、统一的裁判文书网——中国裁判文书网，实现上网文书种类齐全、更新及时、分类清晰、检索科学、统计便捷、自动分析等综合效能，充分实现裁判文书网上公开的各项功能。

裁判文书上网是司法公开的重要一环。党的十八大以来，最高法大力推进裁判文书上网工作，并率先垂范，于2013年7月1日开通中国裁判文书网，集中公布了第一批50个生效裁判文书，引发社会广泛关注。次日，最高法审议通过《最高人民法院裁判文书上网公布暂行办法》，明确除法律有特殊规定的以外，生效裁判文书将全部在中国裁判文书网予以公布。

2013年11月27日，中国裁判文书网与各高级人民法院裁判文书传送平台联通，标志着全国四级法院裁判文书统一发布的技术平台搭建成功。同年11月28日，最高法发布裁判文书上网司法解释，最高法第一批公布的生效裁判文书，覆盖刑事、民事、行政、赔偿、执行等不同案件类型，以及二审、再审、申请再审等不同审判程序，对类似案件的处理具有指导意义。

从2014年1月1日起，最高人民法院、全国所有高级人民法院和中级人民法院都须上网公布裁判文书；同时，北京、天津、辽宁等10个东部省份（市）和河南、广西、陕西3个中西部省份的基层人民法院也应当上网公布裁判文书。

2015年6月底起，全国31个省（区、市）及新疆生产建设兵团的三级法院已全部实现生效裁判文书上网公布，即案件类型全覆盖、法院全覆盖；12月，中国裁判文书网进行改版，内容进一步覆盖到民族语言裁判文书，包括蒙古语、藏语、维吾尔语、朝鲜语和

---

① 资料来源：百度百科，中国裁判文书网，https：//baike.baidu.com/item/%E4%B8%AD%E5%9B%BD%E8%A3%81%E5%88%A4%E6%96%87%E4%B9%A6%E7%BD%91/7240798？fr＝ge_ala

哈萨克语。

2016 年 8 月，最高法公布修订后的《最高人民法院关于人民法院在互联网公布裁判文书的规定》，加大了裁判文书公开力度，围绕如何减轻各级法院裁判文书公开工作量、降低上网裁判文书出错风险、强化对此项工作的精细化管理等增设了一系列配套制度。

2020 年 9 月 1 日，中国裁判文书网访问方式进行了升级，访问用户需通过手机号码验证的方式进行注册，注册登录后，可以照常进行文书查询、下载等操作。

二、做练习：读保险条款　学保险知识

1. 访问中国裁判文书网（https：//wenshu. court. gov. cn），注册并登录。在检索框中输入"人身保险合同　宽限期"，进行搜索。浏览检索结果，阅读 3~5 份裁判文书。

2. 说一说，你所看到的人身保险合同宽限期的民事纠纷案件，原告诉诸法院的原因主要是什么？法院判决的主要依据是什么？你有哪些新发现？

3. 根据本节所学知识与裁判文书，说一说，如何减少或避免相关人身保险合同纠纷。

第三节　复效条款

保险案例：合同复效有哪些条件？[①]

贾某曾买一份定期寿险，合同生效日为 2003 年 5 月 15 日，缴费期为 20 年，保险金额 30 万元。2007 年 7 月 15 日，该保险合同因逾期未缴保费导致失效。2009 年 2 月 18 日，在贾某补交保费和利息后合同复效。2010 年 3 月 11 日，被保险人在医院病故，死亡诊断为感染性休克等。

同年 8 月，其身故保险金受益人向保险公司提出理赔申请，要求赔付身故保险金 30 万元。接到理赔申请后，保险公司对贾某所患疾病情况进行调查，发现贾某 2009 年 2 月至 2010 年先后因上述疾病在另一家医院住院 9 次。贾某的保险合同复效申请日期，正处于他因病住院期间，但 2009 年申请复效时，贾某均未如实告知其患病事实。

保险公司是否应承担赔偿责任？为了回答上面的问题，要先理解保险合同复效条款。要想理解保险合同复效条款，还要先解释一下两个容易混淆的概念：合同中止和合同终止。

一、复效条款的内容

1. 保险合同的中止和终止

人身保险合同的中止，是指在人身保险合同存续期内，由于某种原因的发生而使保险效力暂时停止。在合同中止期间发生的保险事故，保险人不承担赔付责任。人寿保险合同中止最常见的原因是投保人未按时缴纳保险费。

人身保险合同的终止，是指人身保险合同关系的消灭，即保险合同成立后因某种法定的或约定的事由发生，致使合同双方当事人的权利与义务彻底消灭的法律事实。其效果就

---

① 资料来源：央视网，理赔案例：保单复效也应如实告知，2012 年 7 月 2 日。

是保险合同的法律效力不复存在。

为了便于理解，可以把保险责任有效期比喻成享受播放的音乐。

保险合同中止，相当于按下了"暂停键"，进入中止状态，就听不见音乐了，不过只要点击"播放键"，不用从头重新再听，会在暂停的位置开始接着播放，直到乐曲播放完成；保险合同终止，则是按下了"停止键"，美妙的音乐听不见了，而且即使点击"播放键"，也只能从头再来，还有可能再也播放不出来了。

尽管可以用"暂停键"让音乐播放处于等待状态，但是电脑也好，手机也罢，总不能无限制等待下去，等待时间一长，就可能自动进入停止状态了。

上文提到的案例，贾某因未按期缴纳保费导致保单在 2007 年中止，意味着在合同中止期间发生的保险事故，保险人不承担赔付责任；补缴保费后，保单效力恢复。如果合同中止持续到 2009 年 7 月 16 日，贾某仍未补缴保费，中止期就超过了两年，保险合同终止。贾某如果想获得保险保障，需要购买新的保单。

2. 复效条款

复效条款，是指分期交付保险费的长期人寿保险合同条款之一，是指人身保险合同因逾期未交纳保险费而失效以后，在保险单规定的保留期限内，被保险人可在规定条件下申请恢复原保险合同效力，经保险人审查同意，被保险人交清失效期间欠缴的保险费与利息后，原保险合同即可恢复效力。

人寿保险合同的缴费期限往往较长。在一个比较长的时间内，投保人可能会因为某种原因欠缴保费导致保险合同的效力暂时中止，比如投保人财务状况发生变化暂时无力缴费或者疏忽过失忘记缴费的情况。万能险可以灵活选择缴费的规定，导致忘记缴费的可能性很大。

如果仅因为一次未如期缴费就解除保险合同，显然对投保人一方是不利的。人寿保险合同在履行期间，因投保人欠交保费等原因使合同失去效力，在合同效力中止期间（通常为两年）投保人向保险公司申请合同恢复原来效力的行为即为合同复效，如果保险合同中止期限届满，投保人仍未能就复效问题与保险公司达成一致意见并补交保费，保险公司有权解除合同，并按合同约定退还保险单的现金价值。对投保人来讲，复效比重新签订保险合同更为有利，因为被保险人的体况等在中止期可能发生变化而增加保费。此外，复效必须执行相应程序：提出复效申请，提供可保证明（如体检报告、健康证明等），付清欠缴保费及利息等。

我国《保险法》规定，合同效力中止的，"经保险人和投保人协商并达成协议，在投保人补交保费后，合同效力恢复。但是，自合同效力中止之日起满二年双方未达成协议的，保险人有权解除合同，应当按照合同约定退还保险单的现金价值。"该法条被称为复效条款。

需要注意的是，保单失效的原因有很多，而复效条款是以因欠缴保费引起的失效为前提。其他原因引起的失效不适合本条款。

二、复效条款的解读

根据上述规定，对复效条款应做如下解读。

1. 时效以内

需要在合同失效之日起一定期限（一般为两年）内提出申请，并不曾退保或者把保险单变为定期寿险。投保人必须在规定的复效期限内填写复效申请书，提交复效申请。

2. 补足费用

需要补缴失效期间所欠缴的保险费和利息，扣除应分配的红利，并归还所有保险单质押贷款。《保险法》中规定的"投保人补交保费"，不能简单地理解为按期缴纳的保费的数额，还应该包括失效期间所欠缴的保险费所产生的利息。因为欠缴保费的保单之所以可以复效，事实上是保险公司为其垫付了欠缴的部分，有利息损失，所以需要补偿。此外，长期寿险有储蓄性和投资性，保费具有时间价值，欠缴保费会造成计入现金价值的保费减少，造成收益减少。

3. 可保证明

与保险人协商并达成协议。保险合同复效需要投保人提供可保证明书，以说明被保险人的身体健康状况没有发生实质性的变化。

复效可以分为体检复效和简易复效。

体检复效是针对失效时间较长的保单，在申请复效时，被保险人需要提供体检书与可保证明，说明被保险人的健康状况、职业危险、生活环境等变化状况，保险人据此考虑是否同意复效。

简易复效是针对失效时间较短的保单，在申请复效时，保险人只要求被保险人填写健康声明书，说明身体健康状况在保险合同失效以后没有发生实质变化即可。由于大多数保单的失效是非故意的，所以保险人对更短时间内（如宽限期满后 30 天内）提出复效申请的被保险人采取宽容的态度，无需被保险人提出可保证明。

考虑到合同中止期间，投保人的自然情况和财务状况等可能发生变化，保险人需要进行审核，符合承保条件才能恢复合同效力。如果被保险人的风险提高了，保险人可以要求增加保费或者拒绝恢复保单效力。由于存在信息不对称的问题，保险人判断被保险人风险情况，基于投保人和被保险人如实告知，复效申请同样要求投保一方遵循如实告知义务。

三、复效条款的作用

那么，复效条款有什么作用呢？是否该条款只对投保人有好处？

在长期寿险中，对于投保人来说，复效明显要比解约后再投保更有利。

1. 复效保单缴纳的保费更低

寿险定价与被保险人年龄和身体健康状况有直接关系，复效意味着按原合同约定的年龄定价，重新投保则按投保时年龄定价，保费会更贵，极端情况下会因为投保年龄或身体状况原因不能再投保；寿险保单的管理费用扣除主要发生在前期，重新投保，费用仍然要重新扣除，远比复效后的保单所扣除的多。

2. 复效避免收益受损

长期寿险可以积累现金价值，从而使保单具有储蓄性和理财功能，缴费越早，复利效应越明显。保单复效不影响前期缴费形成的现金价值，解约后重新投保，复利效应中断，需要重新计算现金价值；另外，随着我国经济增长模式从高速发展向高质量发展转型，较长时期内，市场利率呈现下降趋势，重新投保的寿险合同约定保证利率也会下调。

复效条款除了对投保人和被保险人有利，对保险公司来说，复效条款也有提升客户满意度、维护客户关系的作用，可以提高客户忠诚度，降低客户流失率。

四、案例分析

上文提到的案例，贾某保险合同中止后，虽然在两年内补缴了所欠缴的保费及其利息，保险公司也通过了其复效申请，但贾某的死因与其在合同中止期内的病情有直接关系，且贾某并未如实告知。保险合同中止期内，保险公司不负赔偿责任。最终，保险公司以保险合同复效时贾某故意没有履行如实告知义务，从而拒绝承担保险责任，并解除保险合同。

不过，对此案的审理结果，也有不同声音。贾某申请复效前住院9次，保险公司在审核贾某申请复效时是否也存在核保不够严谨的问题呢？这可能是一个需要认真讨论的问题，焦点是保险公司在当时技术条件和核保程序下，是否能够审核出贾某曾经住院。如果保险公司应该能做到，却未做到，则有核保疏忽的问题，保险公司至少应该承担部分过失责任；如果保险公司无法做到了解贾某住院情况，那么保险公司拒保就合情合理。

 学以致用4-3 学法知法 守法用法

一、看事实：朱某保单复效纠纷案[1]

2009年3月2日，朱某作为投保人为其妻邹某购买A保险公司两全保险，附加重大疾病保险。

2009年3月14日保险合同生效，2010年保费按时缴纳。

2011年3月14日交费日到期时，朱某没有交费。A保险公司工作人员电话提醒朱某缴费，并告知60日为宽限期，在2011年5月13日之前缴纳保费，否则保单会变为失效状态。

2011年6月21日，朱某才缴纳保费及复效利息。

2012年3月15日，朱某又交一期保费。

2012年5月11日，邹某被诊断为慢性髓细胞性白血病。随后邹某向A保险公司申请重大疾病保险金。

A保险公司拒赔，理由为保险合同于2011年6月21日复效，发病时仍处于复效观察期，不属于保险责任。

依据是合同第六条：

在本附加合同保险期间内，本公司承担以下保险责任：

被保险人于本附加合同生效（或最后复效）之日起一百八十日内，因首次发生并经确诊的疾病导致被保险人初次发生并经专科医生明确诊断患本附加合同所指的重大疾病（无论一种或多种），本附加合同终止，本公司按照本附加合同所交保险费（不计利息）给付重大疾病保险金；被保险人于本附加合同生效（或最后复效）之日起一百八十日后，因首次发生并经确诊的疾病导致被保险人初次发生并经专科医生明确诊断患本附加合同所指的重大疾病（无论一种或多种），本附加合同终止，本公司按本附加合同基本保险金额的300%给付重大疾病保险金。若因意外伤害导致上述情形，不受一百八十日的限制，本公司仅按本附加合同基本保险金额的300%给付重大疾病保险金。

---

[1] 案例取材于中国裁判文书网（2013）镇商终字第73号。

邹某起诉至法院。

二、做练习：运用所学知识　分析保险案例

请思考并讨论以下三个问题：

1. 保险合同复效时，保险公司是否能豁免履行如实告知义务？

2. 本案中，应该如何认定复效日期起算点？

3. 本案中，保险公司是否应承担重疾险赔偿责任？

第四节　自杀条款

 保险案例：抑郁症自杀可以得到理赔吗？[①]

何某为自己向某保险公司投保了一份生死两全保险。死亡保险金额为 20 万元。合同第五条第一款责任免除约定："被保险人在本合同生效或复效之日起两年内自杀，本公司不负给付保险金责任。"

投保一年后，何某患上了严重抑郁症，虽经治疗但病情一直未见明显好转。在住院后某日，护士查房时发现，何某在住院楼层厕所里上吊自杀死亡。医院提供的何某死亡诊断书上写明的死因为抑郁症。

那么，保险公司是否应该承担赔付责任呢？保险法是如何规定的呢？

一、自杀条款的内容

如前文所述，保险合同条款可以粗略分为三类：保护保险公司的条款、保护保单所有者的条款和为保单所有人提供灵活性的条款。不过，每一类条款性质只是相对而言，实际上任何的保险条款都是各方利益协调平衡的结果。其中，保护保险公司的条款主要是为了避免保单所有人比保险公司拥有更多信息从而引起的逆向选择和道德风险问题，一般体现为保险合同中的除外责任和风险限制条款。案例中，关于自杀免责的规定就属于这种类型。

对于寿险保单来说，绝大多数被保险人和受益人都不可能从事或进行以导致被保风险发生为目的的活动。也就是说，受益人和被保险人不愿造成被保险人死亡。而且，确定寿险合同中被保事件是否发生是相对简单的，一般只涉及两个问题：一是人是否死亡；二是死亡的人是不是被保险人。通常来说，得到这两个问题的答案比较容易。在这两个问题上进行欺骗，虽然也有可能，但是非常困难。

相比健康保险而言，保险公司在寿险保单中设置的除外责任条款要少得多，而且设置的除外责任条款往往不是出于道德风险考虑，而是考虑到被保险人面临某些特殊的致损情形或担心发生逆向选择。寿险合同一般会将战争、军事行动、内乱或武装暴乱、核爆炸、核辐射或核污染等一旦发生会造成严重群体死亡的事件列为除外责任；也会将故意犯罪、酗酒、殴斗、吸毒、无证驾驶或酒后驾驶等违法犯罪行为造成的伤亡归于除外责任之中。

---

① 资料来源：许飞琼，《经典保险案例分析 100 例》，中国金融出版社，2020 年 1 月

与以上免赔责任相比，自杀条款的规定有其特殊性。

自杀条款在我国是法律条款。我国《保险法》第四十四条规定："以被保险人死亡为给付保险金条件的合同，自合同成立或者合同效力恢复之日起二年内，被保险人自杀的，保险人不承担给付保险金的责任，但被保险人自杀时为无民事行为能力人的除外。保险人依照前款规定不承担给付保险金责任的，应当按照合同约定退还保险单的现金价值。"

对于"自杀"的认定通常需要考虑两个因素：一是要求自杀者有主观的意愿，其行为是建立在故意伤害的动机之上的；二是自杀者的行为造成了死亡的客观事实。实践中通常认为无民事行为能力人的主观意愿不能被认定为符合第一个条件。因为无民事行为能力人不能为自己的行为负责，不符合保险中"故意"的条件。

何某是在投保一年后自杀的。如果他自杀的时间是合同生效的两年后，就无须争论，保险公司需要赔付死亡保险金20万元给他的保单受益人。如果何某自杀在投保两年以内，则仍需要讨论。自杀条款的规定看起来让人有些费解。对于自杀导致的死亡，要么就赔偿，要么就不赔偿，为什么要设置免责期？

二、自杀条款的解读

实际上，自杀条款规定是经过多方利益衡量的协调结果。

如何对待被保险人的自杀，过去有不同的看法。寿险保险合同曾一度完全拒绝自杀的风险。被保险人不论在何时自杀，保险人一律不给付保险金，这种规定从保险公司角度看完全有道理。但在后来认为是不妥当的，一是保险公司计算保险费的死亡率中包括各种死亡因素，其中也有自杀，因而保险对自杀完全免除责任不合理；二是领取死亡保险金的是受益人，对自杀完全免除责任会给受益人带来生活上的困难。

如果对自杀行为全部给付保险金，如何保护保险公司避免遇到为自杀购买保险的情况呢？身患绝症的人，是否会因此有更大动机自杀？这可是个人命关天的大问题。

为防止获取保险金的蓄意自杀行为，有必要采取一定的限制措施，这就是规定一个免责期限，期限以内的自杀不赔。因为自杀行为大多数是在特定环境下，一时冲动而进行的，一般不可能有人在投保时就计划好两年之后自杀。即便有这种计划，因为生活环境的变化，两年之后思想也可能会发生变化。这样就可以推定投保两年后的自杀并非蓄意自杀，避免了逆选择。

保险公司通过设置自杀免责期，保护了保险公司和保单所有者的权益。一个合理的免赔期限，可以大大降低以获取保险金为目的的自杀行为。关于自杀免责期各国规定不尽相同，在我国保险法中，该期限是两年。

自杀条款免责期让保险公司在很大程度上避免了因为逆选择或道德风险导致自杀的可能性，也让保单所有者获益。因为它确保保单所有者死亡率的分摊份额，不会因保险公司要赔付给那些为自杀而购买保险的人而变大。而两年后自杀仍然给付保险金，又让保单所有人的利益有所保障。

法律上的假设是，人们不会结束自己的生命，所以对于死亡究竟是由自杀还是其他原因导致的，一般由保险公司来举证。对于在精神非正常状态的自杀，各国甚至一国内不同地区的规定有所不同。我国一般认为，这种情况并未被保险人故意造成，并不能认定为法律上的"自杀"。如果何某死亡在投保两年内，自杀是抑郁症引发的，不能认定为被保险人故意行为，仍然要承担保险金给付责任。

三、自杀条款的作用

第一，限制保险人的损害赔偿额度，控制风险。保险人经营的可保风险，是经过大数法则和概率论统计出来的，而自杀行为是人为故意的，因此自杀条款可以大大降低道德风险和逆选择的发生概率。

第二，最大限度地保障被保险人和受益人的利益，因为保险精算在计算时所使用的生命表死亡率包含了自杀的数据，因此在保单生效两年后被保险人自杀的，保险公司要承担相应的赔偿责任。

 学以致用4-4　预防自杀　挽救生命

一、看事实：2019年全球自杀状况①

2021年6月17日，世界卫生组织发布《2019年全球自杀状况》报告，估计2019年有70多万人死于自杀，即每100例死亡中有1例是自杀，自杀仍然是全世界的主要死因之一。每年死于自杀的人数超过死于艾滋病毒、疟疾或乳腺癌人数。2000年至2019年的20年间，全球年龄标准化自杀率下降了36%，下降幅度从东地中海地区的17%到欧洲地区的47%和西太平洋区域的49%不等。

中国自杀率在过去20多年出现了一个明显下降的趋势。据《中国卫生统计年鉴2020》统计，2019年中国城市自杀率为4.16/10万，农村自杀率为7.04/10万，在世界范围内处于较低水平，低于邻国日本、韩国等东亚国家。

世界卫生组织自杀预防专家Alexandra Fleischmann博士说："虽然制定全面的国家预防自杀战略应该是各国政府的最终目标，但从'爱惜生命'干预措施开始预防自杀可以挽救生命，防止让留下的人心碎。"

二、做练习：面向真实问题 提出合理建议

1. 访问中国裁判文书网，检索并阅读3~5份与自杀相关的人身保险合同裁判文书。
2. 访问中国知网，以"自杀条款"为关键词进行主题检索，了解学术争论焦点。
3. 根据本节知识、司法案件和学术文献，说说你的新发现、感受和改进建议。

第五节　灵活选择条款

 灵活选择，倍增快乐②

现在年轻人玩得越来越酷，比起按部就班的旅游，能激发个人兴趣或灵感的"旅游+X"

---

① 资料来源：健康界，"WHO发布最新自杀报告：中国自杀率大幅下降，原因竟是这个……"，2021年6月28日，https：//www.cn-healthcare.com/articlewm/20210623/content-1235031.html

② 资料来源：人民政协网，"我国游客出行经验丰富，年轻游客旅行模式呈现多样化"，2023年05月06日，ht-tps：//www.rmzxb.com.cn/c/2023-05-06/3340302.shtml

更对他们的胃口。飞猪数据显示，2023 年"五一"假期，包含演出、玩乐、电竞、餐饮等体验元素在内的"酒店+X"套餐类商品备受青睐，预订量同比去年同期增长超两倍；同样，包含汉服、旅拍、展览等体验元素在内的"景区/乐园+X"商品也受到热捧，预订量同比去年增长超 10 倍。旅游方式灵活多样让年轻人玩得更快乐，寿险条款如果也能灵活选择会让消费者更快乐吗？

一、灵活性条款的内容

寿险合同中灵活性条款有很多种。其中，受益人条款涉及保险金索赔权等寿险核心利益，包括指定、变更受益人等内容，受益权往往涉及家庭婚姻财产分配和遗产继承等复杂问题，后文将专题讨论。除了受益人条款，寿险中常见的灵活性条款还有红利任选条款、保险金给付选择条款、保单转让条款、保单变更条款、不丧失价值选择条款和保单贷款等。红利任选条款在分红保险一讲中介绍，本节主要介绍其他几个条款。

寿险合同保险期限通常较长，其中年金保险缴费期和保险金领取周期都比较长，投保人缴纳的保险费和受益人领取保险金累积金额都比较高，为保单所有者提供一系列可供选择的条款，可以让寿险保单更加灵活，从而提高保单价值。

寿险保单往往涉及当事人之外的第三方（一般指受益人）利益及价值可以提前兑现的特点，设置灵活性条款既有必要也有可能。

（一）保险金任选条款

人寿保险的最基本目的是在被保险人死亡或者退休时提供给受益人一笔可靠的收入。为达到这个目的，保单条款通常列有保险金给付的选择方式，供保险人自由选择。根据保险金任选条款，投保人可以选择保险金给付方式。一般来说，寿险合同保险金给付方式有以下五种。

1. 一次性支付现金

采用这种方式时，保险公司的财务压力和波动性会比较大，也会影响保险投资收益，导致产品定价更高。因此，除非到期有获得大量现金的需要，一般不建议采用这种支付方式。

2. 利息收入方式

采用该方式时，受益人将保险金作为本金留存在保险公司，然后按照约定的利率，按期从保险公司领取保险金所产生的利息。

3. 定期收入方式

这种方式是根据投保人的要求，在约定的给付期间，按约定的利率，计算出每期应给付的保险金额，以年金方式给付。

4. 定额收入方式

这种方式根据受益人生活开支的需要，确定每次领取保险金的数额。受益人按期领取这个金额，直到保险金的本息全部领取完为止。

5. 终身收入方式

这种方式是受益人用领取保险金投保一份终身年金保险，此后，受益人按期领取年金直至死亡为止。

（二）保单转让条款

保单转让条款，是指人寿保险单持有人在不侵犯受益人既得权利的情况下可以将其转让。保险单受让人既取得因合同产生的所有权利，也承担相应的义务。

人寿保险单作为一项金融资产是保单持有人的财产，保单持有人（一般为投保人）对其拥有财产所有权。而财产所有权最重要的内容之一，是财产所有者有权以附加条件或无条件方式将全部或部分财产权益转让给他人。

寿险保单权益完全转让被称为绝对转让，部分权益转让被称为相对转让。

1. 绝对转让

绝对转让，是指把保单所有权完全转让给一个新的所有人，也就是说，受让人成为新的保单所有人。绝对转让必须在被保险人生存时进行。在绝对转让下，如果被保险人死亡，全部保险金支付给受让人而非原受益人。投保人通常以赠与或出售这两种方式进行保单权益的绝对转让，寿险保单绝对转让后，保单所有权就归属于被赠与人或购买人。

2. 相对转让

大多数人寿保险单转让是抵押转让。而相对转让一般是将保单作为担保进行贷款等有关情形时发生。相对转让的保单，债务清偿完毕后所有权又回归保单所有者。

具体而言，即把一份具有现金价值的保单作为被保险人的信用担保或者贷款的抵押品，也就是说受让人仅承受保单的部分权利。在抵押转让下，受让人收到的是已转让权益的那一部分保险金，其余的仍归原受益人所有。以人寿保险单做抵押，抵押人通常承诺不做可能使保单失效的事，如果保单失效，也允许再取得新的保单。

（三）保单变更条款

1. 保险合同变更的定义

保险合同的变更，是指在合同的有效期内，给予一定的法律事实而改变合同内容的法律行为。即订立的合同在履行过程中，由于某些情况的变化而对其内容进行的补充或修改。保险合同订立后，如内容有变动，投保人通常可以向保险人申请修改。凡保险合同内容的变更或修改，均必须经保险人审批同意，并出立批单或进行批注。

保险合同的变更通常包括合同主体的变更和合同内容的变更。但严格来讲，由于保险合同主体的变更大都是由保险标的的权利发生转移而引起的，保单主体变更条款规定了投保人变更、受益人变更的要求和方法，寿险保单一般不允许更换被保险人，但团体保险中可以调整团体内成员。因而，合同主体的变更实际是合同的转让。真正意义上的保险合同的变更应当是保险合同内容的变更。因而在此只介绍保险合同内容的变更。

2. 保险合同内容变更

保险合同的内容变更表现为：财产保险在主体不变的情况下保险合同中保险标的种类的变化、数量的增减、存放地点、保险险别、风险程度、保险责任、保险期限、保险费、保险金额等内容的变更；人身保险合同中被保险人职业、保险金额发生变化等。保险合同内容的变更都与保险人承担的风险密切相关。合同任何一方都有变更合同内容的权利，同时也负有与对方协商的义务。因此，投保人只有提出变更申请，并经保险人审批同意、签发批单或对原保险单进行批注后才能产生法律效力。

（四）不丧失价值任选条款

不丧失价值任选条款，又称为不没收价值条款。寿险保单除短期的定期险外，投保人缴满一定期间（一般为两年）的保险费后，如果合同满期前解约或终止，保单所具有的现金价值并不丧失，投保人或被保险人有权选择有利于自己的方式来处理保单所具有的现金价值。为了方便投保人或被保险人了解保单的现金价值的数额与计算方法，保险公司往往在保单上列明不没收价值表。

现金价值是投保人的资产，不可剥夺。现金价值虽然由保险人占有，但仍为投保人、被保险人的资产。保险合同解除时，保险人应当向投保人退还保单现金价值。即使投保人或被保险人、受益人违反合同规定的某些义务而致使保险合同解除，保单的现金价值也不会丧失。现金价值既然是投保人的资产，那么投保人可以将现金价值进行多种使用。

关于现金价值的处理方式，通常可以由以下三种形式获得。

第一种方案：现金，也就是直接退保获得现金价值的净值。这种方式下，获得了可以灵活使用的现金，但没有了保险保障。实际上，如果只是为补充紧急资金，使用保单贷款可能比退保更好。

第二种方案：与原保单同类的减额缴清保险，就是以保险单的现金价值一次性交清保险费，而将保单转换为保险条件相同但保险金额较低的保单。当一个更低额度的终身寿险可以满足需要，且不想继续缴纳保费时，这种方式是比较合适的，如即将退休的保险所有人或被保险人。

第三种方案：保险金额不变的展期定期保险。以保险单当时具有的现金价值在不降低保险金额的情况下一次性缴清保险费，折算为更短期限的定期寿险保单。如果仍有对全额保险保障的需求，但支付保费的财务能力或意愿已经减退，那么采用这种方式比较适合，如因意外受伤无法继续从事原来工作的人。

对于保单现金价值的处理方案适用于不同的情况。第一种方案一般是对于那些不想继续投保的人。第二、三种方案是针对那些希望停缴或无力继续缴费，而又不愿使保单失效的人，他们可以利用现金价值作为趸缴保费来维持保单的效力。采用第三种方案的人通常又是那些不希望变更死亡金额的人。需要注意的是，对于第二、三种方案，如果投保人曾经利用现金价值贷款，须先还清款项之后再计算可供使用的现金价值。面对不同的保险需求者可灵活选择保单现金价值的处理方案。

保单通常还附有缴清保险的保额表，使投保人可以明了缴费若干年时责任准备金达到多少，可以改为保额多少的缴清保险。

（五）保单贷款条款

此条款规定：投保人缴付保险费满若干年后，如有临时性的经济上的需要，可以将保险单作为抵押向保险人申请贷款；贷款金额以不超过保险单当时现金价值的一定比例为限，如贷款最高只能占现金价值净值的80%。借款本息超过或等于保单的现金价值时，被保险人应在保险人发出通知后的30天内还清款项，否则保单失效。当被保险人或者受益人领取保险金时，如果保单上的借款本息尚未还清，应在保险金内扣除借款本息。保单贷款制度的产生是因为保单经过一定的年限后具有现金价值的缘故。该条款使寿险保单的利用价值提高，避免了投保人退保。但保险人需设定一些条件来防止因资金过度外流而影响其正常的经营。

二、灵活性条款的解读

（一）保险金任选条款

根据上述规定，对保险金任选条款应做如下解读。

第一，保险人给予受益人多种可选择的保险金给付方式，以专业的角度为受益人提供赔偿方案，合理安排保险金的使用，维护被保险人选择保险的最终目的。

第二，受益人拥有多样化的赔偿方式，可依据自己真实情况分析选择合理的保险金给付方案。

（二）保单转让条款

根据上述规定，对保单转让条款应做如下解读。

第一，保单可进行部分或全部转让，保单持有人对保单具有可转让的权力，但是这种转让必须经过被保险人同意，在转让时也要及时通知保险人。

第二，在保险事故发生之前，受益人对保险金没有转让的权力，《关于适用〈中华人民共和国保险法〉若干问题的解释（三）》规定：保险事故发生后，受益人将与本次保险事故相对应的全部或者部分保险金请求权转让给第三人，当事人主张该转让行为有效的，人民法院应予支持，但根据合同性质、当事人约定或者法律规定不得转让的除外。

（三）保单变更条款

根据上述规定，对保单变更条款应做如下解读。

合同内容的变更要经过双方协定并且订立书面协议变更方可有效。我国《保险法》规定，投保人和保险人可以协商变更合同内容。变更保险合同的，应当由保险人在保险单或者其他保险凭证上批注或者附贴批单，或者由投保人和保险人订立变更的书面协议。

（四）不丧失价值条款

根据上述规定，对不丧失价值条款应做如下解读。

第一，除了短期的寿险保单外，对于两年及两年以上的寿险保单，均会产生现金价值，且即使发生停缴或退保，保单的现金价值不会随之消失。我国《保险法》规定：因被保险人故意犯罪或者抗拒依法采取的刑事强制措施导致其伤残或者死亡的，保险人不承担给付保险金的责任。投保人已交足二年以上保险费的，保险人应当按照合同约定退还保险单的现金价值。因被保险人故意犯罪或者抗拒依法采取的刑事强制措施导致其伤残或者死亡的，保险人不承担给付保险金的责任。投保人已交足二年以上保险费的，保险人应当按照合同约定退还保险单的现金价值。投保人故意造成被保险人死亡、伤残或者疾病的，保险人不承担给付保险金的责任。投保人已交足二年以上保险费的，保险人应当按照合同约定向其他权利人退还保险单的现金价值。

第二，现金价值虽然为保险人占有，但其归属仍属于投保人一方，因此投保人一方对保单的现金价值具有处置权，可以选择多种方式使用保单的现金价值。当保险合同解除时，保险人需要退还保单的现金价值给投保人一方。

（五）保单贷款条款

根据上述规定，对保单贷款条款应做如下解读。

第一，保单贷款需要保单本身具有现金价值，且对于保单贷款的金额是有限的，不超过保单现金价值的80%。

第二，以死亡为给付条件的保单在进行贷款时需要征求被保险人的同意，我国《保险法》规定："以死亡为给付保险金条件的保险合同，未经被保险人的同意，不得进行保单的质押。"

三、灵活性条款的作用

（一）保险金任选条款

人们购买保险的主要目的是给将来不可预测的风险提供一定保障，保险公司提供的保险金的分配方式多种多样，非常灵活、方便，如果客观环境发生变化，被保险人或者受益人还有权将已经决定的某种给付方式改换为其他方式，由此，被保险人或受益人就可选择更适合自己的赔偿方式。

（二）保单转让条款

对保险人而言，保单转让条款使得保单可得利益能进行相互转让，保单转让条款的制定可规范投保人的转让业务。

（三）保单变更条款

保单变更条款使得保单内容更加灵活多变，对保险人来说，不需要重新订立保险合同，可以减少管理费用的产生。对投保人来说，保单可转让使保单更加灵活，提高保单流动性，简化办理手续，更加便捷。

（四）不丧失价值条款

保单不丧失价值条款保障了投保人一方的利益，对于超过两年的寿险保单，虽然保单的现金价值为保险人所有，但投保人一方可以灵活处理保单所具有的现金价值，特别是在遇到突发情况时。此外，对保险人一方，保单不丧失价值也能更好地保留客户，提高续保率。

（五）保单贷款条款

该条款增强了保单价值的流动性。保单现金价值所有权是投保人的，从保险公司角度看，保单贷款几乎完全无风险。因此保单贷款不需要审核，并且是保密的，贷款利率也比市场利率优惠。从投保人一方角度看，办理保单贷款手续简单，不需要征信及抵押，只需带上相关材料办理即可，此外，在贷款期间并不影响保单的保障责任。

📖 **学以致用4-5　了解转换业务　分析发展现状**

一、看事实：寿险与长护险责任转换业务正式落地①

2023年3月，原银保监会发布《关于开展人寿保险与长期护理保险责任转换业务试点的通知》（以下简称《通知》）。依据《通知》，转换业务试点自2023年5月1日起开

---

① 资料来源：中国金融新闻网，"试点满月 寿险与长护险责任转换业务逐渐落地"，2023年6月14日，https://www.financialnews.com.cn/bx/bxsd/202306/t20230614_272915.html

展，试点期限暂定为两年，经营普通型人寿保险的人身险公司均可参与转换业务试点。

所谓转换业务，是指人身险公司根据投保人自愿提出的申请，将处于有效状态的人寿保险保单中的身故或满期给付等责任，通过科学合理的责任转换方法转换为护理给付责任，支持被保险人因特定疾病或意外伤残等原因进入护理状态时提前获得保险金给付。

《金融时报》记者注意到，自5月1日人寿保险与长期护理保险责任转换业务（以下简称"转换业务"）试点启动以来，已有包括中国人寿寿险公司、太平人寿、人保寿险在内的多家险企，在公司官网"公开信息披露"专栏"专项信息"下开设"人寿保险与长期护理保险责任转换"子模块，这也标志着转换业务逐渐落地。

二、做练习：查看分红产品红利实现率

1. 通过太平人寿、人保寿险等寿险公司官网，查询人寿保险与长期护理保险责任转换信息的披露信息，重点关注转换业务相关内容。

2. 说一说，在查询到的相关信息披露中，转换业务是如何表述的，不同公司、不同产品是否有所差别？

3. 根据本节所学知识和所看到的披露信息，说一说，你对转换业务作用和发展现状的看法。

第六节　受益人条款

真实问题：如何选择保险受益人？

42岁的张女士是一位全职家庭主妇，身体健康，生活一直很安稳。两年前，考虑到儿子逐渐长大，张女士给一家三口都分别购买了保险。

然而，当时张女士并没有考虑家庭生活的实际情况，未能意识到指定受益人的重要性，在"身故受益人"那一栏勾选了"法定"。保单承保后，张女士也未及时进行受益人的指定。

天有不测风云。张女士在一次外出回家途中，不幸被一辆卡车撞倒，经抢救无效身故。由于张女士的保单并未指定身故受益人，根据《保险法》法定受益原则，该份保单的理赔款将由张女士的父母、丈夫和儿子平均分配。但由于张女士的丈夫平日与岳父岳母关系不融洽，不满理赔款的分配，从而引起了一场家庭纠纷，最终经过保险公司理赔人员的协调沟通，几个月后才提交这份身故理赔的申请。

张女士购买保险要实现什么目标？这份身故理赔申请顺利得到理赔的话，保险金将支付给谁？张女士购买保险时如何处理才能实现自己的目标？

一、受益人条款的内容与作用

在含有死亡责任的人身保险合同中，受益人是十分重要的关系人，因此很多国家的人身保险契约中都有受益人条款。受益人条款一般包括三方面的内容：一是明确规定受益人；二是明确规定受益人是否可以更换，即受益人的确定和变更；三是未指定受益人。

对投保人和被保险人一方而言，受益人条款的存在能够最大限度地维护被保险人的利益，使得保险金最终归属更符合被保险人真实意愿。

受益人条款明确规定了受益人的指定及变更是由被保险人亲自指定或是由被保险人同意后投保人的指定方能具有效力，因此受益人指定及变更条款能够在规则上保护被保险人对保险金具体安排的真实意愿表示。在特殊情况下，相关条款能够迅速合理地安排保险金归属，减少纠纷的发生，提高保险理赔效率，使得投保人和被保险人一方能更快地获得保险金赔付，保障其权益。

对保险人一方而言，受益人条款在指定和变更程序上的规定减少了保险纠纷案件的发生概率，提高了保险公司的办公效率，符合保险公司理赔迅速合理的理念。

此外，对于受益人故意行为导致的保险事故的发生，保险人不承担赔付责任，在一定程度上保护了保险人方的利益，降低了保险人的经营风险，保障了保险人的偿付能力。

二、指定受益人

我国《保险法》规定："被保险人或者投保人可以变更受益人并书面通知保险人。保险人收到变更受益人的书面通知后，应当在保险单或者其他保险凭证上批注或者附贴批单。投保人变更受益人时须经被保险人同意。"

我国《保险法》规定："被保险人或者投保人可以指定一人或者数人为受益人。受益人为数人的，被保险人或者投保人可以确定受益顺序和受益份额，未确定受益份额的，受益人按照相等份额享有受益权。"

张女士有良好的风险意识和保险需求，为自己和家人提供全面和充足保险的行为，是值得肯定的。张女士作为投保人，在经被保险人同意后，有权利指定保险受益人，并约定受益顺序及份额。如果提前做好了这项工作，就可以避免此后发生因保险受益人指定不明确引发的家庭纠纷。

三、变更受益人

保单所有人或被保险人除了指定受益人外，如果保单赋予保单所有人或被保险人有变更受益人的权利，则他就拥有变更受益人的权利。变更受益人无需征求受益人同意，但必须遵循一定的手续，否则变更无效。现在最通常的手续是书面通知保险公司。这种不需要受益人同意就可以变更的受益人称为可变更受益人。

如果需要受益人同意才能变更的受益人称为不可变更受益人。现在大部分的保单都允许保单所有人或被保险人变更受益人，但也会受到一些因素的限制，如夫妻共同财产、财产划分协议或团体保险方面的法律限制。

四、未指定受益人处理方式

当保单所有人或被保险人未指定受益人时，如果被保险人没有指定受益人，那么被保险人的法定继承人就成为受益人，这时保险金就变成被保险人的遗产。通常将按照遗嘱对保险金进行处理，如果没有遗嘱，则按法定继承顺序处理。第一顺序继承人包括配偶、父母及子女。

根据《中华人民共和国民法典》的规定，被保险人死亡后，保险金在以下情况作为遗产处理：

（1）没有指定受益人，或者受益人指定不明无法确定的；

（2）受益人先于被保险人死亡，没有其他受益人的；

（3）受益人依法丧失受益权或者放弃受益权，没有其他受益人的。

如果受益人与被保险人在同一事件中死亡，且不能确定死亡先后顺序的，推定受益人死亡在先。

保险人依照《中华人民共和国民法典》的规定履行给付保险金的义务。

在这种情形下，保险金处理方式，将按《保险法》规定，给付保险合同受益人，转为按照遗产继承处理。如果没有遗嘱，遗产继承的程序和手续都要麻烦得多。遗产继承涉及大量的法律文件和手续，如遗嘱、遗产清单、财产评估等，这些都需要仔细准备和详细记录。遗产继承一般都需要合法继承人全体认可才能完成，家庭成员之间往往因为财产分配不均而发生争执，甚至可能导致长期的法律诉讼。在这个过程中，亲情和关系也会受到严重的伤害，导致家庭关系的不稳定和破裂。

张女士身故后，因为保险受益人指定不明确，继承人之间存在矛盾，导致保险金迟迟不能给付，这原本是可以避免的。如果张女士的保险合同中，明确指定了受益人，除非有特殊情况，张女士的丈夫是没有理由反对保险金给付的，张女士的父母可以顺利和及时得到保险金。

 学以致用4-6　了解继承纠纷　善用寿险产品

一、看事实：继承纠纷多　遗嘱很重要

最高人民法院发布"2023年上半年人民法院审判工作主要数据"。数据显示，今年上半年，全国法院充分利用家事调查、家事调解、心理疏导等家事审判改革机制创新，依法妥善审理离婚、抚养等各类家事案件，审结一审婚姻家庭、继承纠纷案件108.3万件，同比上升23.19%[1]。

据中国裁判文书网公示，2015年有关"遗产继承"纠纷案件数量为7 513件，2020年达到了13 676件，5年时间增长接近2倍，其中有遗嘱而产生的继承纠纷不到5%，这一数据反映出了遗嘱在继承纠纷中起到的关键作用，同时也凸显了遗产管理人在处理遗产纠纷的重要性[2]。

二、做练习：学习继承法律　善于寿险传承

1. 查询并了解《民法典》第六编关于法定继承和遗嘱继承的相关规定。

2. 根据本节所学内容和《民法典》相关规定，说一说，寿险合同没有指定受益人（或者写为"法定"），保险金将如何处理，可能会产生什么问题。

3. 根据本节所学内容和《民法典》相关规定，说一说，寿险合同与设立遗嘱相比，用于财富传承时，在安全性、便捷性和经济性等方面存在的差异。

---

[1] 资料来源：中华人民共和国最高人民法院官网，"常态化！最高法按季度对外公布司法审判工作主要数据"，2023年8月7日，https://www.court.gov.cn/zixun/xiangqing/408422.html

[2] 资料来源：中华遗嘱库白皮书（2022年度）。

本章小结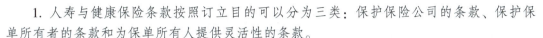

1. 人寿与健康保险条款按照订立目的可以分为三类：保护保险公司的条款、保护保单所有者的条款和为保单所有人提供灵活性的条款。

2. 在保险合同中列入不可抗辩条款是维护被保险人利益，限制保险人权利的一项措施，目的是防止保险公司的逆向选择。

3. 宽限期条款和自动垫缴保险费条款都是为了尽量避免保险合同因欠缴保费失效。

4. 复效条款可以让中止的保险合同恢复效力，对保险当事人双方都有好处，但复效要满足时效内主动申请、具备可保条件和补交费用等要求。

5. 自杀条款是协调保险各方利益的体现。保险公司通过设置自杀免责期，保护了保险公司和保单所有者的权益。一个合理的免赔期限，可以大大降低以获取保险金为目的的自杀行为。

6. 灵活选择条款给予了投保人一方更多选择权，合理运用灵活选择条款可以让保险更好地实现投保目标。

7. 受益人条款是灵活选择条款之一，明确指定受益人、受益顺序和受益份额，有利于更好地实现投保目标，减少家庭纠纷。

关键词

不可抗辩条款　宽限期条款　复效条款　自杀条款　灵活选择条款　保险金任选条款
保单转让条款　保单变更条款　不丧失价值条款　保单贷款条款　受益人条款

复习思考题

1. 人身保险中的常见条款有哪些？
2. 不可抗辩条款的作用有哪些？
3. 简述宽限期的内容与作用。
4. 简述复效条款的内容与作用。
5. 简述自杀条款的内容。
6. 简述灵活选择条款的内容与作用。
7. 简述保险金给付方式与适用情形。
8. 简述受益人条款的内容与作用。

第五章　人身意外伤害保险

📖 学习引导

【为何学】通过本章的学习，使读者对人身意外伤害保险有全面的理解和较为深刻的认识，了解人身意外伤害保险的概念及责任范围和除外责任，掌握分析相关保险案例的理论基础和正确方法，培养我们解决相关问题的能力。

【学什么】本章的重点在于意外伤害保险的概念和人身意外伤害保险的保险责任与除外责任，并能够运用保险责任和除外责任相关的规定进行分析保险案例。此外，应该简单了解人身意外伤害保险的分类和特点。

【怎么学】本章的关键在于理解意外伤害保险中"意外"的含义，进而才能够更好地理解哪些属于保险责任范围内、哪些是免除责任，并且读者可以结合本书中案例以及相关的意外伤害保险的纠纷案例能更好地理解人身意外伤害保险的可保风险以及除外责任。

【如何用】人身意外伤害保险在现实生活中可以帮助我们较好地保障家庭财务安全，通过学习意外伤害保险方面的知识，我们可以更好地规划自己和家庭的财务安全，针对意外风险购买对应的意外保险，确保在不可预测的情况下有经济保障，并且能够利用意外保险相关的原则更好地保障我们的权益。

第一节　人身意外伤害保险概述

💬 保险案例：恙螨叮咬致死属于意外险责任吗？[①]

A 在某保险公司投保了人身意外伤害保险，保险金额为 6 万元，受益人为 A 的儿子 B。保险条款中约定"被保险人因遭受意外伤害，并自事故发生之日起 180 日内身故的，按基本保险金额给付意外身故保险金，本保险合同终止"；该条款同时约定"意外伤害是指遭受外来的、突发的、非本意的、非疾病的使身体受到伤害的客观事件"。保险期内的

---

① 资料来源：许飞琼. 经典保险案例分析 100 例 [M]. 北京：中国金融出版社，2020.

某日，A因恙螨叮咬到当地医院住院治疗，但治疗无效于次日死亡。该医院诊断证明载明，A属恙螨叮咬导致恙虫病脓毒症休克，多器官功能性不全而死亡；同时，居民死亡医学证明书载明，A的直接死亡原因为脓毒症休克，引起的疾病为恙虫病。事后，B向某保险公司申请理赔，后者以A因疾病死亡、不属于意外保险责任范围而对B作出不予理赔的决定。

关于本案有以下两种主要观点：

（一）保险公司不承担理赔责任。被保险人因患疾病死亡，不属于意外险保险责任范围，保险公司不予理睬是正确的。理由是：医院诊断证明及死亡证明书均已清楚地记载了被保险人是患恙虫病死亡，而非意外事故死亡，医学上的恙虫病属于传染性疾病。本案保险合同明确规定，"因疾病所致伤害不属于保险责任范围"，因此，保险公司不承担理赔责任。

（二）B有权要求保险公司赔付意外伤害保险金。理由是，被保险人被恙螨叮咬致死，恙螨的叮咬无疑属于外来的、突发的、非本意的、非疾病的客观事件，正是因为恙螨的叮咬才导致被保险人死亡，符合意外伤害保险的保险责任的构成条件，故保险公司应承担给付保险金的责任。

那么，如何界定"意外伤害"呢？本案应该如何处理呢？

一、人身意外伤害保险的界定

人身意外伤害保险，简称意外伤害保险或意外险，是指在保险期限内，当被保险人遭受意外伤害造成死亡、伤残、支出医疗费或暂时丧失劳动能力时，保险人向被保险人或受益人给付保险金的一种人身保险。在意外伤害保险中，人身伤害必须是意外事故造成的。

（一）意外险中对"意外"的界定

意外，是指伤害事故的发生是被保险人无法预见，或能够预见但由于疏忽而没有预见，或者伤害事故的发生违背被保险人主观意愿。

意外是指违背常规事件发生规则，被保险人无法实际预见到。例如，乘坐飞机遭遇空难，或路上行走被失控汽车撞倒。按规律必然发生或故意造成的、可以预见到的结果不属于意外，如职业病或吸烟酗酒引起的损害。

意外也包括本应该能够预见到，但因疏忽大意未能预见到。例如，停电时未切断电源维修线路，在突然恢复供电时触电身亡。

还有一类特殊情况，被保险人可以预见或者是故意行为也被认定为"意外"，包括两种情况：第一种是被保险人预见到事故即将发生，但技术上已不能采取措施避免，如海上航行中突遇暴风雨袭击；第二种是被保险人已经预见事故的发生，且可以躲避，但由于法律或职责要求而不能躲避，如消防队员救火、警察追捕逃犯等。

（二）意外险中对"伤害"的界定

伤害，是指外来的致害物以某种方式破坏性地接触或作用于人的身体的客观事实。致害物、伤害对象、伤害事实是构成伤害的三个要素，缺一不可。

致害物，是指对受害者直接造成伤害的物质或物体，可以是物理类的、化学类的或生物类的，没有致害物就不可能构成伤害。在意外险中，致害物必须是外来的。所谓外来的是相对于内生的而言，是指致害物在伤害发生以前存在于被保险人的身体之外。所谓内生的是指致害物是在被保险人身体内部形成的，如说结石、血栓、坏死的组织器官等。因此，凡是在人体内形成的疾病，对被保险人身体的侵害均不被认定是伤害。

伤害对象，是指致害物伤害的客体，即人体的某个或某几个部位。意外险中是指对人的生理上的伤害，是对人的生理机能造成了破坏，而不是对姓名权、肖像权、荣誉权等人身权利的伤害。在意外伤害保险中，只有致害物是被保险人的身体时，才能构成伤害。从外部看，人的身体一般分为头颈（含面部）、躯干、四肢。任何伤害都必然对被保险人身体的一个或若干个具体的部位的伤害，否则就不构成伤害。例如，谩骂、诬陷被保险人，未经被保险人同意就将肖像用于商业广告等，虽然是对被保险人的伤害，但在意外伤害保险中，不认为是伤害。

伤害事实，是指侵害物以一定的方式破坏性的接触作用于被保险人的身体的客观事实等。这里的关键词是"接触"和"破坏性"。"接触"要求伤害事实与致害物有关，"破坏性"要求伤害事实必须足够严重，通常有烧伤、烫伤、爆炸、碰撞、坠落、跌倒、坍塌、掩埋、倾覆、触电、急性中毒、辐射等。如果致害物没有接触或作用于被保险人的身体，就不能构成伤害。

（三）意外伤害的构成

意外伤害的构成包括"意外"和"伤害"两个必要条件。仅有主观上的意外，而无客观伤害事实，不能构成伤害；反之，仅有伤害的客观事实而无主观上的意外，就不能构成意外伤害。只有在意外的条件下发生伤害，才能构成意外伤害。

总之，意外伤害保险中所称的"意外伤害"，是指在被保险人没有预见或违背被保险人意愿的情况下，突然发生的外来致害物对被保险人身体明显、剧烈的侵害的客观事实。它至少包括三个条件：一是有客观的事故发生，而且是不可预料、不可控制、非受害者所愿的；二是被保险人身体或生命所遭受的伤害是客观的、看得见的；三是意外事故属于保险合同范围内的，是伤害被保险人身体或生命的直接原因或者近因。这三个条件缺一不可，共同构成人身意外伤害保险合同成立的条件。如果致害物没有接触或作用于被保险人的身体，就不能构成伤害。简单地说，在意外伤害保险中，只有致害物是外来的，才被认为是伤害。只有致害物侵害的对象是被保险人的身体，才能构成伤害。

（四）意外事故的构成

意外事故的构成必须具备三要素。

1. 非本意的

在人身意外伤害保险的应用上，"非本意"可以分为三种形态：第一种是"意外途径"，即事故发生的原因与结果都是一种意外，如某人驾梯油漆房子，不小心滑倒以致死亡。第二种是"意外结果"，即着重结果的意外性，如上例中，某人从梯子上跳下来，以致死亡。第三种是"意外原因"，事故发生的原因是意外的，并且必然会导致残废或死亡的结果，如在交通事故中被车撞死或致残。

2. 外来的

外来的，即被保险人身体因外部原因造成的事故，如食物中毒、烫伤、交通事故中被车撞伤、失足落水等。

3. 突然发生的

突然发生的，即事故的原因与伤害结果之间有直接的因果关系，在瞬息间造成伤害，来不及预防，而非经年累月造成，如交通事故、烫伤等。因此，像铅中毒、矽肺等职业病虽是外来致害物质对人体的伤害，但它们是逐渐形成的，不属于意外事故。高原反应、高温中暑等属于可以预见的风险，通常也不属于"意外"。

二、人身意外伤害保险的特点

（一）保险责任特殊性

意外死亡给付和意外伤残给付是人身意外伤害保险的基本保险责任。意外伤害保险产品可以扩展其他保障责任。

疾病或不明原因导致被保险人的死亡和残疾不属于人身意外伤害保险的保险责任，如猝死。猝死是指平时身体健康或者是貌似健康的患者短时间内因自然疾病而突然死亡。显然，猝死不属于意外伤害，而属于疾病。不过，保险公司在意外伤害保险产品设计时可以增加猝死保障责任。

虽然根据保险公司理赔数据，从死亡原因和赔付金额上看，重大疾病占比更高，但生活中遭遇意外事故伤害的概率更高，磕磕碰碰、猫抓狗咬、高空坠物都可能受伤，甚至吃饭都可能噎人。

（二）保费低，保额高

意外险承保风险偶然性较高，出险概率通常较低，加之一般为一年或一年以下保险期限，一般可以用较低保费，承保较高保额。

（三）费率厘定特殊性

与人寿保险的被保险人的死亡概率取决于年龄不同，人身意外伤害保险的被保险人遭受意外伤害的概率取决于其职业、工种或所从事的活动，一般与被保险人的年龄、性别、健康状况无必然的内在联系。因此，人身意外伤害保险的费率厘定不以被保险人的年龄为依据。

被保险人的职业、工种是人身意外伤害保险费率厘定的重要因素。在其他条件都相同的情况下，被保险人的职业、工种、所从事活动的危险程度越高，应交的保险费就越多。在意外伤害保险合同中，一般都会明确写明承保职业范围。

（四）承保条件特殊性

相对于其他人身保险业务，人身意外伤害保险的承保条件一般较宽泛，高龄者可以投保，而且对被保险人不必进行体检。当然，由于患有某些疾病的人比完全健康的人遭受意外伤害的可能性大，许多人身意外伤害保险合同将全部丧失劳动能力、精神病与癫痫病人排除在被保险人之外。

（五）保险期限特殊性

人身意外伤害保险的保险期限较短，一般不超过1年，最多3年或5年。不过，意外伤害造成的后果有时需要一定时期以后才能确定，所以人身意外伤害保险一般都有关于责任期限的规定，即只要被保险人遭受意外伤害的事件发生在保险期限内，自遭受意外伤害之日起的一定时期内即责任期限内，造成死亡或残疾的后果，保险人就要承担给付保险金的责任。即使在死亡或者被确定为残疾时保险期限已经结束，只要未超过责任期限，保险人就要承担给付保险金的责任。

（六）保险金给付特殊性

人身意外伤害保险属于一种定额给付保险，当保险责任构成时，保险人按照保险合同中约定的保险金额给付死亡保险金或伤残保险金。死亡保险金与伤残保险金的给付以不超过保险金额为限。在意外伤害保险合同中，死亡保险金的数额是保险合同中规定的，当被保险人死亡时如数支付。

伤残保险金的数额由保险金额和伤残程度两个因素确定，伤残程度确定后，根据《人身保险伤残评定标准》的规定，按合同约定的保险金额乘以该处伤残的伤残等级所对应的保险金给付比例给付伤残保险金。伤残比例一般会综合考虑伤残部位的重要性和伤残程度等因素。

三、人身意外伤害保险的分类

人身意外伤害保险按保险责任、实施方式、承保风险、保险对象、保险期限、险种结构等方面的不同，可有不同的分类。

（一）按保险责任划分

按照保险责任的不同，意外伤害保险可以分为以下四种。

1. 意外伤害死亡伤残保险

意外伤害死亡伤残保险的保险责任是当被保险人由于遭受意外伤害死亡或伤残时，给付死亡保险金或伤残保险金。其基本内容是：投保人缴纳保险费，被保险人在保险期限内遭受意外伤害并由此造成死亡或伤残，保险人按合同规定向被保险人或受益人给付保险金。它的保障项目包括意外伤害造成的死亡和意外伤害造成的伤残等。因被保险人死亡给付的保险金称死亡保险金，因被保险人伤残给付的保险金则称伤残保险金。此种保险通常作为附加条款附加在其他主险上，但也有作为单独险种投保的。

2. 意外伤害医疗保险

意外医疗保险的保险责任是当被保险人由于遭受意外伤害需要治疗时，给付医疗保险金。它的保险责任通常规定：被保险人因遭受意外伤害且在责任期限内，因该意外伤害在医院治疗且由本人支付的治疗费用，保险人按合同规定支付医疗保险金。通常，被保险人在合同有效期内，不论一次还是多次因遭受意外伤害而需医院治疗，保险人均要按规定支付保险金，但累计给付医疗保险金不超过保险金额。而且，该种保险通常还对被保险人住院治疗进行住院津贴给付。在此险种中，因疾病所致医疗住院费用等属于除外责任。此险种大多为附加条款附加在主险上。

3. 综合意外伤害保险

综合意外伤害保险是前两种保险的综合，在其保险责任中，既有被保险人因遭受意外伤害身故或伤残保险金给付责任，也有因该意外伤害使被保险人在医院治疗所花费的医疗费用的医疗保险金给付责任。

4. 意外伤害误工保险

意外伤害误工保险是指被保险人因遭受意外伤害而暂时丧失劳动能力不能工作时，由保险人给付误工保险金。它的保险责任通常规定，被保险人因遭受意外伤害而死亡或伤残达到一定程度，在一定时期内不能从事有劳动收入的工作时，由保险人按合同约定对被保险人或受益人给付误工保险金。该种保险旨在保障被保险人因意外伤害而导致的收入减少，维护依靠被保险人收入生活的利益。

（二）按实施方式划分

按实施方式的不同，意外伤害保险可分为自愿性人身意外伤害保险和强制性人身意外伤害保险。

1. 自愿性人身意外伤害保险

自愿性人身意外伤害保险是投保人根据自己的意愿和需求投保的各种人身意外伤害保险。投保人可以选择是否投保以及向哪家保险公司投保，保险人也可以选择是否承保，只有双方意思表示一致时才订立保险合同，确立双方的权利和义务。例如，我国现已开办的中小学生平安险、住宿旅客人身意外伤害保险等都属于自愿性人身意外伤害险。这些险种采取家长或旅客自愿投保的形式，由学校或旅店代收保费，后统一交至保险公司。该保险是投保人和保险人在自愿基础上通过平等协商订立保险合同的意外伤害保险。

2. 强制性人身意外伤害保险

强制性人身意外伤害保险是由政府强制规定有关人员必须参加的一种人身意外伤害保险，被保险人与保险人基于国家保险法令的效力，构成权利与义务关系。该保险又称法定意外伤害保险，即国家机关通过颁布法律、行政法规、地方性法规强制施行的意外伤害保险。有的强制性人身意外伤害保险还规定必须向哪家保险公司投保，在这种情况下，该保险公司也必须承保，没有选择的余地。在一般情况下，意外伤害保险投保应遵循自愿原则，只有在某些确有必要的特殊情况下，才以强制方式施行。从实践上看，在意外伤害保险中，绝大部分是自愿意外伤害保险，强制意外伤害保险所占的比重很小。

（三）按承保风险划分

按承保险风险的不同，可分为普通人身意外伤害保险和特种人身意外伤害保险。

1. 普通人身意外伤害保险

普通人身意外伤害保险承保由一般风险所导致的各种人身意外伤害事件。在投保普通人身意外伤害保险时，一般由保险公司事先拟定好条款，投保人只需回答"是"与"否"。在实际业务中，许多具体险种均属此类人身意外伤害保险，如我国目前有团体人身意外伤害保险、个人平安保险等。

2. 特种人身意外伤害保险

特种人身意外伤害保险承保在特定时间、特定地点或由特定原因而发生或导致的人身意外伤害事件。由于"三个特定"，相对于普通人身意外伤害保险而言，后者发生保险风险的概率更大些，故称为特种人身意外伤害保险。例如，在游泳池或游乐场所发生的人身意外伤害，再如在江河漂流、登山、滑雪等激烈的活动或体育比赛中发生的人身意外伤害等。实际办理此类业务时，大多采取由投保人和保险人协商之后签订协议的方式。

（四）按保险对象划分

按保险对象的不同，意外伤害保险可分为个人人身意外伤害保险和团体人身意外伤害保险。

1. 个人人身意外伤害保险

个人人身意外伤害保险是以个人作为保险对象的各种人身意外伤害保险。个人人身意外伤害保险的主要险种有机动车驾乘人员人身意外伤害保险、航空人身意外伤害保险、旅游人身意外伤害保险等。个人人身意外伤害保险的特点：一是大多属于自愿性保险，也有少量险种属于强制性保险；二是多数险种的保险期间较短；三是投保条件相对宽松，一般的个人人身意外伤害保险对保险对象均没有资格限制，凡是身体健康、能正常工作或劳动的人均可作为保险对象；四是保险费率低，保障范围较广。由于一般的个人人身意外伤害保险不具有储蓄性，所以保险费仅为保险金额的万分之几。

2. 团体人身意外伤害保险

团体人身意外伤害保险是以团体为保险对象的各种人身意外伤害保险。由于人身意外伤害保险的保险费率与被保险人的年龄和健康状况无关，而主要取决于被保险人的职业，所以人身意外伤害保险适合团体投保。

团体人身意外伤害保险的特点：一是投保人与被保险人不是一个人，投保人是一个单位，如机关、学校、社会团体、企业、事业单位等，被保险人是单位的人员，如学校学生、企业员工等；二是保险责任主要是死亡责任，以被保险人的死亡作为给付保险金的条件，所以投保人在订立保险合同时，应经被保险人书面同意，并认可保险金额；三是保险金额一般没有上限规定，仅规定最低保额；四是保险费率低，团体人身意外伤害保险由于是单位投保，降低了保险人管理成本等方面的费用，保险费率因此较低；五是在通常情况下，保险费是在保险有效期开始之日一次交清，保费交清后，保单方能生效。

团体人身意外伤害保险与个人人身意外伤害保险相比较，二者在保险责任、给付方式等方面相同。比较明显的区别是保单效力不同，在团体人身意外伤害保险中，被保险人一旦脱离投保的团体，保险单即对该被保险人失效，投保单位可以专门为该被保险人办理退保手续，保险单对其他被保险人仍然有效。

（五）按保险期限划分

按保险期限不同，可分为极短期人身意外伤害保险、一年期人身意外伤害保险和多年期人身意外伤害保险。

1. 极短期人身意外伤害保险

该类保险的保险期限往往只有几天、几小时甚至更短。我国目前开办的公路旅客人身意外伤害保险、住宿旅客人身意外伤害保险、旅游保险、索道游客人身意外伤害保险、游泳池人身意外伤害保险、大型电动玩具游客人身意外伤害保险等，均属于极短期人身意外伤害保险。其中，公路旅客人身意外伤害保险一般由地方政府或有关管理机关发布地方性法规或地方性行政规章，规定搭乘长途汽车的旅客必须投保。住宿旅客人身意外伤害保险以在旅店住宿的旅客为被保险人，由旅店代办承保手续，但旅客可以自由选择投保。旅游保险以组织团体旅游的旅行社（或机关、学校、企业、事业单位、群众团体等）为投保人，以参加团体旅游的旅游者为被保险人，由旅行社代为被保险人办理投保手续。

2. 一年期人身意外伤害保险

人身意外伤害保险的大多数险种的保险期限均为一年。目前我国开办的团体人身意外伤害保险、团体人身保险、学生团体平安保险、附加人身意外伤害医疗保险等都属于一年期人身意外伤害保险。其中，团体人身意外伤害保险和团体人身保险都是以具有法人资格的机关、团体、企业、事业单位为投保人，以这些单位的职工为被保险人，由投保人为被保险人向保险人集体办理投保手续。由于是以团体方式投保，如果被保险人在保险期间离职，则自离职之日起，保险合同对其丧失保险效力，保险人退还未到期保费。学生团体平安保险是以在校学生为承保对象，由学校为学生向保险人集体办理投保手续。

3. 多年期人身意外伤害保险

多年期人身意外伤害保险期限超过一年，但基本上不超过五年。如我国目前开办的人身意外伤害期满还本保险，保险期限可以是三年或五年。人身意外伤害还本保险的保险本金是根据团体人身意外伤害保险的保险费率和相应年期的利率计算的。被保险人投保人身意外伤害还本保险缴纳的保险本金远大于投保团体人身意外伤害保险时缴纳的保险费，但由于保险人在保险期限结束时返还本金，因而被保险人只是损失利息。

（六）按险种结构划分

按险种结构的不同，意外伤害保险可分为单纯人身意外伤害保险和附加人身意外伤害保险。

1. 单纯人身意外伤害保险

单纯人身意外伤害保险责任仅限于人身意外伤害。我国目前开办的团体人身意外伤害保险、公路旅客人身意外伤害保险、学生团体人身意外伤害保险、驾驶员人身意外伤害保险等，都属于单纯人身意外伤害保险。

2. 附加人身意外伤害保险

附加人身意外伤害保险包括两种情况：一种是其他保险附加人身意外伤害保险，另一种是人身意外伤害保险附加其他保险责任，如我国目前开办的简易人身保险，以被保险人生存到保险期满或在保险期限内死亡为基本保险责任，附加人身意外伤害造成的残疾，属于生死两全保险附加人身意外伤害保险。再如，住宿旅客人身意外伤害保险的保险责任包括旅客由于人身意外伤害造成的死亡、残疾以及旅客随身携带行李物品的损失，属人身意外伤害保险附加财产保险。

四、人身意外伤害保险的作用

（一）对个人以及家庭的作用

1. 消除忧虑

人们普遍希望获得生活安定，这也符合马斯洛需求模型，但在生产生活过程中，人们面临着各种意外伤害风险。例如，子女未成年前父母中的一方因为意外事故过早死亡或患上严重疾病，不仅导致家庭的经济收入降低，支出递增，还会使整个家庭陷入困境，由此疾病引起的医疗费的担心以及年老后生活保障问题等，这都会使家庭经济雪上加霜。但如果拥有适合的意外伤害保险，可以消除被保险人这方面的忧虑，当被保险人因意外事故导致出险，可以向保险公司理赔，降低因意外事故造成的损失。

2. 提供经济保障

人身意外伤害保险为个人和家庭提供了经济保障。投保人按时缴付保险费，以少量保费取得更多的保险保障，具有高杠杆性。其保险合同能够保证被保险人死亡或伤残时给付保险金，将这些风险转嫁给保险人，获得家庭生活的保障与稳定。

（二）对社会的作用

现代社会发展过程中，人身保险与社会保险互为补充，成为社会安定的基础。人身意外伤害保险，作为人身保险的重要组成部分，也是社会保障制度的必要补充。各国致力于建立和健全社会保障制度，以促进成为现代化国家，但是现行的社会保障制度并未完全解决个人和家庭的经济保障问题，需要由意外伤害保险在内的各种人身保险作为重要补充，以解决年老、疾病、伤残等所引起的特殊经济需要。

五、案例分析

对本节篇首案例，保险公司应承担赔偿责任。具体分析如下。

（一）恙螨叮咬是被保险人死亡的近因

恙虫病又名丛林斑疹伤寒，是由恙虫病立克次体引起的急性传染病，其传播媒介为恙螨。受染的恙螨幼虫叮咬人体后，病原体先在局部繁殖，然后直接或经淋巴系统入血，在小血管内皮细胞及其他单核——吞噬细胞系统内生长繁殖，不断释放克次体及毒素，引起立克次体血症和毒血症。根据医学理论，如果不被恙螨叮咬，人体本身并不会患恙虫病。

本案中，由于被保险人所患恙虫病并非其体内原有疾病，即该疾病并非孤立存在，导致其感染恙虫病的直接原因是恙螨叮咬，整个事件的发展过程应当是首先被恙螨叮咬，然后感染血液而产生立克次体血症和毒血症，最终导致死亡。上述因果关系链条中从最初原因产生到结果发生是完整、紧密的，恙螨叮咬作为整个环节的启动因素，也应当成为死亡结果的直接原因。因此，恙螨叮咬导致因患恙虫病而死亡，应认定恙螨叮咬为被保险死亡近因。

（二）恙螨叮咬致死不属于疾病保险责任范围

疾病保险是指以保险合同约定的疾病的发生为给付保险金条件的保险。所谓疾病，是指由于人体内在的原因，造成精神上或肉体上的痛苦或不健全，疾病必须满足以下三个条件：一是必须是由于明显非外来原因所造成的；二是必须是非先天的原因所造成的；三是必须是由于非长存原因所造成的（即指人到一定年龄以后出现的衰老现象）。由疾病保险中的疾病构成条件的第一条可知，本案被保险人的死亡不符合疾病保险的责任范围。

（三）恙螨叮咬致死属于意外伤害保险责任范围

本案中被保险人因恙螨叮咬死亡完全符合保险合同约定的"遭受外来的、突发的、非本意的、非疾病的使身体受到伤害的客观事件"，应认定是遭受意外事故死亡，属于意外伤害保险责任范围。

（四）保险公司应承担赔偿责任

《保险法司法解释（三）》规定："被保险人的损失系由承保事故或者非承保事故、免责事由造成难以确定，当事人请求保险人给付保险金的，人民法院可以按照相应比例予以支持。"换言之，在意外伤害保险中，依据该规定，即使事故原因无法确定是意外还是疾病，但均具有一定可能性的，法院可自由裁量一定比例要求保险公司按照意外进行理赔。如果已经通过鉴定确定了相应的原因比例，则应视为事故原因确定，法院直接依据原因比例确定责任比例即可。而本案被保险人的死亡完全符合突发性、偶然性、外来性这一"意外身故"的定性条件，因此，本案的第二种观点是正确的，即保险公司应该进行意外保险金给付。

📖 学以致用5-1　看保险理赔纠纷　学意外伤害界定

一、看事实："热射病"是不是"病"①

近期，灾害性天气频繁出现，也触发了多地的保险赔付机制。据国家金融监督管理总局信息，截至2023年8月6日10时，北京、河北、黑龙江等16个受灾地区的保险机构收到保险报案18.91万件，估损金额62.41亿元。

保险是抵御自然灾害风险的重要保障手段。那么，哪些保险可以撑起抵御自然灾害的"保护伞"？

在人身险方面，对灾害中伤亡的客户给予保险金给付的是寿险、护理保险以及各类意外保险、医疗险等。根据上述保险的保障责任，如果因为极端天气引发的自然灾害造成了人员伤亡，医疗险、意外险一般可以赔付治疗产生的费用。如导致伤残或死亡，意外险、寿险能够赔偿合同约定中的部分或全部损失。

虽然通常将地震、洪水等风险归属于巨灾风险，但人身保险一般并不将其列为责任免除。例如，如果被保险人因地震死亡，人寿保险和人身意外伤害保险通常需要承担死亡保险金赔付责任；如果因地震伤残，人身意外伤害保险会根据伤残等级赔付伤残保险金；如果因此失去劳动能力，失能收入损失保险会按约定对被保险人的收入损失进行补偿；如果导致生活不能自理，护理保险也会依据合同约定进行护理赔付；如果受伤需要治疗，医疗保险和人身意外伤害保险（含医疗责任）会依据合同约定赔付门诊、住院医疗费用。

需要提醒的是，还有一些情况不属于受理范围，若被保险人本身有疾病的不属于保险责任范围，如因看到洪水导致的心脏病发作等。

此外，遇到上述状况，还要特别注意报案时效。保险合同通常规定，保险标的遭到损毁或发生保险事故时，投保人、被保险人、受益人及他们的委托代理人应当尽快通知保险公司，否则由此造成的损失由受益人自行承担。一般情况下，投保人应在保险事故发生后约定时间内通知保险公司。

但由于各险种理赔时效不尽相同，也有例外情况，所以要根据保险合同规定及时报案。

---

① 资料来源：法治网，"员工因热射病身亡 保险公司应当理赔"，2023年8月6日，http://www.legaldaily.cn/index/content/2023-08/06/content_8884068.html

二、做练习：热议"热射病"

1. 以"中暑"和"热射病"为关键词，在互联网进行检索，说一说热射病。

2. 检索一下，与中暑和热射病有关的保险理赔纠纷、司法案例，说一说，司法判例中，一般将中暑死亡或热射病死亡归因为疾病还是意外伤害？

3. 查询意外险产品信息，重点浏览条款中关于意外伤害的定义、保险责任和除外责任内容。与身边同学讨论，将中暑或热射病归因为意外伤害是否合理？

第二节　人身意外伤害保险的保险责任

 保险案例：意外伤害险拒赔案例两则[①]

一、攀岩坠亡拒赔

某年6月底，王某参团到四川某地野外露营攀岩探险，由于安全装备不够，王某攀岩时突然摔落身亡。此后，王某的家属索赔遭拒。

拒赔原因：许多保险公司的意外险条款将被保险人"从事潜水、跳伞、攀岩运动、探险活动、武术比赛、摔跤比赛、特技表演、赛马、赛车"等高风险活动列为免责条款，所以攀岩坠亡是不赔的。

二、妊娠期摔倒拒赔

某年6月，周女士购买了意外险产品。当年12月底周女士意外摔倒（当时怀孕四个多月），身上出现多处明显的伤痕，经医生检查后，安排住院观察和治疗，后成功保胎。但在出院后，周女士却遭到保险公司拒赔。

拒赔原因：由于被保险人妊娠时意外风险增加，多数意外险产品将"被保险人妊娠、流产、分娩"列为免责条款。目前，只有母婴综合保险可以保障妊娠期的风险。

意外伤害险还有哪些免责条款？为什么有的风险保险公司不予承保或拒赔？

一、人身意外伤害保险的可保风险

人身意外伤害保险承保的风险是人身意外伤害，但并非一切人身意外伤害都是人身意外伤害保险所能承保的。从是否可保的角度来看，人身意外伤害可分为不可保人身意外伤害、特约可保人身意外伤害和一般可保人身意外伤害。

（一）不可保人身意外伤害

不可保人身意外伤害是指根据保险经营须遵循的大数法则不应承保，受限于当前的承保技术和承保能力而无法承保或受法律法规限制不能承保的人身意外伤害，主要包括以下几类。

1. 犯罪活动中所受的人身意外伤害

人身意外伤害保险不承保被保险人在犯罪活动中受到的人身意外伤害，究其原因：一

---

① 案例来源："意外险十大不赔分析，看过的人都上了一课"，http://bxr.im/hanliang24/article/share/57ba6f6d776562a9a61c0200.html?sso_id=2309106&shared_record_id=57bceb6fe4b0ee80239dcc79

是一切犯罪行为都是违法行为，保险只为合法的行为提供经济保障；二是犯罪活动具有社会危害性，如果承保被保险人在犯罪活动中所受的人身意外伤害，无异于为犯罪活动提供支持。

2. 在寻衅斗殴中所受的人身意外伤害

寻衅斗殴属于违法行为，不能承保。但在正当防卫中所受的人身意外伤害，属于可保范畴。

3. 因醉酒、吸食、毒品、自杀等行为所致的人身意外伤害

醉酒、吸食毒品等对身体所造成的伤害因故意行为所致，当然不属于人身意外伤害。因醉酒、吸食毒品等连带发生的伤害，诸如跌打损伤、交通肇事等，虽属于人身意外伤害，但也不能承保。因为醉酒导致的发酒疯都是不道德的行为，并且吸食毒品在大多数国家中都属于违法行为。人身意外伤害保险条款一般会将不可保人身意外伤害列明为除外责任。

(二) 特约可保人身意外伤害

特约可保人身意外伤害是指根据保险原理可保，但因风险较高或责任不易区分，一般不承保，只有经保险双方特别约定后才予以承保的人身意外伤害。在通常情况下，投保人需多交保险费，或保险人要降低给付标准。由于是特约，保险人必须在保险单上签注特别约定或出具批单。

特约可保人身意外伤害包括被保险人在下列情况下所遭受的人身意外伤害。

1. 战争、军事行动、暴乱或武装叛乱状态下遭受的意外伤害

战争、军事行动、暴乱或武装叛乱等状态下，遭受人身意外伤害的概率比非战争状态下大得多，保险费率很难厘定，保险人一般不予承保，只有经过特别约定并另外加收保险费才予以承保。

2. 在剧烈的体育活动或比赛中遭受的人身意外伤害

由于从事登山、跳伞、滑雪、赛车、拳击等活动，遭受人身意外伤害的概率大大增加，因而保险人一般不予承保，只有经过特别约定并另外加收保险费才承保。

3. 核辐射造成的人身意外伤害

核辐射对人体造成意外伤害的后果，往往短期内不能确定，而且大规模的核辐射通常造成大面积的人身伤害，所以这种人身意外伤害只有在特约后才予承保。

4. 医疗事故等造成的人身意外伤害

人身意外伤害保险的保险费率是根据大多数被保险人的情况而制定的，其前提是大多数被保险人的身体是健康的，只有少数患有疾病的被保险人才存在因医疗事故遭受意外伤害的危险。对这种人身意外伤害，保险人只有在特约后才予承保。

(三) 一般可保人身意外伤害

事实上，特约可保人身意外伤害与一般可保人身意外伤害之间并没有严格的界限，保险人可以根据自己的技术条件、承保能力和经营状况，将某种人身意外伤害确定为可保、特约可保或不可保。

二、人身意外伤害保险的保险责任

人身意外伤害保险的保险责任项目包括死亡给付、伤残给付、医疗费给付、误工津贴

给付等几项，在实践中可以只保其中一项或几项。需要注意，保险人不负责因疾病所致的死亡。

在人身意外伤害保险中，专门有关于责任期限的规定。只要被保险人遭受意外伤害的事件发生在保险期限内，而且遭受意外伤害之日起的一定时期内（即责任期限内，如90天、180天等）造成死亡或伤残的后果，保险人就要承担保险责任，并给付保险金，即使被保险人在死亡或确定伤残时保险期限已经结束，只要未超过责任期限，保险人都要负责。

被保险人在保险期限内发生了意外伤害、被保险人在责任期限内死亡或伤残、被保险人所遭受的意外伤害是其死亡或伤残的直接原因或近因，只有同时具备这三个条件，才构成意外伤害保险的保险责任。责任满足时间条件、伤害事实与因果关系三个要件，缺一不可。

（一）被保险人在保险期限内遭受意外伤害

这是构成意外险保险责任的首要条件，具体有两个方面的要求：第一，被保险人遭受意外伤害是客观事实，而不是主观臆想或推测的；第二，被保险人遭受意外伤害的客观事实发生在保险期限内。

特别提醒，意外伤害责任认定是按期内发生式，即被保险人死亡或伤残发生在责任期限内。如果被保险人遭受意外伤害发生在保险期限开始以前，而在保险期限内死亡或残废的，不构成保险责任。被保险人死亡或伤残发生在责任期限内，但结果可以在责任期限内鉴定。

责任期限是意外伤害和健康保险特有概念，是指当保险期限结束，保险公司仍无法判断、鉴定被保险人遭遇事故最终结果时，可以适当延长的时间。实践中，责任期限规定一般最短90天，最长不超过1年。但也有例外情况，例如，被保险人在保险期限内因意外事故下落不明的，可以在人身意外伤害保险条款中规定失踪条款，规定被保险人确因人身意外伤害事故下落不明超过一定期限时，视同为被保险人死亡，保险人给付保险金。但如果被保险人以后生还，受领保险金的人应把保险金返还给保险人。这种情况下，责任期限有可能超过1年。

（二）被保险人死亡或伤残

法律意义上的死亡有两种情况，一种是生理死亡，这是一般意义上所说的死亡，是指医学意义上的死亡，即机体生命活动和新陈代谢终止，且已被证实死亡；另一种是宣告死亡。《民法典》第四十六条规定了宣告死亡的条件和程序："自然人有下列情形之一的，利害关系人可以向人民法院申请宣告该自然人死亡：（一）下落不明满四年；（二）因意外事件，下落不明满二年。因意外事件下落不明，经有关机关证明该自然人不可能生存的，申请宣告死亡不受二年时间的限制。"

伤残包括两种情形：一是人体组织的永久性残缺，如肢体断离；二是人体器官正常机能的永久丧失，如丧失视觉、听觉、语言功能、运动能力等。意外伤害造成伤残的程度，以责任期限内鉴定结果为限。如果被保险人在保险期限内遭受意外伤害，治疗结束被确定为残疾，但责任期限尚未结束，可以根据确定的残废程度给付伤残保险金。但是，如果被保险人在保险期限内遭遇意外伤害，责任期限结束时仍未结束，尚不能确定最终是否造成残疾，以及造成何种程度的残疾，那么就应推定责任期限结束时被保险人当时的情况，以确定伤残程度，并据此给付伤残保险金。

（三）意外伤害与死亡或伤残的因果关系

在意外伤害保险中，被保险人在保险期限内遭受了意外伤害，并且在责任期限内死亡或伤残，并不意味着必然构成保险责任。只有当意外伤害与死亡、伤残存在因果关系，才构成保险责任。如果意外伤害是死亡或伤残的诱因，从而加重后果，造成被保险人死亡或伤残，通常是比照身体健康的人遭遇同样意外伤害造成的后果给付保险金。例如，被保险人因车辆碰撞诱发心肌梗死而猝死，不能简单认定是意外伤害造成了被保险人死亡，而要比照相同车辆碰撞情况下，会造成一个身体健康的人多大伤害。意外伤害与死亡、伤残之间的因果关系包括以下三种情况。

1. 意外伤害是死亡、伤残的直接原因

意外伤害是死亡、伤残的直接原因，即意外伤害事故直接造成被保险人死亡或伤残。当意外伤害是被保险人死亡、伤残的直接原因时，构成保险责任。保险人应在保险金额限度内给付死亡保险金，或者按照保险金额和伤残程度给付伤残保险金。

2. 意外伤害是死亡或伤残的近因

意外伤害是死亡或伤残的近因，即意外伤害是引起直接造成被保险人死亡、伤残的事件或一连串事件的最初原因。

3. 意外伤害是死亡或伤残的诱因

意外伤害是死亡或伤残的诱因，即意外伤害使被保险人原有的疾病发作，乃至加重后果，造成被保险人死亡或伤残。当意外伤害是被保险人死亡、伤残的诱因时，保险人不是按照保险金额和被保险人的最终后果给付保险金，而是比照身体健康的人遭受此种意外伤害会造成何种后果给付保险金。

三、人身意外伤害保险的除外责任

人身意外伤害保险条款一般会将不可保人身意外伤害列明为除外责任。对于上文所提到的特约意外伤害，在保险条款中一般也被列为除外责任，经投保人与保险人特别约定后，由保险人在保单上签注特别约定或者出具批单，对该项除外责任予以剔除。

并非一切原因造成的意外伤害，意外伤害保险都承保。犯罪活动、寻衅殴斗、酒醉、吸毒等造成被保险人的意外伤害都是不予承保的。另外，被保险人在从事登山、跳伞、滑雪、江河漂流、赛车、摔跤、拳击等体育活动中所遭受的意外伤害，保险公司一般也列为责任免除项目。

边学边做

阅读保险条款

打开"腾讯微保"小程序，选择"意外"项，然后进入意外保险产品界面，选择一款意外伤害产品（如"护身福·成人综合意外险"），阅读产品说明后，滑动到页面最底部，找到"保险条款"，阅读"保险责任和责任免除"部分。

学以致用 5-2　关注腾讯微保产品　研读保险责任条款

一、看事实：腾讯微保推出意外险新产品①

腾讯微保进一步深化与平安产险战略合作，近日联合推出"护身福·成人意外险"新品。该产品保障责任覆盖意外身故、意外伤残及猝死等，提供最高 150 万元意外风险保障，同时为多位家人投保还可享 9 折。用户只需打开"微信—服务"界面，点击"保险服务"，进入腾讯微保首页，点击"意外"板块或检索"成人意外"，即可投保。

相较市面上常见的最高 100 万元保额标准，"护身福·成人意外险"的保额最高可达 150 万元，并且附带"海陆空公共交通意外身故/伤残，叠加赔付"等保障责任，提供加倍防护。同时，该产品不仅包含意外门急诊、意外住院在内的保险保障，还提供线上康复管家指导、线下上门护士服务等多项增值服务，解决意外护理、康复难题。

作为腾讯官方保险代理平台，腾讯微保已累计为超 1 亿用户提供保险服务；平安产险是中国平安的子公司，已累计为近 5 375 万人及团体客户提供保障。自 2016 年腾讯微保和平安产险开展合作以来，双方已联合打造多款有竞争力的保障产品。

二、做练习：研读意外险产品条款

1. 使用腾讯微保，选择一款成人意外险，浏览保险条款中保险责任和除外责任内容。

2. 浏览后，说一说，该产品保险责任是如何规定的？除外责任有什么？

3. 结合所学知识，说一说，意外险中，猝死是如何定义的？猝死属于意外伤害吗？意外险产品保障可以覆盖猝死责任吗？

第三节　人身意外伤害保险金给付

 真实问题：意外险残疾给付新标准出台②

2013 年 6 月 8 日，中国保险行业协会（以下简称"中保协"）联合中国法医学会共同发布了《人身保险伤残评定标准》（JR/T 0083—2013），该标准将成为商业保险意外险领域残疾给付新的行业标准。

根据《关于人身保险伤残程度与保险金给付比例有关事项的通知》相关精神，《人身保险伤残评定标准》将以保险行业自律方式在全行业推广使用。保险责任涉及意外伤残给付的个人保险可适用本标准，保险责任涉及意外伤残给付的团体保险可参考使用。从 2014 年 1 月 1 日起，各公司将按要求使用新标准。

---

① 东方财富网："腾讯微保联合平安产险推出意外险新品 最高保额可达 150 万元"，2023 年 8 月 7 日，https://finance.eastmoney.com/a/202308072804890085.html

② 资料来源：中国经济网，"中国保险行业协会、中国法医学会联合发布《人身保险伤残评定标准》"，2013 年 6 月 8 日，http://finance.ce.cn/rolling/201306/08/t20130608_17125976.sh

一、人身意外伤害伤残标准的认定

（一）我国人身保险旧版伤残评定标准

2014 年 1 月 1 日，1998 年公布的《人身保险残疾程度与保险金给付比例表》（以下简称"原标准"）被正式废止。取而代之的是《人身保险伤残评定标准》（以下简称"新标准"）。

作为商业保险意外险领域伤残给付的行业标准，原标准在规范意外险业务发展和促进保险保障功能发挥方面起到了积极作用。但随着保险覆盖面不断扩大，国家有关部门相继出台伤残分类和等级评定标准，原标准中伤残项目划分较宽泛、给付范围不足、部分条目操作性欠佳，容易引发理赔纠纷和诉讼，已不能适应行业发展和消费者的现实需求。

为进一步规范人身保险合同对伤残程度与保险金给付比例的约定，更好地保护投保人和被保险人的利益，全面、系统、详细地评定由于意外伤害因素引起的伤残程度，确定伤残等级以及保险金给付比例，改善保险公司理赔实务的可操作性和准确性，中国保险行业协会结合意外险市场发展的最新实践以及广大消费者的诉求，正式成立了人身保险残疾给付标准修订项目组，专题研究制定行业新标准。

（二）我国人身保险新版伤残评定标准

经过多方反复研究和论证，制定并形成了新标准，作为意外伤害保险的理赔依据。新标准对功能和伤残进行了分类和分级，将人身保险伤残程度划分为一至十级，最重的为第一级，最轻的为第十级。与人身保险伤残程度等级相对应的保险金给付比例分为十档，伤残程度第一级对应的保险金给付比例为 100%，伤残程度第十级对应的保险金给付比例为10%，每级相差 10%。

（三）人身保险伤残评定标准新版与旧版的区别

与原标准相比，新标准主要呈现以下三个方面的变化和特点。

1. 标准的体例进一步完善

参照国家残疾标准的名称写法，将原《人身保险残疾程度与保险金给付比例表》修改为《人身保险伤残评定标准》。增加了前言、标准适用范围、术语定义、内容结构和评定原则，以及相关条目的释义。

2. 扩大了残疾覆盖门类、条目和等级

对人身保险残疾覆盖门类、条目和等级进行了充分"扩容"。新标准改变了原表中以肢体残疾、关节功能丧失为主的情况，增加了神经、精神和烧伤残疾，扩大了胸腹脏器损伤、智力障碍等伤残范围，覆盖了包括神经系统、眼耳、发声和言语、呼吸系统、消化系统、泌尿和生殖系统、运动、皮肤等结构和功能八大门类，新标准细化了原标准广受争议的"中枢神经系统机能或胸、腹部脏器机能极度障碍"的有关描述，增加了原标准未包括的八至十级的轻度残疾保障，针对一至十等级明确了 100%～10% 的给付比例；新标准由原来的 7 个伤残等级、34 项残情条目，大幅扩展到 10 个伤残等级、281 项伤残条目。

3. 借鉴最新国际标准的理论和方法

结合中国国情，引入世界卫生组织的残疾评定及描述方法——《国际功能、伤残和健

康分类标准》（International Classification of Functioning，ICF），科学全面地对各类残情进行系统性表述。

（四）如何确认伤残鉴定标准[①]

中国保险行业协会联合中国法医学会于 2013 年 6 月 8 日共同发布的《人身保险伤残评定标准》，已被多数保险公司采用至今，是商业保险意外险领域伤残鉴定的主要行业标准。但我国现行的人身伤残鉴定标准还有《人体损伤程度鉴定标准》《中华人民共和国国家标准道路交通事故受伤人员伤残评定》《医疗事故分级标准（试行）》《劳动能力鉴定职工工伤与职业病致残等级》等，因此，同样的伤情鉴定在不同标准下可能出现不同的结论。如不幸发生意外导致伤残，消费者应使用保险合同中约定的伤残标准进行鉴定，以免因鉴定结论不同而引发争议。

二、人身意外伤害保险的给付标准

人身意外伤害保险属于一种定额给付保险，当保险责任构成时，保险人按照保险合同中约定的保险金额给付死亡保险金或伤残保险金。

在意外伤害保险中，保险金额不仅是确定死亡保险金和伤残保险金数额的依据，而且是保险人给付保险金的最高限额，即保险人给付每一位被保险人的死亡保险金、伤残保险金，累计以不超过该被保险人的保险金额为限。

需要注意的是，在意外伤害保险合同中，死亡保险金的数额是保险合同中规定的，当被保险人死亡时如数支付。意外身故、意外伤残、意外医疗等对应不同的意外险保障责任，发生上述保险事故的赔付情况也存在差异。通常情况下，意外身故及意外伤残按照保险金额或伤残等级对应的比例一次性赔付；意外医疗基于因意外事故产生的医疗费用，按照条款约定进行赔付，且赔付金额不包含因疾病产生的医疗费用。

伤残保险金的数额由保险金额和伤残程度两个因素确定。伤残程度确定后，根据《人身保险伤残评定标准》的规定，按合同约定的保险金额乘以该处伤残的伤残等级所对应的保险金给付比例给付伤残保险金。

（1）被保险人在保险期限内多次遭受意外伤害时，保险人对每次意外伤害造成的伤残或死亡均按保险合同中的规定给付保险金，但给付的保险金累计不超过保险金额。

（2）在意外伤害保险合同中，应列举伤残评定等级及标准，列举得越详细，给付伤残保险金时，保险人和被保险人就越不容易发生争执。但是，列举不可能完备穷尽，也不可能包括所有的情况，对于伤残程度标准中未列举的情况，只能由当事人之间按照公平合理的原则，参照列举的伤残程度标准协商确定。协商不一致时，可提请有关机关仲裁或由人民法院判决。

三、人身意外伤害保险的给付方式

人身意外伤害保险的保障项目可分为基本保障以及派生保障项目，前者包括死亡给付和残废给付，后者包括医疗费用和收入损失赔付。在保险实务过程中，可以只保其中的一

---

① 资料来源：国家金融监督管理总局，"上海银保监局关于购买意外险的消费提示"，2021 年 10 月 18 日，http：//www.cbirc.gov.cn/branch/shanghai/view/pages/common/ItemDetail.html？docId＝1013109&itemId＝998&g

项或几项。我国目前保险实务中，有关意外伤害收入损失保险的规定很少。意外伤害保险属于定额保险，当符合条件时，保险人根据合同约定的保险金额给付保险金。其死亡保险金的数额事先在合同中规定的，保险事故发生后按约定支付。残废保险金数额则根据保险金额和残废程度计算。

在不考虑对意外伤害所致医疗费用和收入损失进行补偿的情形下，人身意外伤害保险的保险责任不外乎是死亡保险金和残废保险金的给付，其中以残废保险金的给付较为复杂。

（一）死亡保险金的给付

如果在保险期限内，被保险人遭受人身意外伤害，在责任期限内死亡，并且保险期限内的意外伤害是导致被保险人死亡的近因，那么保险人应根据合同约定给付死亡保险金。

在人身意外伤害保险合同中，均应明确规定死亡保险金的数额或死亡保险金占保险金额的比例。例如，规定被保险人因意外伤害死亡时给付保险金 5 000 元、10 000 元，或规定被保险人因意外伤害死亡时给付保险金额的 100%、80%、50% 等。另外，在有些人寿保险合同的附加人身意外伤害保险条款中，死亡保险金的给付要按行业危险程度确定。例如，将人身意外伤害保险金分为特殊保险金和普通保险金两种，凡从事井下作业、海上作业、航空作业及其他高危险工作的人员适用于特殊保险金，其他人员适用于普通保险金，特殊保险金与普通保险金的比例为 1∶2，以此体现出人身保险合同的权利和义务的对等原则。

（二）残废保险金的给付

人身意外伤害保险所指的残废与医学意义上的基本一致，包括两种情况：一是人体组织的永久性残缺（或称缺损），如肢体断离等；二是人体器官正常机能的永久丧失，如失去视觉、听觉、嗅觉、语言障碍或行为障碍等。被保险人在保险期限内发生意外伤害事故，由伤害引致并且在此期间或规定的责任期限内由指定医院确诊发生永久性残废构成人身意外伤害险的保险责任，保险人应按残废程度的高低，根据事先约定给付全部或部分保险金。若治疗延续的时间较长，在责任期限结束时仍未能确定是否造成残废或造成何种程度的残废，一般做法是根据责任期限结束时点的被保险人的状态推定残废程度，并以此为基础进行给付；如果在遭受意外伤害后，被保险人凭借治疗或自身修复，在责任期限内未遗留组织器官缺损或功能障碍的，则不属于残废。

人身意外伤害保险残废保险金的数额取决于保险金额与残废程度两个因素。残废程度确定后，保险人应根据《人身保险伤残评定标准》的规定，按照保险金额及该项残废所对应的给付比例给付残废保险金。残废保险金的计算公式为：

$$残废保险金 = 保险金额 \times 残废程度$$

具体来说，在残废保险金的给付过程中有以下方面需要引起注意。

（1）一次伤害，多处致残。若一次意外伤害造成被保险人身体部位多处残废时，保险方按保险金额与被保险人身体各部位残废程度百分比之和的乘积计算残废保险金，但若身体各部位的残废程度百分比之和大于 100%，则只按保险金额给付残废保险金。

总之，残废保险金的最高给付额不得超过保险合同约定的保险金额。当累计给付额尚未达到保险金额时，保险合同中的保险金余额部分继续有效；而累计给付额一旦达到保险金额则保险合同即告终止。

（2）多次伤害。根据人身意外伤害保险的一般规定，被保险人在保险期限内多次遭受伤害，保险人应按每次致残程度分别给付保险金，但累计金额不得超过约定的保险金额。

（3）先残后死。被保险人多次遭受意外伤害事故先残废、后死亡的情况，被保险人的残废保险金仍是按上述方法计算的，而最后的死亡保险金则等于合同约定的保险金额扣除先期给付的残废保险金额后的余额，合同同时宣告终止。

（4）特别约定残废给付。只是用来弥补残废程度百分比的不足的一项约定，因为人体各部位的残废对从事不同职业的人的劳动能力的影响是不相同的，如钢琴家的手指、足球明星的腿等。相对普通人来说，特定职业的人的身体某个部位对自己可能特别重要，如外科医生的手，因此需要保险人提高对这一部位的给付百分比或是保险金额。此时就需要保险双方共同签订一项特别约定，并在保险单中列示。

 学以致用5-3　比较工伤保险与意外伤害保险

一、看事实：2022年工伤保险运行情况[①]

《2022年度人力资源和社会保障事业发展统计公报》（以下简称《公报》）显示，2022年年末，全国就业人员73 351万人，其中城镇就业人员45 931万人，占全国就业人员比重62.6%。全国就业人员中，第一产业就业人员占24.1%；第二产业就业人员占28.8%；第三产业就业人员占47.1%。

2022年年末，全国参加工伤保险人数29 117万人，比上年年末增加830万人。全国新开工工程建设项目工伤保险参保率99.6%。全年认定（视同）工伤126.4万人，评定伤残等级79.5万人。全年有204万人享受工伤保险待遇。

全年工伤保险基金收入1 053亿元，基金支出1 025亿元，年末工伤保险基金累计结余1 440亿元（含储备金127亿元）。

二、做练习：比较工伤保险与意外险

1. 查询工伤保险与意外伤害保险赔偿流程，说说二者的差别。

2. 查询工伤认定办法，与意外伤害保险责任认定方法进行比较，说说二者的差别。

3. 查询工伤赔偿标准，与意外伤害保险赔付标准进行比较，说说二者的差别。

本章小结

1. 正确理解意外伤害保险的概念、原理、作用、分类及特征，是进行科学管理意外伤害风险的前提。

2. 人身意外伤害保险是人身保险的一种，是指在保险期限内，当被保险人因遭受意外伤害造成死亡、残废时，由保险人依照合同规定给付保险金的一种保险。

3. 要准确理解意外险的概念，首先应该明确意外伤害的含义。意外伤害的构成包括意外和伤害两个必要条件。

4. 人身意外伤害保险具有保险责任特殊性，低保费、高保障，保险费率厘定特殊，

---

① 资料来源：中华人民共和国人力资源和社会保障部，"2022年度人力资源和社会保障事业发展统计公报"，2023年6月30日。

给付方式与承保条件特殊，投保季节灵活等特点。

5. 人身意外伤害保险承保的风险是人身意外伤害，但并非一切人身意外伤害都是人身意外伤害保险所能承保的。要正确认识人身意外伤害保险的可保风险、保险责任与除外责任。

6. 人身意外伤害保险属于一种定额给付保险，当保险责任构成时，保险人按照保险合同中约定的保险金额给付死亡保险金或伤残保险金。人身意外伤害伤残标准的认定参考我国人身保险伤残评定标准。

关键词

意外伤害　人身意外伤害保险　特约人身意外伤害　不可保人身意外伤害
一般可保人身意外伤害　个人意外伤害保险　团体意外伤害保险　意外伤害死亡伤残保险
意外伤害医疗保险　综合意外伤害保险　意外伤害误工保险　死亡保险金　残废保险金
人身意外伤害伤残标准

复习思考题

1. 如何理解人身意外伤害保险中的意外伤害？
2. 简述人身意外伤害保险与人寿保险的联系与区别。
3. 简述人身意外伤害保险的分类与特点。
4. 分析人身意外伤害保险的保险责任的构成条件。
5. 简述人身意外伤害保险中残疾保险金的给付方式。
6. 简析猝死是否属于意外伤害。

第六章　健康保险

学习引导

【为何学】 学习健康保险知识，可以让我们加深对健康保险各个险种的了解，在购买健康保险产品作为社保补充时，更准确地选择与自身需求相对应的健康保险产品。保险行业从业人员学习健康保险知识，可以更好地针对不同人群销售保险产品，也可以推动健康保险产品的创新，提供更加优质的健康保险产品。

【学什么】 了解健康保险的基本概念，掌握健康保险所包含的医疗保险、疾病保险、收入保障保险以及长期护理保险，以及健康保险的条款设置特点。

【怎么学】 读者可以通过本章所涉及的健康保险的相关故事引出对相关问题的思考，以及读者可以参考"学以致用"提供的相关网站了解更多相关知识。关注卫健委官网和其他健康知识对理解本章内容有帮助。

【如何用】 增强健康风险和健康管理意识，保护和提升自己的健康资本；通过官方数据和公开调查数据，分析国民健康水平和变化；为有健康保险需求的亲朋好友提供购买和配置健康保险的建议。

第一节　健康保险概述

中国女排故事：健康的价值

2020 年国庆节前，电影《夺冠》上映，中国女排为了国家荣誉顽强拼搏的精神催人泪下。

运动员在高强度训练和对抗比赛中往往会留下伤病。比如，《夺冠》中本人出演的惠若琪，曾获得 2011 年和 2015 年女排亚锦赛冠军、2014 年女排世锦赛亚军、2016 年里约奥运会女排冠军，是中国女排的主攻球员之一。但她在训练期间因为太过努力而受伤了，不得不在 2018 年选择退役，当时她才 27 岁。

不仅是运动员，我们每一个人都需要重视健康问题。从惠若琪的故事中，我们能够看到健康的重要性。"健康"可以被视作为一种"资本"。如果我们拥有质量较高的"健康资本"，健康会为我们带来更持久、更高的收入和更愉悦的生活感受；如果我们的"健康资本"受到影响，不良的健康状况会导致收入降低，医疗支出增加和糟糕的生活感受。

一、健康保险的界定

2019年10月31日，《健康保险管理办法》（以下简称《办法》）颁布实施，对健康保险概念及其范围作了明确规范。健康保险，是指由保险公司对被保险人因健康原因或者医疗行为的发生给付保险金的保险。

健康保险按照供给主体性质不同可以分为社会健康保险和商业健康保险。因为社会保险一般由政府主办，具有非营利性。如无特别强调，本书讨论的主要是商业健康保险。

健康保险的概念在不同国家和地区存在差异，涵盖范围也因此不同。例如，美国健康保险包括意外保险、疾病保险、医疗费用保险、失能收入保险以及意外伤害伤残保险等多个险种，涵盖范围相当广泛。医疗保险是指以保险合同约定的医疗行为发生为给付保险金的条件，按约定对被保险人接受诊疗期间的医疗费用支出提供保障的健康保险。

健康保险的保险责任共有：疾病、分娩、因分娩或疾病所致的残疾和因分娩或疾病所致的死亡四项。前两项以补偿医疗费用损失为目的，属单纯的健康保险；第三项除医疗费用外，还补偿被保险人生活收入的损失，属于残疾保险；第四项弥补丧葬费用并给付遗属生活费用，类似以死亡为条件的人寿保险。因此也有人说健康保险是一种综合保险。事实上，健康险单独承保的情况比较少，大多数时候都是作为人寿保险的附加险出现，即附加疾病保险和附加分娩保险。

健康保险的除外责任一般包括战争或军事行动，故意自杀或企图自杀造成的疾病、死亡和残疾，堕胎导致的疾病、残疾、流产、死亡等。健康保险中将战争或军事行动除外，是因为战争所造成的损失程度一般较高且难以预测，在制定健康保险费率时，不可能将战争或军事行动的伤害因素以及医疗费用因素计算在内。

二、健康保险的特点

（一）保险期限较短

健康保险的期限与人寿保险比较，除重大疾病保险外，绝大多数为一年期的短期合同。其主要原因：一是医疗服务成本呈递增趋势；二是疾病发生率每年变动较大，保险人很难计算出一个长期适用的保险费率，而人寿保险的合同多为长期合同，在整个缴费期间可以采用均衡的保险费率。

（二）健康保险给付

健康保险的给付依据保险合同中承保责任的不同，而分为费用补偿型和定额给付型。费用补偿型健康保险，即对被保险人因伤病所致的医疗花费或收入损失提供保险保障，属于补偿性给付，类似于财产保险。定额给付型健康保险，则与人寿和意外伤害保险在发生事故时依据保险合同事先约定的保险金额给付相同。

（三）合同条款较复杂

健康保险除带有死亡给付责任的终身医疗保险之外，都是为被保险人提供医疗费用和残疾收入损失补偿，基本以被保险人的存在为条件，受益人与被保险人为同一人，所以不用指定受益人。健康保险条款中，除适用一般寿险的不可抗辩条款、宽限期条款、不丧失价值条款等外，还采用一些特有条款，如体检条款、免赔额条款、等待期条款、既存状况条款、转换条款、协调给付条款等。此外，健康保险合同中有较多的医学方面的术语和名词定义，有关保险责任部分的条款也显得比较复杂。

（四）精算技术高

健康保险产品的定价主要考虑疾病率、伤残率和疾病（伤残）持续时间。健康保险费率的计算以保险金额损失率为基础，年末未到期责任准备金一般按当年保费收入的一定比例提存。此外，等待期、免责期、免赔额、共付比例和给付方式、给付限额也会影响最终的费率。

（五）经营风险大

健康保险经营的是伤病发生的风险，其影响因素远较人寿保险复杂，逆选择和道德风险都更严重。此外，健康保险的风险还来源于医疗服务提供者，医疗服务的数量和价格在很大程度上由他们决定，作为支付方的保险公司很难加以控制。

（六）成本分摊多

由于健康保险有风险大、不易控制和难以预测的特性，因此，在健康保险中，保险人对所承担的疾病医疗保险金的给付责任往往带有很多限制或制约性条款。

三、健康保险的分类

按照《办法》规定，"健康保险按照保险期限分为长期健康保险和短期健康保险"。

长期健康保险，是指保险期间超过一年或者保险期间虽不超过一年但含有保证续保条款的健康保险。其中，长期护理保险的保险期间不得低于 5 年。

短期健康保险，是指保险期间为一年以及一年以下且不含有保证续保条款[①]的健康保险。

医疗保险按照保险金的给付性质分为费用补偿型医疗保险和定额给付型医疗保险。

费用补偿型医疗保险，是指根据被保险人实际发生的医疗、康复费用支出，按照约定的标准确定保险金数额的医疗保险。费用补偿型医疗保险的给付金额不得超过被保险人实际发生的医疗、康复费用金额。

定额给付型医疗保险，是指按照约定的数额给付保险金的医疗保险。

四、健康保险的作用

随着人民群众生活条件和医疗技术水平不断提升，健康保险作为一项重要的制度安排，可以提高被保险人抵抗健康风险的能力，提高个体和社会对健康风险管理的效率，其作用可从宏微观两个角度来考虑。

---

① 保证续保条款，是指在前一保险期间届满前，投保人提出续保申请，保险公司必须按照原条款和约定费率继续承保的合同约定。

（一）宏观作用

1. 促进社会稳定

健康保险使被保险人在遭受疾病后经济损失风险得以转嫁，减轻了被保险人及其家属的经济上和心理上的压力，真正发挥了保险的"社会稳定器"作用。

2. 促进人力资源的充分利用

劳动者身体素质是劳动力资源的重要影响因素，保护好劳动者的健康状况，健康保险能够发挥巨大作用，对提高、改善人力资源素质具有十分重要的作用。

3. 减轻政府财政负担

一国的医疗保障体系包括医疗服务的提供、医疗资金的筹集和医疗市场的监管。医疗资金的筹集主要来源于政府、社会及个人三个方面。健康保险能以收取保费的形式，建立保障基金，为被保险人提供风险保障的同时，分担政府困难，缓解政府的财政压力。

（二）微观层面

1. 对个人与家庭的作用

疾病对于我们每个人来讲都是很难预料的，而治疗重大疾病的费用又极其昂贵，会影响到个人或家庭的收入和生活。健康保险可以在一定程度上帮助被保险人缓解费用压力，使疾病得到及时的治疗，尽快恢复健康。

2. 对企业单位的作用

随着商业健康保险税收优惠政策的出台，商业健康保险对企业员工来讲是不错的福利。同时商业健康保险还可以促进企业和员工之间关系的健康发展，是一种良好的机制，可以帮助企事业单位吸纳、留住优秀人才，减少雇员流动，提高工作效率，培育雇员职业认同感和归属感，有利于促进企业的发展。

学以致用 6-1　透视寿险理赔报告　关注女性健康风险

一、看事实：2022 年理赔报告发布[①]

近日，多家保险公司发布 2022 年理赔报告。数据显示，中国人寿寿险、平安人寿、太平洋寿险、新华保险的全年理赔金额均在百亿元以上。其中，平安人寿重疾险总计赔付 23 万件，赔付金额 201 亿元，占赔付总金额的 50%；太平洋寿险、泰康人寿等大型寿险公司的重疾险赔付金额占比均在 50% 以上。部分中小公司的这一比例更高，如大都会人寿为 69.7%，中意人寿为 70.93%，信泰人寿为 73.6%。

重疾类型方面，恶性肿瘤仍占据重疾险赔付首位。例如，平安人寿重疾险理赔中，恶性肿瘤赔付件数约占 75%，已成为客户健康的头号威胁。中国人寿寿险理赔报告称，未成年人应格外关注白血病风险，远离各类致病因素。成年人甲状腺癌患病率较高，男性更应关注心肺健康，女性应多关注乳腺健康。在大都会人寿的客户群中，除甲状腺癌的发病率仍高居榜首外，心肌梗死及乳腺恶性肿瘤已分别成为中年男性及女性的第二大健康杀手。

---

① 资料来源：金融界，"多家险企发布 2022 年理赔报告 重疾险赔付占比过半"，2023 年 1 月 18 日，https：//baijiahao. baidu. com/s？ id=1755320997381003278&wfr=spider&for=pc

值得关注的是，多家公司理赔报告均显示，性别分布方面，女性重疾险赔付件数占比远超男性。平安人寿、人保寿险等公司女性客户重疾险赔付件数高出男性近20个百分点，国华人寿、华泰人寿、同方全球人寿等公司的女性重疾险赔付件数占比均超过60%。

平安人寿相关负责人接受《中国银行保险报》记者采访时表示，重疾险理赔案件中，恶性肿瘤赔付占比最高。基于男女生理结构及体内激素水平的差异，医学统计显示，高发的甲状腺恶性肿瘤女性发生率远高于男性，乳腺癌、宫颈癌等也是女性高发恶性肿瘤，因此整体数据显示女性恶性肿瘤发生率高于男性，从而导致重疾险女性客户的赔付件数高于男性。

重疾风险管理专家丁云生分析称，一方面，保险代理人中女性偏多，购买重疾险的女性客户也偏多，相应地理赔件数普遍高于男性；另一方面，男性重疾发病率偏晚，大多是在65岁以后，而女性重疾，如高发的乳腺癌、宫颈癌等，发病率较早，相应地理赔较多，这是由人体结构不同造成的。

二、做练习：了解女性健康险产品特点

1. 在中国保险行业协会人身保险产品信息库页面中，选择"健康保险"类别，在"产品特殊属性"里选择"女性专属产品"，选择2~4款在售产品，重点关注体现女性专属保险产品特点的保障责任内容。

2. 浏览后，说一说，以上保险产品是如何体现"女性专属产品"特点的。

3. 根据本节所学知识和以上保险产品信息，说一说，你对"专属健康保险产品"的看法。

第二节　医疗保险

📖 电影里的保险："北京好人"与医疗保险

还记得电影《我和我的家乡》吗？这部电影分为五个故事，第一个是"北京好人"。主演还是葛大爷饰演的"张北京"，一出场就"惨遭借钱"。

表舅对张北京说："前几年查出来的甲状腺瘤，当时只要两三万，没舍得治，现在好像变癌了，得要七八万了。"

张北京好不容易攒了钱要买辆车，从停车场收费员转型为专车司机。表舅帮还是不帮？张北京选择了舍己为人。

但为了省点钱，他决定把自己的医保卡借给表舅，因为这样能报销，但如此一来，就需要表舅冒充自己……

张北京表舅的故事实际上是很多人真实生活的缩影。医疗费用对很多家庭是沉重的负担，用好医疗保险，为健康保驾护航。

一、医疗保险的界定

医疗保险是以保险合同约定的医疗行为的发生为给付保险金条件，按约定对被保险人接受诊疗期间的医疗费用支出提供保障的健康保险。

我们所说的医疗费用不仅包括病人生病的医疗费、手术费，还包括住院、护理、医院设备等费用，不同的医疗保险所保障的费用一般是其中的一项或若干项。

医疗保险按是否有盈利目的可以分为社会医疗保险和商业医疗保险。案例中，张北京的医保卡，是指社会医疗保险个人账户专用卡。社会医疗保险与商业医疗保险相比，具有显著的普惠性。

医疗保险的作用有以下几点。

（一）有利于提高劳动生产率，促进生产的发展

医疗保险，一方面缓解了劳动者生病后无钱医治的后顾之忧，使其安心工作，从而提高了劳动生产率，促进了生产的发展；另一方面有了保障能有效促进劳动者的身心健康，保证了正常再生产。

案例中，张北京的表舅有了医保，就不会把小病拖成大病，甚至拖成绝症。身体健康，就可以继续工作，为社会贡献力量。

（二）维护社会安定的重要保障

医疗保险对患者给予经济上的帮助，减轻了医疗费用给居民和家庭带来的经济压力，有助于缓解因疾病带来的社会不安定因素，是调节社会关系和社会矛盾的重要机制。

案例中，张北京不帮助表舅，表舅就可能因无钱治病死亡；仗义疏财帮助表舅，自己就失去了改变命运的机会；借医保卡给表舅，虽然可能救一时之急，但减少了自己未来的医疗保障，侵害了社会保障基金利益，是违规甚至违法行为。这些纠结和难题，一旦表舅自己有了医保，就迎刃而解了。

（三）促进社会文明和进步的重要手段

"北京好人"慷慨解囊帮助亲友值得点赞。不过，一个现代文明社会，不能完全依赖期望援助和个人无私奉献。

医疗保险和社会互助共济的社会制度，通过在参保人之间分摊医疗费用风险，体现出"一方有难，八方支援"的新型社会关系，有利于促进社会文明和进步。

案例中，张北京万万想不到表舅也有了医保，病有钱治了，钱能报销了，买车的钱回来了，张北京和表舅都开心了。这就是一个美好社会应该有的好结果。好社会就是能把悲剧变成喜剧。好的社会就是既有热心的北京好人，也有好的医保，北京好人和成熟的医保都值得点赞。

二、医疗保险的特点

医疗保险在生活中存在广泛，它一般具有以下四个特点。

（一）出险频率高

随着人们的生活日渐富足，温饱已不是问题，人们越来越注重生活的品质，健康问题越来越成为人们关注的焦点。医疗技术的进步提升了治愈率，健康水平的提高延长了人的寿命，但与此同时医疗费用显著上升，老龄化社会中重大疾病发病率可能更高。有了医疗保险，"小病拖，大病挨，临死才往医院抬"成为历史，不过医疗保险理赔支出将有所提高，控制保险费率难度较大。

（二）赔付不确定且不易预测

虽然保险公司可以通过历史资料对某一地区、某一时期、某一群体的患病率、发病

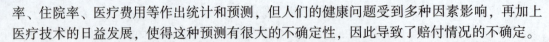

率、住院率、医疗费用等作出统计和预测，但人们的健康问题受到多种因素影响，再加上医疗技术的日益发展，使得这种预测有很大的不确定性，因此导致了赔付情况的不确定。

（三）保险费率厘定困难大

与其他险种相比，医疗保险的承保内容有其特殊性，它对医院的管理、医疗设备、经济发展、地理条件等的依赖程度大，这也会对费率的厘定产生较大影响，这些因素很难测量。

（四）属于补偿性保险

医疗保险在保险金额限度内对被保险人实际支出的医疗费用进行补偿。

张北京把医保卡借给表舅使用，实际上就是"骗保"行为，善心不能违法，违法必究。

实践中，医疗欺诈和过度医疗等是医疗保险必须面对并解决的问题，良好的制度设计会让医疗保险体系的运转更加顺畅。

三、医疗保险的分类

医疗保险按不同标准可以有多种分类。

（一）按承保范围，医疗保险分为以下五种

1. 普通医疗保险

该险种是医疗保险中保险责任最广泛的一种，负责被保险人因疾病和意外伤害支出的门诊医疗费和住院医疗费。普通医疗保险一般采用团体方式承保，或者作为个人长期寿险的附加责任承保，一般采用补偿方式给付医疗保险金，并规定每次最高限额。

2. 意外伤害医疗保险

该险种负责被保险人因遭受意外伤害支出的医疗费，作为意外伤害保险的附加责任。保险金额可以与基本险相同，也可以另外约定。一般采用补偿方式给付医疗保险金，不但要规定保险金额即给付限额，还要规定治疗期限。

3. 住院医疗保险

该险种负责被保险人因疾病或意外伤害需要住院治疗时支出的医疗费，不负责被保险人的门诊医疗费，既可以采用补偿给付方式，也可以采用定额给付方式。

4. 手术医疗保险

该险种属于单项医疗保险，只负责被保险人因施行手术而支出的医疗费，不论是门诊手术治疗还是住院手术治疗。手术医疗保险可以单独承保，也可以作为意外保险或人寿保险的附加险承保。采用补偿方式给付的手术医疗保险，只规定作为累计最高给付限额的保险金额；定额给付的手术医疗保险，保险公司只按被保险人施行手术的种类定额给付医疗保险费。

5. 特种疾病保险

该险种以被保险人患特定疾病为保险事故。当被保险人被确诊为患某种特定疾病时，保险人按约定的金额给付保险金，以满足被保险人的经济需要。一份特种疾病保险的保单可以仅承保某一种特定疾病，也可以承保若干种特定疾病；可以单独投保，也可以作为人寿保险的附加险投保，一般采用定额给付方式，保险人按照保险金额一次性给付保险金，

保险责任即终止。

（二）按照保障强度或保险金额高低，医疗保险可以分为以下三种

1. 小额医疗险

小额医疗险包括门诊险和普通住院险，小额医疗险保额比较低、免赔额也低，一般可以用来作为百万医疗险的补充，抵扣百万医疗的免赔额。

2. 中端医疗险

中端医疗险包括百万医疗险、防癌医疗险。主要用来防范生活中发生概率低、但一旦发生花销巨大的重大疾病，如恶性肿瘤等。

3. 高端医疗险

高端医疗保障范围广，除正常的门诊和住院外，生孩子、打疫苗等费用都能报销。保额非常高，1 000 万起步，顶级高端医疗可以做到保额无上限。高端医疗的服务网络很强大，就医绿色通道服务更加完善，一般可以享受海外医疗服务。

四、医疗保险的保险责任

（一）保障项目

被保险人患病治疗过程中，医疗费用涉及的范围很广，既有治疗疾病的直接费用，如药费、手术费，又有与治病无关但患者必须支出的费用，如假肢费、整形费，这些究竟是否属于保障范围，需仔细区分。原则是直接费用予以赔付，间接费用可赔可不赔，无关费用一律不予赔付。一般来说，列入保障范围的费用有药费、手术费（包括麻醉师费和手术室费）、诊断费、专家会诊费、化疗费、输血输氧费、检查费（包括心电图、CT、核磁共振等）、拍片透视费、理疗费、处置费、换药费及 X 光疗费、放射疗费等。有些费用是否属于保障范围，视保险单的具体规定而异，如住院床位费、家属陪护费、取暖费、异地治疗交通费等。另外，还有一些费用是作为除外责任的，如病人的膳食费、滋补药品费，安装假肢、义齿、假眼费，整形整容费等。但对于上述费用，不同保险人提供的医疗保险，其保障范围和除外责任也不大相同。

（二）责任期限

责任期限是指被保险人自患病之日起的时间段，保险期限是指保险人对保险合同约定的保险事故所造成的损失承担给付保险金责任的时间段。只有发生在保险期限内的保险事故才能享受责任期限的待遇，被保险人在保险期内患病但在保险期内还未治愈，则从患病之日起的不超过责任期限内所消耗的医疗费用由保险人提供补偿保险金。责任期限一般可定为 90 日、180 日、360 日不等，以 180 日居多。

五、医疗保险金的给付

（一）医疗保险的保险金额

医疗保险一般规定一个最高保险金额，保险人在此限额内支付被保险人所发生的医疗费用，无论被保险人是一次还是多次患病治疗；但超过限额后，保险人不再赔付。除此之外，还可规定每次门诊费的保险金额、规定每日住院金额数（平均数）、即时限额补偿、

疾病限额补偿等方式确定医疗保险的保险金额。

（二）医疗保险的给付条款

医疗费用分摊条款是医疗保险常用条款之一，通常采取免赔额和比例分担两种形式。除此之外，还有给付比例与免赔额结合法、限额给付法、免责期限（即在合同生效的最初一段时间内，保险人对被保险人发生的保险事故不负赔付责任，以减少带病投保现象，降低保险人的经营风险）等方式。

（三）医疗保险的赔付方式

1. 补偿方式

补偿方式，又称报销方式，在保险金额的限度内按照实际支出的医疗费用进行补偿，是一种普遍的赔付方式，但容易造成医疗费用的浪费。

2. 定额给付方式

定额给付方式，即不考虑实际支出费用，保险公司按约定的金额给付保额。常用于手术医疗保险，根据手术部位和危险程度确定比例定额给付，但可能使被保险人得不到充分保障。

3. 提供医疗服务方式

提供医疗服务方式，即通常保险公司与医疗机构合作，保险公司提供费用和报酬，医生向被保险人提供医疗服务，受老年人欢迎。

🗨 学以致用6-2 重视医疗保险作用 对比医疗保险产品

一、看事实：医疗保健支出增加 医疗保险高速增长①

在银行业保险业 2023 年上半年数据发布会上，有关负责人表示将指导金融机构加大对消费重点领域的金融支持，规范发展消费金融产品和服务，优化消费金融环境，为恢复和扩大消费提供优质金融服务。其中，针对保险行业，鼓励保险机构积极开发旅行社责任险、旅客意外险、新能源汽车保险、汽车质量安全责任保险、商业医疗保险等多样化、个性化保险产品，为支持消费恢复发展提供保险保障。

根据国家统计公报数据，近年来我国医疗费用支出中，近三成的医疗费用需要个人承担。长期以来，医疗费用支出是每个中国家庭面临的主要大额费用支出。国家统计局发布的《2023 年上半年居民收入和消费支出情况》显示，上半年全国居民人均医疗保健消费支出 1 219 元，同比增长 17.1%，占人均消费支出的比重为 9.6%。医疗保健消费涵盖着整个医疗健康，相当于医院和药店的综合消费。

根据国家统计局历年发布的统计数据，2019—2023 年上半年，人均医疗保健消费分别为 941 元、848 元、1 015 元、1 041 元、1 219 元。2020 年因大环境影响，当年人均医疗保健消费有所回落，但 2021 年后医疗保健费用支出已出现加速上行的趋势。

在医疗费用支出增长趋势如此清晰的形势下，商业医疗保险仍然是做好家庭大额医疗费用支出风险分散的最重要健康保险产品，通过以家庭为单位的医疗费用支出风险管理，

---

① 资料来源：和讯网，"健康险又一次大机会？国家、监管提振消费信心，可消除后顾之忧的险种应得到更多重视"，2023 年 8 月 17 日，http：//insurance.hexun.com/2023-08-17/209728048.html

增强家庭整体经济的稳定性。

2016年至2020年间，百万医疗险取得高速增长的外部主要因素也是如此。而2020年到2022年的3年时间内，各城市定制补充医疗保险（惠民保）因为价格普惠亲民，政府指导背书，也出现了另一波的大发展。

虽然在一定时间内，低价的惠民保在一定程度上冲击了百万医疗险的市场规模，但对整个国内市场来说，受到不同形式的商业医疗险保障的总人数在增加，全社会对商业医疗保险的保障功能认知也在增加。这些都为商业医疗保险下一步的科学发展创造了有利的市场环境。

二、做练习：比较不同类型的医疗险产品

1. 以"惠民保"和"百万医疗险"为关键词，查询二者异同，思考为何"惠民保在一定程度上冲击了百万医疗险的市场规模"。

2. 在中国保险行业协会人身保险产品信息库中，选择"健康保险-医疗保险"，分别选择"费用补偿型医疗保险"和"定额给付型医疗保险"，查看产品信息，对比两类产品条款，说一说，二者的主要差别是什么？

3. 使用中国保险行业协会人身保险产品信息库，在医疗保险类别下，查询儿童专属产品和老人专属产品，查看两类产品具体信息，重点关注保障责任内容，说一说，对不同年龄阶段人群，专属产品保障责任有什么特色？

第三节　疾病保险

电影里的保险："药神"与重大疾病保险

2018年，徐峥、王传君领衔主演的电影《我不是药神》获得了极大的关注，收获了31亿的票房。

这部电影讲述了徐峥饰演的商贩"程勇"，为了救助"慢性粒细胞性白血病"患者，从印度带回仿制特效药，他抛弃自身安危，甚至贴钱救助病患，成为病友口中的"药神"。但是，假药就是假药，程勇最终获刑入狱。

现如今，多种特效药已经纳入医疗保险范围，为广大的病患带来了更多生存的希望，也让"程勇"们不需要再面对法律与良知的抉择。即便如此，重大疾病的治疗费用仍然让普通家庭难以承受。

一、疾病保险的界定

疾病保险，指以保险合同约定的疾病的发生为给付保险金条件的健康保险。这种保单通常保险金额比较大，以足够支付疾病产生的各种费用。

二、疾病保险的特点

（一）特点

疾病保险与其他健康保险相比有哪些特点呢？疾病保险有以下四个主要特点。

1. 疾病保险保险金额较高

疾病保险保障的重大疾病，均是可能给被保险人的生命或生活带来重大影响的疾病项目，如急性心肌梗死、恶性肿瘤等。较高的保障程度会给家庭减轻很多负担。

2. 保险责任认定具有复杂性

疾病保险以被保险人发生疾病为保险责任，而对于疾病的界定需要专业性。特别是重大疾病保险，保险金额高，确诊一次性赔付金额多，是否能够顺利理赔对被保险人来说意义重大，关乎是否能够及时得到救治。为避免医患之间、投保人与保险人之间发生纠纷，更好地指导保险公司使用疾病定义，中国保险行业协会与中国医师协会共同制定《重大疾病保险的疾病定义使用规范》（2020 年修订版）。

按照该规范要求，保险公司将产品定名为重大疾病保险，且保险期间主要为成年人（十八周岁及以上）阶段的，该产品保障的疾病范围应当包括本规范内的恶性肿瘤、急性心肌梗死、脑中风后遗症、冠状动脉搭桥术（或称冠状动脉旁路移植术）、重大器官移植术或造血干细胞移植术、终末期肾病（或称慢性肾功能衰竭尿毒症期）；除此六种疾病外，对于本规范疾病范围以内的其他疾病种类，保险公司可以选择使用；同时，上述疾病应当使用本规范的疾病名称和疾病定义。

了解该规范内容，对保险消费者合理购买重疾险和申请理赔有重要作用。

3. 疾病保险有等待期或观察期条款

为了避免逆选择或道德风险问题，疾病保险一般都设置有等待期或观察期（一般为 180 天，不同的国家规定可能不同），被保险人在等待期或观察期内因疾病而支出的医疗费用及收入损失，保险人不负责，观察期结束后保险单才正式生效。

4. 疾病保险的给付方式为全额给付

一般是在确诊为特种疾病后，立即一次性支付保险金额。

（二）疾病保险和医疗保险的区别

疾病保险和医疗保险都属于健康保险，都是以被保险人的健康为保险标的的，但它们也有很大的区别。

1. 二者保障范围不一样

疾病保险，也就是重大疾病保险，主要针对那些会威胁到生命或者花费比较大的重大疾病。而医疗保险保障范围就宽了很多，从一般的阑尾炎到癌症都在医疗保险保障范围之内。

2. 二者赔偿标准不同

疾病保险是定额赔付，也就是只要患上合同规定的重大疾病，保险公司立即按照保险金额赔付。例如，保额 20 万，那保险公司就赔偿 20 万，或者按约定支付比例进行赔偿[①]。

医疗保险是按实际所用医疗费来赔付。比如保额 1 万，住院花费了 5 000 元，那保险公司赔偿不会超过 5 000 元（往往还有自付额或支付比例）。

---

① 重疾险改革后，大部分保险公司保险责任对重大疾病按病症从重到轻进行了划分，分成重症、中症和轻症。罹患重大疾病一般按保额 100% 进行赔付。如果是中症和轻症的话，一般的赔付比例在 40%～60%。一般情况下是赔付多次的，赔付的比例可能就会递增。具体以保险合同条款为准。

3. 保险期间不同

医疗保险的保险期间往往只有一年。如果一年内没有住院，那保险合同就终止了，要想继续得到保障，就得再交钱续保。疾病保险的保险期间一般都是长期的，甚至是终身。

三、疾病保险的分类

（一）重大疾病保险

随着医疗技术的进步，大部分重大疾病能够进行治疗，甚至可以治愈，但是巨额的医疗费用和沉重的心理压力给家庭带来巨大的痛苦与压力。因此，重大疾病保险越来越受到民众重视。重大疾病保险已经是健康保险中份额最高的险种。

重大疾病保险，是指被保险人在保险期间患有保单规定的重大疾病或因疾病身故时由保险人一次性给付保险金的保险。它是疾病保险最主要的险别。从保险给付的性质上讲，重大疾病保险和寿险都属于定额给付型的保险，但二者最本质的区别是一般寿险产品以被保险人的死亡为给付条件，而重大疾病保险以被保险人诊断出患有约定的疾病作为给付条件。

通过本节前的案例可知，保护人民百姓的生命健康安全是第一位的，但保护医药研发热情，维护正版药品生产商与销售商合法权益也是很重要的。购买假药、贩运假药做不到两全其美，甚至还会触犯法律，有牢狱之灾。要真正维护人民健康生命安全，在加快国产药品研发和推动药品价格改革的同时，在完善社会保险制度基础上，通过重大疾病保险缓解患者就医购药压力非常必要。

重大疾病保险的具体类型，可以根据保险期间划分，也可以根据给付方式划分。

1. 根据保险期间划分，重大疾病保险可以分为定期重大疾病保险和终身重大疾病保险

定期重大疾病保险为被保险人在固定的期间提供保障，固定期间按年数确定（如20年），或按被保险人年龄确定（如保障至70岁）。有的保险公司将定期重大疾病保险设计为两全的形态，即被保险人在保险期间内未患重大疾病且生存至保险期末也可以获得保险金，有的还提供等额的身故和高度残疾保障。

与定期重大疾病保险相对应，终身重大疾病保险可以为被保险人提供终身的保障。终身保障的形式有两种：一种是重疾保障，为被保险人终身提供，直至被保险人身故；另一种是指定一个"极限"年龄（如100周岁），当被保险人健康生存至这个年龄时，保险人给付与重大疾病保险金额相等的保险金以结束保险合同。终身重大疾病保险大都含有身故保险责任，费率比较高，缴费方式多样。

2. 根据给付方式，重大疾病保险可以分为提前给付型、附加给付型、独立主险型、按比例给付型、年金式给付型、回购式选择型和其他给付形态

（1）提前给付型重大疾病保险。提前给付型重大疾病保险的保险责任包含重大疾病、死亡、高度残废。在保险期限内，如果被保险人患保险单所列明的重大疾病，被保险人可以提前领取一定比例的死亡保额作为重大疾病保险用于医疗或手术费用等开支。当被保险人死亡时，剩余比例的保险金由受益人领取、如果被保险人没有罹患重大疾病，则全部保险金作为死亡保障，由受益人领取。该型产品费率相对偏低，但在提前给付重大疾病保险金的同时，实质上减少了被保险人的身故保额，而被保险人由于身患重大疾病而基本丧失了重新购买寿险的机会。

（2）附加给付型重大疾病保险。附加给付型重大疾病保险通常作为人寿保险的附加险，保险责任也包含重大疾病、死亡、高度残废。不同于提前给付型的是该型产品规定了生存期。生存期间，是指自被保险人身患保障责任范围内的重大疾病开始，至保险人确定的某一时刻为止的一段时间，通常为30天、60天、90天、120天不等。如果被保险人罹患重大疾病且存活超过生存期间，那么保险人给付重大疾病保险金，在被保险人身故时再给付死亡保险金；如果被保险人罹患重大疾病且在生存期内死亡，保险人只给付死亡保险金；如果被保险人没有发生重大疾病事故，那么全部保险金作为死亡保障，被保险人身故时保险人给付死亡保险金。此类产品的优点在于死亡保障始终存在，不因重大疾病保障的给付而减少死亡保障；其缺点在于保险费相对昂贵，定价风险偏高，生存期的确定易招致理赔纠纷，容易出现逆选择。

（3）独立主险型重大疾病保险。独立主险型重大疾病保险的保险责任包含死亡和重大疾病。但死亡和重大疾病责任是相互独立的，死亡保额和重大疾病保额为单一的保额，且数额一致。保险期限可以是终身的，也可以是定期的。如果被保险人在保险期间内身患重大疾病，保险人给付重大疾病保险金，保险责任终止，死亡保险金为零。如果被保险人在保险期限内，未患重大疾病，保险人则给付死亡保险金。该型产品的最大优点是一定的保费支出能够获得最充分的重大疾病保险保障。此外，该型产品费率比较低廉，较易定价，即单纯考虑重大疾病的发生率和死亡率，但对重大疾病的描述要求严格。

（4）按比例给付型重大疾病保险。按比例给付型重大疾病保险是针对重大疾病的种类设计的，同时也应用于以上诸个产品中，主要考虑某一种重大疾病的发生率、死亡率和治疗费用等因素，被保险人罹患某一种重大疾病时，按照重大疾病保险金总额的一定比例给付，其死亡保障程度不变。该型产品保费较低廉，保障具有针对性，不足之处是保障不足，同时也易招致逆选择等问题。

（5）年金方式给付型重大疾病保险。一些重大疾病保险规定，当被保险人身患重大疾病时，保险人不是一次给付所有的保险金，而是采取年金给付的方式，按月给付保险金，直到该被保险人死亡为止。按年金方式给付型重大疾病保险的最大优点是可以最大限度地满足被保险人在生存期间的需要，如支付住院费用、购买营养品等。

（6）回购式选择型重大疾病保险。回购式选择型重大疾病保险是针对前述提前给付型存在的因领取重大疾病保险金而导致死亡保障降低的问题，规定保险人给付重大疾病保险金后，如被保险人在某一特定时间后仍存活，可以按照一个固定费率买回原保险总额的一定比例（如25%），使死亡保障有所增加，如被保险人经过一定的时间仍存活，可再次买回原保险总额的一定比例。经过数次回购后，保险金额又可以恢复最先购买时的水平。这样最终使死亡保障可以达到购买之初的保额。此型产品最早出现于南非，后在澳大利亚和英国等得到快速发展。回购式选择带来的逆选择是显而易见的，因此对于回购式选择型重大疾病保险的前提或设定条件至关重要。为避免逆选择，保险人通常规定回购式选择权只附加于有死亡保障责任的产品。

（7）其他给付形态。重大疾病保险的保险金给付还存在一些其他形态，常见的有以下两种。

保费豁免，即缴费期内被保险人第一次罹患重大疾病，投保人可以豁免保费，保单继续有效。

保费返还，即对于独立主险型的重大疾病保险，保单规定在保险期限内如果被保险人没有患重大疾病，保单期满时保险公司将无息退还所交保费。

（二）特种疾病保险

特种疾病保险是专门针对被保险人患上某种特种疾病，保险公司提供保险保障的一种保险业务，如癌症保险、特殊情况下的艾滋病保险等。

 边学边做

读报告学保险

爱选科技是唯一一家在互动式保单、非标体保险、老年人保险三大创新领域均推出解决方案的公司。主要侧重于大数据、精算科学、人工智能在保险与医疗健康领域的应用。

2021 年 8 月，爱选科技、北大金融数学系近日联合发布的《中国保险行业重大疾病保险产品病种研究报告》，研究报告公开发布，可以免费获取（网址链接：https：//www. aixbx. com/research）。

下载并阅读这份研究报告，了解一下目前重大疾病保险承保的病种情况。

四、疾病保险的保险责任①

（一）重疾险保障责任范围

《重大疾病保险的疾病定义使用规范》（2020 年修订版）中，重疾定义修订的主要内容包括两点：一是优化分类，建立重大疾病分级体系。二是增加病种数量，适度扩展保障范围。例如，在原有重疾定义范围的基础上，新增了严重慢性呼吸衰竭、严重克罗恩病、严重溃疡性结肠炎 3 种重度疾病，对恶性肿瘤、急性心肌梗死、脑卒中后遗症 3 种核心重疾病种进行科学分级，新增了对应的 3 种轻度疾病的定义，将原有 25 种重疾定义完善扩展为 28 种重度疾病和 3 种轻度疾病；扩展对重大器官移植术、冠状动脉搭桥术、心脏瓣膜手术、主动脉手术等 8 种疾病的保障范围，完善优化了严重慢性肾衰竭等 7 种疾病的定义。

（二）重疾险的除外责任

重大疾病保险的除外责任因下列情形之一，导致被保险人发生疾病、达到疾病状态或进行手术的，保险公司不承担保险责任：①投保人对被保险人的故意杀害、故意伤害；②被保险人故意犯罪或抗拒依法采取的刑事强制措施；③被保险人故意自伤或自本合同成立或者本合同效力恢复之日起两年内自杀，但被保险人自杀时为无民事行为能力人的除外；④被保险人服用、吸食或注射毒品；⑤被保险人酒后驾驶、无合法有效驾驶证驾驶，或驾驶无合法有效行驶证的机动车；⑥被保险人感染艾滋病病毒或患艾滋病；⑦战争、军事冲突、暴乱或武装叛乱；⑧核爆炸、核辐射或核污染；⑨遗传性疾病，先天性畸形、变

---

① 中国保险行业协会，重大疾病保险的疾病定义使用规范（2020 年修订版）。

形或染色体异常。

五、疾病保险金的给付

保险公司设计重大疾病保险产品时，所包含的本规范中的每种轻度疾病累计保险金额分别不应高于所包含的本规范中的相应重度疾病累计保险金额的30%；如有多次赔付责任的，轻度疾病的单次保险金额还应不高于同一赔付次序的相应重度疾病单次保险金额的30%，无相同赔付次序的，以最近的赔付次序为参照。

按照行业规定的新规范，重疾险的理赔条件可以分为三种情况：确诊即赔、实施了约定的手术和达到疾病约定状态。

（1）确诊即赔适用于恶性肿瘤、严重Ⅲ度烧伤、多个肢体缺失这三种疾病。身患这三种疾病中的一种或多种且医生根据医学检查给出明确诊断报告，就可以向保险公司申请理赔。

（2）某些疾病即便是确诊也不会立即赔付，而是实施规定的手术，比如说，重大器官移植术，只是确诊了某器官功能衰竭还不能理赔，必须对对应器官如肾脏、肝脏、心脏或肺脏实施移植手术才行。

（3）还有些重疾确诊后维持一段时间，身体状况达成某一种疾病状态，如脑卒中后遗症，只有符合重疾定义的描述才能申请赔付

重疾险还可以分为单次赔付和多次赔付。单次赔付重疾险是指投保人一次患重症得到理赔后，保险合同即终止，投保人便失去了后续的保障，而且由于其有了病史，无法再次投保重疾险，而一旦再次罹患重疾，就会陷入没有保障的境地，给经济状况再次造成沉重打击；多次赔付重疾险通常是将重大疾病分为几组，每一组均为有关联疾病，其中任何一组只要确诊，投保人可获赔保额，但同一组别的重大疾病只能赔付一次。

📃 学以致用6-3　查看保险理赔报告　了解重疾赔付情况

一、看事实：恶性肿瘤出险最高　保障缺口仍然较大[①]

近日，多家险企发布2023年上半年理赔报告。据《金融时报》记者观察，大部分险企上半年的理赔总金额和总件数均较去年同期有明显提升，从各险企披露的理赔半年报来看，医疗险的赔付件数相对较高，而重疾险的赔付金额占比较高。

多家保险公司分析称，重大疾病仍为危害客户健康的首要原因。其中，恶性肿瘤是重疾险赔付的主要原因。互联网保险服务平台慧择的理赔半年报显示，在重疾险赔付中，31~40岁为"高风险人群"，出险最高的疾病种类为恶性肿瘤。其中，甲状腺癌发病率位居重疾险出险首位，肺癌和乳腺癌紧随其后。

目前，重疾险的保障缺口依然较大，保险公司在理赔报告中呼吁消费者提高重疾保障额度。例如，人保寿险在理赔报告中表示，恶性肿瘤-重度是赔付的高频病种，但有67.62%的客户配置的保障额度在10万元以下。考虑到相关治疗费用日益增长，这种配置额度已经无法满足患者在出险后所需承担的费用。为了更好地应对风险，人保寿险建议，及早根据自身需求增加保障额度。

百年人寿理赔服务半年报显示，被保险人重疾险赔付保额低于20万元的近51%。在

---

① 资料来源：中国经济网，"透视险企上半年理赔报告：日均赔付超亿元1小时赔付不鲜见"，2023年7月23日，http：//finance.ce.cn/insurance1/scrollnews/202307/26/t20230726_38646980.shtml？ivk_sa=1023197a

华泰人寿今年上半年重疾出险金额分布中，10万元以下的占比为43.11%，20万元以上的占比仅为16%，30万元以上的占比不足6%。

"随着医疗技术的不断发展，我国恶性肿瘤五年生存率较之过往有明显提升，但整体与发达国家仍有一定差距。与此同时，重大疾病治疗康复费用高昂，一旦罹患重大疾病，治疗费用将给整个家庭带来沉重的经济负担。"慧择表示，一份充足的重疾险保障虽然不能阻止疾病的发生，却可以在风险来临时减轻患者的经济负担。

二、做练习：查看最新理赔报告

1. 绝大多数保险公司理赔报告发布在官方微信公众号上。通过官方微信公众号检索"理赔报告"，在检索结果里，既有保险公司发布的理赔报告原文，也有理赔年度汇总、分析的文章。请选择3~5篇最新的理赔报告原文进行浏览。

2. 根据保险公司理赔报告披露情况，说一说，男性和成年女性和儿童重疾出险前三名分别是什么？不同年龄段，重疾出险前三名是什么？该保险公司为多少客户提供了重疾险理赔服务？理赔总额是多少？件均赔付金额是多少？

3. 根据本节所学知识和保险公司理赔报告信息，说一说，重疾险保障缺口是否有所变化？你有哪些新的发现？

第四节　收入保障保险

📄 电竞真相：电竞造富背后的伤痛[①]

近些年随着电竞产业的澎湃发展，职业电竞选手的商业价值也逐步凸显。根据市场调研机构Newzoo的数据，2020年全球观看电竞比赛的人数为4.359亿，与2019年相比增长超过10%。而今年，Newzoo预测这一数据将增加到4.74亿，全球电竞行业收入将达到11亿美元。Juniper Research的数据则显示，到2025年，全球电竞比赛和流媒体业务的价值将超过35亿美元。

但巨大的市场前景之下，电竞选手这个特殊群体背后除了荣光，也充满着失落、伤病、身心压力都是他们的"健康黑洞"……

此前，知名电竞职业选手Uzi（简自豪）宣布退役，就引发过一轮网络热议。他在退役声明中写道，退役的主要原因是2型糖尿病和严重的手伤，由于常年压力大、肥胖、饮食不规律、熬夜等原因，Uzi在体检时查出了2型糖尿病，且手伤严重，因而决定退役。稍微熟悉电竞的观众都知道，电竞是一个熬夜项目，大多数选手都是每日打排位、训练到深夜，第二天也很难早起。这样的作息规律在团队中一旦养成，某些选手就算想早睡早起也成了奢望。一些选手，尤其是年轻选手，应付网络音浪带来的精神压力，并不比赛场上容易。长此以往，对选手的身心健康自然是有害无利。"电竞选手劳损高于白领数倍"这个消息上了热搜，有多达75%的电竞选手有职业病，平均退役年龄只有24岁。

---

① 资料来源：21世纪经济报道，"电竞造富神话背后的'健康黑洞'：75%有职业病、劳损超白领数倍"，2021年4月7日，https://baijiahao.baidu.com/s? id=1696348296075071414&wfr=spider&for=pc

一、收入保障保险的界定

收入保障保险，也被称为失能收入保险，是指以因保险合同约定的疾病或者意外伤害导致工作能力丧失，按约定对被保险人在一定时期内收入减少或者中断提供保障的健康保险。

这种保险的主要目的是为被保险人因丧失工作能力导致收入方面的损失提供经济上的保障，缓解被保险人自身以及家庭面临的经济压力。

但要注意一点的是，它并不承保被保险人因疾病或意外伤害所发生的医疗费用，如果想要对医疗或疾病有所保障，需要购买医疗保险或疾病保险。

二、收入保障保险的特点

与健康保险的其他险种相比，收入保障保险有以下几个特点。

（一）给付条件

收入保障保险金给付的条件是被保险人在保险期间内，因疾病或意外事故导致工作能力的暂时丧失，使其收入中断或减少。由于生育、工伤事故所致的失能不属于收入保障保险的保险责任范畴，对此将不提供保障。

（二）给付金额

收入保障保险所提供的保险金无法补偿被保险人的全部收入损失。事实上，收入损失保险金有最高限额的规定，该限额通常低于被保险人之前的正常收入。此规定的目的在于保障被保险人在失能期间基本生活的同时，鼓励其努力恢复健康，尽早重返工作岗位。

（三）给付期间

收入保障保险金的给付有时间规定，也就是所谓的给付期间，保险人在此期间内给付保险金。给付期间结束后，即使被保险人仍然不能工作或仍需要治疗，除非有其他特别约定，保险公司将不再支付保险金。根据给付期限的长短，收入保障保险有短期与长期之分，短期给付期限为 1~5 年，长期给付期限大多超过 5 年。

（四）免责期间条款

为了避免对能够迅速恢复原工作的被保险人进行不必要的调查，减少保险成本，保险人会规定免责期间。发生意外事故或患病后，在免责期内，保险人不负赔偿责任。超过免责期，被保险人仍然被认定为全残的，保险人给付保险金。通常免责期间越长，相应的保险费越便宜。

（五）豁免保险费条款

收入保障保险的保险责任决定了一旦发生保险事故，被保险人的收入将会一定时期锐减甚至完全失去收入。选择该条款，则被保险人在连续失能超过一定天数或超过免责期间，可以豁免其应缴纳的保险费，避免雪上加霜。

（六）生活指数调整给付条款

在较长时期内，通货膨胀发生的概率较大，为防止被保险人因物价上涨造成生活困难，保险金的给付要与物价指数同步调整。

三、收入保障保险的分类

根据保险金额给付的方式不同，可以分为定额给付与比例给付两种。

（一）定额给付

定额给付是指保险双方当事人在订立合同时，根据保险人的收入状况协商约定一个固定的保险金额，只要其丧失工作能力，保险公司就按照合同规定，根据丧失能力的程度，分期给付保险金。

定额给付的收入保障保险可以包含加保选择权给付条款，即赋予被保险人在未来收入增加时相应增加保险金额的权利。被保险人在增加保险金额时无须提供可保证明，但必须提供收入增加证明。每次加保的数额因不同保险公司的规定有所差异，但通常都会有一个约定的最大数额限制。

（二）比例给付

比例给付是指按照被保险人丧失工作能力前收入的一定比例给付保险金。例如，约定保险金给付的比例为被保险人原工资的75%，如果被保险人在丧失工作能力前，工资收入为每月1 200元，那么，保险公司每月给付的保险金额为900元。保险人在给付保险金时，通常要扣除被保险人从其他渠道领取的任何残疾收入保险金。比例给付收入保障保险多见于团体保险。

收入保障保险承担赔偿责任的条件是：被保险人所患的疾病，必须是保险合同在有效期内首次发生的疾病，一般既往病症除外。意外伤害是指对被保险人所造成的身体伤害，必须是外来原因导致，且是其不可预见的。

传统的收入保障保险中对全残的定义属于绝对全残，即要求被保险人由于意外事故或疾病而不能从事任何职业。但这一定义过于严格，目前，国外大多数保险公司放宽了限制条件。

现在有四种关于全残的定义。

一是原职业全残，指被保险人丧失从事原先工作的能力。原央视主持人李咏患喉癌，无法说话，丧失了从事主持人工作的能力，可以被认为是原职业全残。

二是现时通用的全残，即在致残初期，被保险人不能完成其惯常职业的基本工作，则可认定全残；致残以后的约定时期内（通常为2~5年），被保险人仍不能从事任何与其所受教育、训练或经验相当的职业时，才可认定为全残，领取相应保险金。

相声演员姜昆的搭档李文华，1983年患了喉癌，保守治疗了一段时间，2年后才动手术。动手术之前和刚做完手术后都无法说话，如果超过了约定时期，仍无法登台表演，就可以认定为限时通用全残。

三是收入损失全残，指被保险人因病或遭受意外伤害致残而使收入遭受损失的情况，也就是说，被保险人在因全残而丧失工作能力，或者即使尚能工作但因伤残致使收入较少时，均可从保险人处获得保险金赔付。

四是推定全残。推定全残有两种含义：一是被保险人患病或遭受意外伤害后，在短期内无法确定其是否会残疾，但如果被保险人在保险人规定的定残期限届满时仍无明显好转征兆，将自动推定为全残；二是被保险人发生了保单所规定的伤残情况时，将被自动作为全残。

四、收入保障保险金的给付

值得注意的是，收入保障保险并不是完全补偿被保险人因残疾导致的收入损失，补偿的保险金一般低于被保险人在残疾前的正常收入水平。在确定给付的最高限额时，保险公司会考虑投保人税前的正常劳动收入、非劳动收入（如利息、股利等）、残疾期间的其他收入来源、目前适用的所得税率等情况。

对保险金的给付方式分为两种，一种是一次性给付，另一种是分期给付。

一次性给付又分为两种情况：如果被保险人全残，保险公司会按照合同约定的保险金额一次性给付被保险人；如果被保险人部分残疾，保险公司会根据残疾程度给付对应比例的保险金。

分期给付分为三种情况：按月或按周给付；按给付期限给付（要根据被保险人是短期内还是长期内因残疾不能工作来定）；按推迟期给付（被保险人超过推迟期仍不能工作，保险人开始给付）。

学以致用6-4　失能收入损失大　保险保障更重要

一、看事实：家庭规模趋于小型化　失能损失保障更重要[1]

在当前中国经济发展和国民多样性需求的新环境下，保险行业的商业健康险主力险种仍然是重疾险和医疗险，其中，医疗险在2016年真正迎来了蓬勃发展，这些都在一定程度上反映了健康保险产品的供需失衡。

这种失衡不单单是各家公司开发几个不同类型的失能收入损失保险、长期护理保险产品就是完成供给侧改革了，而是需要公司从运营能力、合理利润设定、培训宣导、服务配套等方面综合考量，完成产品方案设计。

以失能收入损失保险为例，该险种作为发达国家健康险的重要分类占有相当的市场份额，但在国内市场几乎无迹可寻。其中有产品定价所需要的基础数据不足，缺乏失能发生率、索赔额、失能持续时间等经验数据的客观原因，也有很大原因是在重疾险一家独大的环境下，行业对专业化的健康险险种缺乏深入研究。

根据第六次和第七次的人口普查数据，中国平均家庭户规模持续下降，近20年已从2000年的户均3.44人，下降至2020年普查的2.62人。当前中国家庭结构的小型化的现状，使得家庭抵御风险的能力大大降低。特别是在一二线城市，家庭各方面的财务支出压力大，若家庭的主要收入承担者无法获得收入，将影响整个家庭的财务稳定。这种影响不光来自经济结构调整带来的失业，另一部分也来自因疾病和意外事故带来的劳动能力丧失，因此家庭结构的这种变化增加了失能收入损失保险的潜在需求。

随着受教育程度和对风险认知较高的"80后""90后"群体成为劳动市场的主力，失能收入损失保险的市场环境和需求已经具备。个税App和综合报税等新生事物，也让过去较难确定的个体收入可以合理量化，确定收入保额。

过去几年，在重疾险作为健康险主导的时代，重疾险被赋予很多收入损失补偿的功能，以丰富其内涵。充分释放专业健康保险的杠杆效应，帮助客户家庭建立专业收入损失

---

[1]　资料来源：和讯网，"健康险又一次大机会？国家、监管提振消费信心，可消除后顾之忧的险种应得到更多重视"，2023年8月17日，http://insurance.hexun.com/2023-08-17/209728048.html

屏障，解决生活消费的后顾之忧。

二、做练习：详读保险产品条款 看懂失能收入损失保险

1. 在中国保险行业协会人身保险产品信息库"健康保险"类型下，选择"失能收入损失保险"，浏览在售全部产品列表，选择最感兴趣的 2~3 款产品，阅读保险产品条款。

2. 说一说，在售失能收入保险都有哪些类型，你最感兴趣的是哪一类？为什么？

3. 说一说，不同失能收入损失保险产品的条款对失能的界定是否相同，对伤残等级的规定是否相同，你有哪些新发现？

第五节　长期护理保险

失能之重：老龄化、护理需求与长护险发展

据国家卫健委数据，截至 2021 年年底，我国 2.6 亿老年人中约 1.9 亿患有慢性病，占比超过 70%，此外还有约 4 500 万失能老人，占比超 15%。根据《中国养老服务蓝皮书（2012—2021）》预计，到 2025 年我国失能总人口将上升到 7 279.22 万人，2030 年将达 1 亿人。

长期护理保险（下文简称"长护险"）作为防范长期护理风险、减轻失能失智人群家庭负担、保障失能失智人群尊严生存和高质量生存的有效手段，已成为我国应对"老龄化"和构建多层次社会保障体系的关键一环。

面对快速演进的"老龄化"趋势和迅速增长的护理需求，我国自 2016 年启动政策性长护险试点，定位"广覆盖，保基本"。根据国家医保局数据，2021 年，49 个试点城市参与人数共 14 460.7 万人，享受待遇人数 108.7 万人，基金支出 168.4 亿元。"待遇率"（享受待遇人数/参与人数）0.75%，人均支出 1 291 元/月，"待遇率"及支付水平整体偏低。

一、长期护理保险的界定

长期护理保险，是指为那些因年老、疾病或伤残而需要长期照看的被保险人提供护理服务费用补偿的健康保险。

2016 年 6 月，人力资源和社会保障部印发《人力资源社会保障部办公厅关于开展长期护理保险制度试点的指导意见》，提出开展长期护理保险制度试点工作的原则性要求，明确河北省承德市、吉林省长春市、黑龙江省齐齐哈尔市等 15 个城市作为试点城市，标志着国家层面推进全民护理保险制度建设与发展的启动。2020 年 5 月，国家医疗保障局发布的《关于扩大长期护理保险制度试点的指导意见（征求意见稿）》提出扩大试点范围，拟在原来 15 个试点城市的基础上，按照每省 1 个试点市的原则，试点范围扩充为 29 个城市，试点期限为两年。2020 年 9 月，经国务院同意，国家医保局会同财政部印发《关于扩大长期护理保险制度试点的指导意见》，长期护理保险试点城市增至 49 个。截至 2023 年 6 月底，长期护理保险制度参保人数达到 1.7 亿，累计超 200 万人享受待遇，累计支出基金约 650 亿元。

二、长期护理保险的特点

与其他商业健康保险相比，长期护理健康保险有其自身的特点。

第一，保险责任主要是满足被保险人的各种护理需要。这一点主要是和医疗费用保险费相区别，被保险人接受医疗服务的原因是对疾病和各种身体损伤的治疗，而护理服务的原因除了伤病的恢复外，还包括年老体弱造成的生活不能自理。

第二，保险金给付中一般都有抵御通货膨胀的措施，这样可以尽可能地避免通货膨胀的不利影响，这一点对年轻的购买者来说比较重要。

第三，保障的长期性。所有的长期护理保险都保证对被保险人续保到某一特定年龄，有的保险甚至保证对被保险人终身续保。

第四，保险单的现金价值。长期护理保险中保险合同拥有一定的现金价值，此权利不因保险效力的变化而丧失。当被保险人决定撤销其现存保险单时，保险人可向其提供不丧失价值的选择。

三、长期护理保险的分类

（一）住院护理保险

住院护理保险主要针对需要长期住院护理的人群，保险公司会支付一定的住院护理的费用，包括医疗费用、康复费用等。

（二）家庭护理保险

家庭护理保险主要针对需要在家中接受长期护理的人群，保险公司会支付一定的家庭护理费用，包括雇佣护理人员、购买护理设备等。

（三）日间护理保险

日间护理保险主要针对需要在白天接受长期护理的人群，保险公司会支付一定的日间护理费用，包括日间护理中心的费用、护理人员的费用等。

（四）机构护理保险

机构护理保险主要针对需要入住养老院或护理机构的人群，保险公司一定会支付一定的机构护理费用，包括养老院的费用、护理机构的费用等。

四、长期护理保险的保险责任

长期护理保险的保险责任是指对被保险人在康复机构的专门护理或在家中进行的各项日常家庭护理服务提供保险金给付。专门护理指由专业护理人员，如注册护士或执业护士进行的或在他们的指导下进行的护理服务。家庭护理是指在病人家中为病人提供的日常生活照顾，如做饭、洗澡等，而不是医务人员的专业护理。不同保险公司的保险单中对家庭护理的要求不尽相同，有的需经过医生的鉴定方可给付，有的则要在被保险人丧失一定生活能力时才可进行给付。

长期护理保险除外责任一般包括各种精神疾病导致的护理服务，但老年痴呆症不属于除外责任，如投保前已患有此病属于除外责任。如果是由于投保时健康不良导致的护理服务，则在保险单生效之后的6~12个月内不属于保险责任。

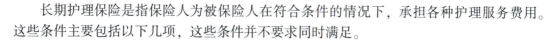

长期护理保险是指保险人为被保险人在符合条件的情况下，承担各种护理服务费用。这些条件主要包括以下几项，这些条件并不要求同时满足。

（一）日常活动不能自理

在美国，护理保险金给付条件仅限于被保险人生活无法自理，必须有他人的照料。目前，美国各保险公司所推出的护理保险产品所指的日常活动主要包括吃饭、洗澡、穿衣、大小便、移动、服药。如果被保险人无法从事上述活动中的任意两项，即被认为是生活无法自理。对于心智不健全者，也被认为是生活无法自理。

（二）医学上的必要性

若被保险人在专门康复院或医院接受专业护理服务，保险公司通常要求此举必须具有医学上的必要性，该规定旨在最大限度地控制被保险人为获取护理保险金而接受护理服务的道德风险。

（三）认知能力障碍

在执行日常活动不能完全达到自理标准时，可能会出现一些特殊情况，即对老年痴呆症患者或其他认知能力障碍的人，即使他们可以从事某些日常活动，但仍属于需要护理的对象，有些公司也将认知能力障碍作为保险金给付条件之一。

五、长期护理保险金的给付

（一）长期护理保险给付条款

给付期限有一年、数年和终身等几种不同选择，同时也规定有 20 天、30 天、60 天、90 天、100 天或 180 天等多种免责期，从保险人开始接受承保范围内的护理服务之日起算，如有 20 天免责期的长期护理保险，被保险人在看护中心接受护理的前 20 天不属于保障范围。免责期的规定实质上是免赔额的一种，目的是消除小额索赔，减少保险人的工作量。

为了控制赔付成本，护理保险保单对保险金的给付会规定一些限制性条件，一般包括给付时间限制与给付水平限制。

1. 给付时间限制

给付时间限制包括免责期和给付期限的规定。免责期是指保单生效后保险公司不履行保险责任的时间，在一段时间内，即使被保险人接受了护理服务而且符合领取保险金的条件，保险公司仍不予给付保险金。给付期限是指被保险人能够领取保险金的最长时间，通常在两年至终身之间的任何期限。有的护理保险产品还对护理院护理、医院护理和家庭护理分别规定了不同的给付期限。

2. 给付水平限制

给付水平限制是指针对不同的护理项目，对给付的金额有所限制。为了限制给付水平，保险公司一般在保险条款中列出不能自理的日常活动项目，如饮食、沐浴、穿衣等，采用梯形结构计算给付数额。例如，所有日常活动不能自理者给付 100% 保险金；3~5 项日常活动不能自理者给付 50% 的保险金等。此外，条款中还有对既往病症的限制性规定，即在保单生效之前已经存在的伤残、疾病设置一个限制期，在该限制期内被保险人因此接受护理服务而支付的费用，保险人也不承担保险责任。

护理保险金的给付形式包括定额给付型、费用补偿型和提供服务三种形式。在定额给付型保单条款中通常包含通货膨胀条款，即未来保险金的给付随生活费用的增长而有所提高。此外，为了增强护理保险的吸引力，保单中通常设置了保费豁免条款，即被保险人在住进护理院或接受保险金一定期限后，投保人可以免交续期保费而保单继续有效。

（二）长期护理保险的保险费豁免条款

长期护理保险的保险费豁免条款，即当保险人开始履行给付保险金责任一定时间（通常几个月）后，被保险人无需缴纳保险费。

（三）长期护理保险不没收价值条款

长期护理保险不没收价值条款是指当被保险人做出撤销其现存报销单的决定时，保险人将保险单积累的现金价值退还给投保人，投保人也可以选择将现金价值作为净保险费，用以购买减额交清保险的保障。

（四）长期护理保险的通货膨胀保护条款

长期护理保险的通货膨胀保护条款是指要求保险单根据通货膨胀指数对给付额进行调整，或按照每年3%~5%的比率调整给付额。在护理费用不断上涨的情况下，通货膨胀保护条款对于被保险人而言就显得尤为重要。

学以致用6-5　关注长护险发展　提高数据分析能力

一、看事实：长期护理保险制度建设情况[①]

为了妥善解决失能人员长护保障问题，按照党中央、国务院决策部署，2016年，国家组织了15个城市统一开展长护保险试点工作。国家医保局2018年成立以后，继续抓好这项试点工作，会同有关部门对试点进行了跟踪评估，稳妥有序地将试点扩大到49个城市。截至2022年年底，长期护理保险参保人数达到1.69亿，累计有195万人享受待遇，累计支出基金624亿元，年人均支出1.4万元。

目前，试点工作进展顺利，取得阶段性目标。一是切实减轻了失能人员家庭经济负担。二是促进了服务体系发展，试点地区服务机构达到7600家，是原来的4倍。三是解决就业，护理人员数从原来的3万多人增加到33万人。

党的二十大作出建立长期护理保险制度战略部署，进一步明确了改革方向。国家医保局将坚持以习近平新时代中国特色社会主义思想为指引，推动建立具有中国特色的长期护理保险制度。下一步，要重点做好两方面工作。

一是持续深入抓好现有试点。对前期试点中已形成的多方共担筹资机制、公平适度待遇保障机制等，深入探索完善。对国家层面已明确的失能等级评估标准，推动地方健全落实。将组织开展试点评估，对存在的问题、短板开展有针对性的研究，并提出对策。还要协同相关部门，形成政策合力。

二是谋划长期护理保险制度顶层设计。在总结提炼试点经验基础上，今年将着力研究

---

① 资料来源：央视网，"国家医保局：推动建立具有中国特色的长期护理保险制度"，2023年05月18日，ht-tps://news.cctv.com/2023/05/18/ARTIJnmfLEnfhPuVwX0s8vIm230518.shtml

完善制度建设总体目标和远景规划，总的方向是统一制度定位和框架，统一政策标准，规范管理运行，推动形成适应我国国情的长期护理保险制度。

二、做练习：看案例学保险

1. 中国健康与养老追踪调查（China Health and Retirement Longitudinal Study，CHARL）与中国老年健康与家庭幸福调查（Chinese Longitudinal Healthy Longevity and Happy Family Study，CLHLS-HF）两个微观调查数据库对于研究老龄化问题很有帮助。请了解两个数据库的情况。如果感兴趣，可在课后注册和使用。

2. 使用知网等学术平台，查询、下载并浏览3~5篇最近使用以上两个数据库完成的与老年健康、老年失能、养老服务、家庭照料等相关的期刊论文或学位论文，说一说你对老年护理问题的新认识或其他新收获。

3. 根据本节所学知识与所看到文献，谈一谈你对长期护理保险未来发展趋势的看法。

第六节　健康保险条款

 信息不对称的影响

信息不对称是不同人对同一事实了解信息不同的情况。信息不对称是市场失灵的重要表现形式。信息不对称，强调的是买卖双方之间的信息不互通、不对等，或出于主观原因有所隐瞒，或由于客观原因无法告知等。

信息不对称造成的后果主要有两方面，一是逆向选择，二是道德风险。逆向选择和道德风险术语最初都来自对保险市场的研究，可见保险市场是典型的信息不对称市场。对逆向选择和道德风险处理不好，保险市场就无法正常运转。

健康保险的特有条款，有一些是专门针对逆向选择和道德风险问题设置的。另外，还有一些为投保方提供选择权的灵活性条款。

一、逆向选择问题与风险甄别条款

（一）健康保险中的逆向选择问题

"逆向选择"这一术语最初来自对保险市场的研究，它源于事前信息的不对称，即在签约前保险合同当事人之间信息不对称，主要是保险人对投保人、被保险人信息了解不完善。

由于信息不完善，保险公司假设所有消费者都面临着相同概率的疾病风险，根据平均预期损失和平均风险来计算保险费。而实际上，不同消费者所面临的疾病风险和预期损失是不同的。

这种情况下，如果使用统一费率，健康风险高的人将更愿意购买保险而健康风险低的人群不愿意购买保险，结果将是购买保险人群变成了高风险群体，按平均保费水平经营，保险公司就发生亏损。

为了保证保险公司收支平衡，保险公司就需要根据高风险参加人数所占的比例情况调高医疗保险费。但当保险费上升之后，更多的低风险的消费者将会退出保险，这就导致了恶性循环，最终市场崩溃。

解决逆向选择问题，其中一个方式就是进行风险甄别，在此基础上进行风险分类，风险高的保险费率高，相反则保险费率低。

（二）健康保险的风险甄别条款

1. 既存状况条款

既存状况条款规定，在保险单生效的约定期间内，保险人对被保险人的既往病症不给付保险金。既往病症是指在保险单签发之前被保险人就已患有，但未在投保单中如实告知的疾病或伤残。既存状况条款，可以避免那些得过某些疾病但有复发危险或未痊愈的人通过购买健康保险获得保险给付。

2. 观察期条款

为防止已有疾病的人带病投保、保证保险人的利益，保险单中要规定一个观察期（大多是半年）。在此期间，被保险人因疾病支出医疗费或收入损失，保险人不负责，只有观察期满之后，保险单才正式生效。观察期条款可以避免那些预感到即将发病的人群通过购买健康险获得保险给付。

此外，健康状况与人的年龄与性别也有很大关系。一般健康保险的承保年龄多为 3 岁以上、60 岁以下人群，个别情况下可以放宽到 60~70 岁，对不同年龄段制定不同的费率标准。通常，男性投保健康保险时的保险费率要较同龄女性高。

二、道德风险问题与风险控制条款

（一）健康保险中的道德风险问题

道德风险也源自对保险市场的研究，它源于事后信息不对称，即因为保险人无法或很难掌握保险人投保后信息和控制其行为，拥有保险合同的投保人更倾向于冒险，或者有放任、促使事故发生的动机。在健康保险中，主要表现为个人健康管理松懈、过度医疗甚至编造医疗事故诈骗等。

道德风险行为会对保险公司造成损害，侵害其他投保人、被保险人的利益。保险公司经营成本提高，保费价格就要上升，可能会造成其他投保人退出，严重情况下会导致市场失灵。

道德风险之所以存在，主要是保险转移了投保人、被保险人的风险。在健康保险合同中，一般是指定专门条款，采用风险控制的方式，让投保人、被保险人也承担部分风险责任，降低道德风险动机。

（二）健康保险的风险控制条款

1. 免赔额条款

在健康保险合同中，一般均对医疗费用采用免赔额的规定，即在一定金额下的费用支出由被保险人自理，保险人不予赔付。健康保险中多采用绝对免赔方式，即不管被保险人的实际损失多大，保险人都要在扣除免赔额之后才支付保险金。

绝对免赔额的存在可以促使被保险人加强自我保护、自我控制意识，减少因疏忽等原因导致的保险事故的发生和损失的扩大，避免不必要的费用支出，减少道德风险。

2. 比例给付条款

比例给付条款又称为共保比例条款。比例给付是保险人采用与被保险人按一定比例共同分摊被保险人的医疗费用的方式进行保险赔付的方式。

在大多数健康保险合同中，保险人对医疗保险金的给付有比例给付的规定。通常是保险人承担较大比例，投保人承担较小比例。比例给付条款让保险人与被保险人共担健康风险事故的经济损失风险，可以有效降低道德风险动机和行为。

3. 给付限额条款

在补偿性质的健康保险合同中，保险人给付的医疗保险金有最高限额规定，即最高赔偿额度，如单项疾病给付限额、住院费用给付限额、手术费用给付限额、门诊费用给付限额等。

健康保险的被保险人的个体差异很大，其医疗费用支出的金额差异也很大，因此，为保障保险人和大多数被保险人的利益，规定医疗保险金的最高给付限额，可以控制总的支出水平。

4. 体检条款

健康保险中，往往会涉及医疗服务机构，如医院或药房。从"经济人"假设出发，投保人一方和医疗服务机构都有扩大医疗费用支出的动机。体检条款约定，保险人可以指定医生对提出索赔的被保险人进行体格检查，使保险人鉴定索赔的有效性。残疾收入补偿保险需要鉴定被保险残疾等级、康复可能性和最终健康状况等，一般都有体检条款约定。

三、个人健康保险灵活性条款

健康保险合同中，为投保方提供选择权的条款，称为灵活性条款。

个人健康保险是保险公司与保险单所有人之间订立的一种合同，是对某一个人或某几个人提供保障的保险。

与团体健康保险比，个人健康保险最大的优势就是可以就给付水平、可续保条款等与保险人进行协商。

在医疗保险中，被保险人还可以选择自付额的计算方式，是每次保险事故自付额还是日历年度自付额。

在残疾收入补偿保险中，被保险人可以选择免赔期间、观察期和给付期间的不同组合。不同的选择，保险双方风险责任不同，因此保险费率也不同。

以下主要介绍可续保条款、可取消条款和职业变更条款。

（一）可续保条款

一般的健康保险都是一年期的。初次投保无论对保险人还是投保人而言，都意味着复杂的手续和各项杂费，对于希望长期投保健康险的客户，反复投保一年期保险显然是不方便的，也是不现实的。使用可续保条款对双方都有好处。

可续保条款一般有以下两种。

（1）条件性续保，即被保险人在符合合同规定的条件的前提下，可以续保直至某一特定时间或年数。

（2）保证性续保，也称无条件续保，即只要被保险人继续交费，合同就可以持续有效，直到一个既定的年龄。在此期间，保险人不能单方面变更合同中的任何条件。

在实践中，可续保条款和保证续保条款是有差别的。"可以续保"一般的条款会写成：保险到期后，投保人续交保费，且保险公司同意的，保险合同继续生效且无等待期。这意味着，可以续保，但不是一定能够续保，必须经保险公司同意。

"保证续保"对保险公司则具有强制约束力。被保险人一旦承诺保证续保后，就失去了对被保险人进行核保的权利，不论被保险人新患何种疾病、之前曾有过多少索赔记录，只要总赔偿额在合同约定的"保证续保权终止额度"以内，那么客户只要按照最初约定的费率续费，保险公司就必须承保，且不得加费、不得新增除外责任。

（二）可取消条款

这种条款的灵活性较强，被保险人或保险人在任何时候都可以提出终止合同或改变保险费、合同条件保障范围。规定这样的条款，保险人承担的风险小，所以成本也低，当然承保条件就不那么严格，但对保险人在售出保险单之后的工作要求较高。

（三）职业变更条款

在健康保险中，被保险人的职业发生变动将会直接影响发病率和危险发生率，所以通常在职业变更条款中规定，如果被保险人的职业危险性提高，保险人可以在不改变保险费率的前提下降低保险金额。

该条款减少了被保险人变更工作后需要重新投保的麻烦，也避免了保险公司需要频繁更换保单，甚至客户流失的问题。

四、团体健康保险灵活性条款

团体健康保险有保费优惠、不用体检等优势，但相对个人健康保险而言，被保险人选择权较小，一般不能自行选择保险责任、保险金额、保险金给付方式等。不过，团体保险中也有提供灵活性选择的条款。

（一）转换条款

转换条款允许团体被保险人在脱离团体后购买个人医疗保险，可不提供可保证明。但是，被保险人不得以此进行重复保险。

团体保险具有规模优势，可以降低保费，比个人健康保险优惠。因此，如果将团体健康保险转换为个人健康保险时，被保险人通常要交纳较高的保险费，有关保险金的给付也有更多的限制。

（二）协调给付条款

该条款在美国和加拿大的团体健康保险中较常见，因为在这些国家，有资格享受多种团体医疗保险的被保险人较普遍，如双职工家庭可能享有双重团体医疗费用保险。

该条款主要是为解决享有双重团体医疗费用的团体被保险人获得的双重保险金给付的问题，而将两份保险单分别规定为优先给付计划和第二给付计划。

优先给付计划必须给付它所承诺的全额保险金；若其给付的保险金额小于被保险人所应花费的全部合理医疗费用，被保险人就可要求第二给付计划履行赔付差额部分保险金的责任，同时告知保险人优先给付计划的给付金额，第二给付计划根据协调给付条款支付保险金。

如果两份保险单都含有此条款，则以雇员身份作为被保险人的那份团体保险单是优先给付计划，以雇员家属为被保险人的保单作为第二给付计划；如果夫妻团体健康险保单均覆盖其家属（主要是雇员的孩子），一般遵循"生日规则"，即以生日较早的雇员所持有的保单作为优先给付计划，生日较晚的雇员所持有的保单作为第二支付计划。

学以致用6-6　了解最新保险产品　自主灵活组合搭配

一、看事实：阳光人寿推出组合灵活新产品①

党的二十大报告提出"把保障人民健康放在优先发展的战略位置，完善人民健康促进政策"，并对推进"健康中国"建设作出全面部署。健康险作为国民提升患病后风险抵御能力的有效工具，近年来愈发受到社会认可，也为保险业参与推进健康中国建设提供生动的案例。

2023年4月1日，阳光人寿全新推出4款产品：阳光人寿阳光保B款重大疾病保险（以下简称阳光保B款）、阳光人寿阳光保i家版B款重大疾病保险（以下简称阳光保i家版B款）、阳光人寿附加两全保险（以下简称附加两全）、阳光人寿附加护理保险（以下简称附加护理）。新产品采用了模块化设计理念，通过"基本保险责任+可选保险责任/可选附加险"的形式，不仅可以涵盖客户的重疾保障，更能拓宽客户保障维度，满足客户多元化保障需求。客户可根据自身及家庭需要，自主组合，灵活搭配。

阳光保B款保障轻症、中症、重疾合计180种疾病，基本保险责任提供轻症重疾保险金、中症重疾保险金多次赔付保障，并且提供中症重疾或轻症重疾豁免保险费保障、首次重大疾病保险金、身故或全残保险金保障。可选保险责任提供重大疾病关爱保险金、多次重大疾病保险金保障。

阳光保i家版B款基本保险责任提供首次重大疾病保险金、身故或全残保险金保障。重大疾病关爱保险金、多次重大疾病保险金、重症与轻症疾病保险金及豁免保险费保障均设置在可选保险责任中。

另外两款附加险产品则可更为充分满足客户个性化需求。附加两全提供身故保险金和满期保险金的保障，若附加两全的保险期间届满时被保险人仍生存，则给付满期保险金。

附加护理提供特定疾病护理保险金和意外伤残护理保险金的保障，护理金按月给付，最高给付期限可以选择60个月或120个月；同时还可选择投保特定疾病关爱护理保险金和意外伤残关爱护理保险金，获得6倍基本保险金额的关爱护理保障。

除了产品方面的模块化设计，还有服务方面的深度升级——"医无忧""直通30"和"护理无忧"健康管理服务，为新老客户带来全新的产品体验和服务体验。

二、做练习：详读保险产品条款　看懂失能收入损失保险

1. 使用腾讯微保等互联网保险平台，查询2~3款重疾险产品介绍和保险条款，说一说这些产品可以提供哪些自主组合、灵活搭配的选项？

2. 查询并了解"豁免保费""多次赔付"等重疾险责任含义和作用，说一说，在以上保险产品中，是否包含或可以选择以上保险责任，是否存在差异？

---

① 资料来源：投资者网，"保障灵活搭 守护健康家——阳光人寿推出2023年新健康险产品"，2023年4月6日，https：//baijiahao.baidu.com/s？id=1762418235655544483&wfr=spider&for=pc

3. 选择不同的组合方案，看一看保费有何差异；根据所学知识，说一说，如果以自己为被保险人，你会选择以上保险产品中的哪一款，会选择哪些灵活条款，为什么？

本章小结

1. 健康保险，是指由保险公司对被保险人因健康原因或者医疗行为的发生给付保险金的保险。

2. 医疗保险具有出险频率高、赔付不稳定且不易预测、保险费率厘定难度大、属于补偿性条款等特点。按承保范围可分为普通医疗保险、意外伤害医疗保险、住院医疗保险、手术医疗保险、特种疾病保险；按保障强度或保险金额高低可分为小额医疗险、中端医疗险和高端医疗险。

3. 疾病保险通常保险金额比较大，以满足支付疾病产生的各种费用的需要。

4. 收入保障保险在给付条件、给付金额、给付期间等方面有自身特点，有免责期间条款、豁免保险费条款、生活指数调整给付条款等特殊规定。

5. 长期护理保险，是指为那些因年老、疾病或伤残而需要长期照看的被保险人提供护理服务的费用补偿的健康保险。

6. 健康保险条款包括逆向选择问题与风险甄别条款、道德风险问题和风险控制条款、个人健康保险灵活性条款、团体健康保险灵活性条款等。

关键词

医疗保险　意外伤害医疗保险　住院医疗保险　手术医疗保险　疾病保险　重大疾病保险
特种疾病保险　保费豁免　收入保障保险　失能收入保险　定额给付　住院护理保险
家庭护理保险　日间护理保险　机构护理保险　既存状况条款　观察期条款　体检条款
可续保条款　可取消条款　职业变更条款　转换条款　优先给付计划　协调给付条款

复习思考题

1. 简述健康保险主要特点。
2. 医疗保险有哪些特点？
3. 简述医疗保险的作用。
4. 疾病保险有哪些特点？
5. 重大疾病保险如何分类？
6. 简述收入保障保险的特点及保险责任范围。
7. 长期护理保险如何分类？
8. 简述主要健康保险条款。

第七章 寿险公司产品开发、定价与营销

📑 **学习引导**

【为何学】 寿险公司需要不断推出新的保险产品，才能满足消费者需求，提高公司盈利能力和市场竞争力；保险公司的利润主要来自保险产品的定价和费率，合理的定价策略可以帮助保险公司实现利润最大化，同时合理的保险产品定价可以更好地满足客户的风险保障需求，增强客户对保险公司的信任。保险市场竞争激烈，客户经常面临多种选择，营销活动是至关重要的。

【学什么】 了解人身保险产品开发的动因、原则和策略，理解人身保险的定价原理、人身保险产品保费和健康保险保费的确定方式，掌握人身保险营销的内涵和重要性、人身保险的市场营销模式以及营销组合模式。

【怎么学】 通过《中国银行保险报》了解保险行业发展动态，关注主要寿险公司官方公众号了解企业保险产品创新情况，了解保险精算师资格考试信息和保险精算工作内容。

【如何用】 尝试对各家寿险公司同类最新产品进行比较，分析互联网平台产品与传统保险产品各自特点；借助各类保险销售平台试算保险产品价格，并思考影响人身保险产品定价的因素；通过保险年鉴数据，了解各家寿险公司销售渠道发展情况，阅读相关学术文献，了解人身保险产品营销的主流观点。

第一节 人身保险产品开发

📖 **看电影学保险：《西虹市首富》中的脂肪险**[①]

爆笑喜剧电影《西虹市首富》中，由沈腾主演的王多鱼为了在一个月之内合法花光十亿资产，与保险公司合作推出了一种奇葩险种——脂肪险，保费 1 元，保险期限 15 天，投保人每瘦 1 千克，就能获得 1 000 元的赔偿，20 亿元赔完为止。

---

① 资料来源：综合公开网络信息所得。

这个保险给了所有减肥的人前所未有的动力，再也没有比这更能吸引人去减肥了。一下子全城掀起运动热潮，燃烧卡路里，没有人开私家车、没有人乘坐电梯、没有人再吃垃圾食品，最后从西虹人寿实现了"西虹人瘦"，王多鱼的20亿也很快告罄。

现在有些保险公司逐渐将健康险产品的定价与用户的运动习惯相挂钩。以平安福2018版为例，"平安 RUN"设置的奖励规则是，达成周目标，每周可获得星巴克中杯饮品、肯德基活力早餐、百果园现金券、京东食品兑换券等奖励之一。完成月目标，保单2018年4月1日起生效的被保险人可申请包含 New Balance 跑鞋的健康增值计划，分期或者一次性购买跑鞋，每月运动达标即可获得50元现金返现，活动持续12个月。完成年度目标，即被保人在前两个保单年度内，累计18个月或者24个月每月至少25天每天1万步，从第三个保单年度开始，平安福主险身故保障和重疾保障分别增加主险及重疾险基本保额的5%或10%。

除了可以提高保额之外，微信里的"步步换"小程序以用户的真实运动量作为依据，用户可用运动步数兑换奖品，如话费、小猪佩奇圆形挎包、夏季必备冰格、纸巾、便当袋、酸奶机等，所需要的兑换步数在3.5万步到85万步不等。

王多鱼销售脂肪险是为了能够把钱花光，商业寿险公司进行新险种开发是为了营利，二者出发点和目的明显不同。那么，寿险公司是如何进行新险种开发的呢？

一、人身保险产品开发动因

人身保险产品开发，是指保险公司基于自身发展需要，根据保险市场需求及其变化状况，创造新的人身保险产品或对现有产品进行改良、组合，以适应市场需要，提高自身竞争能力的经营活动。

（一）追求利润最大化

在市场内在规律作用下，保险业的利润平均化倾向和利润率递减是严酷的现实。因而，保险企业除了要争夺现有市场外，还要开辟新市场或寻求新的利润来源，实现利润最大化目标。

（二）技术创新推动

近年来，科学技术的迅猛发展，尤其是大数据、人工智能、区块链、动态精算等新技术的应用成为保险行业发展的重要驱动力，极大地激发了保险主体创新的积极性。这些新技术使保险交易的时间缩短、空间缩小、成本降低，市场的不确定性得以改善，保险主体可以在更广泛的范围为客户提供更具吸引力的服务项目。

（三）避险需求

转移风险、分散风险或尽可能地减轻风险是人身保险产品创新的重要动因。这个动因引发了旨在转移利率风险、减轻投资风险、增强流动性等各种产品创新的行动。

二、人身保险产品开发原则

在进行人身保险产品开发时，应遵循以下基本原则。

（一）市场性原则

在现代市场经济条件下，保险产品的开发必须以市场需求为导向，没有市场的需求，产品即便是开发出来也没有生命力。因此，保险公司必须以消费者的需求为导向，开发能满足消费者需要的人身保险产品。

（二）效益性原则

经济效益是保险公司经营的重要目标，人身保险产品的开发须从效益性出发，使新产品既能满足消费者的需要，又能为保险公司带来合理的利润。坚持保险产品开发的效益性原则，必须注意处理好三个关系：第一，社会效益和自身经济效益的关系；第二，产品开发与销售推广的关系；第三，眼前利益与长远利益的关系。

（三）合法性原则

保险产品开发必须坚持合法性原则，一般应从以下几方面考虑其合法性：一是所保风险和责任的合法性；二是保险条款和费率的合法性；三是可保利益的确定；四是保险合同的订立、履行都要符合法律和法规的规定。

（四）规范性原则

人身保险产品的开发必须符合行业规范和保险监管的要求。保险公司应对人身保险产品开发建立规范的流程及严格的管理办法，按照监管要求进行条款逐级报批或报备，接受监管部门的监管。

（五）国际性原则

在我国保险市场不断开放的背景下，保险公司开发人身保险产品时要注意保险产品的国际通用性，使所开发的产品既要符合我国法律，也要符合国际保险惯例，充分满足我国境内乃至境外客户的需要。

三、人身保险产品开发策略

在激烈的市场竞争过程中，保险公司应基于公司市场定位、现有产品的特点以及公司发展战略，采取相应的产品开发策略。

（一）产品领先策略

产品领先策略，是指保险公司追求产品开发的领先性，通过尽早进入市场取得领先优势，获得较大利润。

一般来说，产品开发领先的保险公司可以获得如下竞争优势。

第一，取得领先地位，建立产品条款费率标准。率先开发出新产品的保险公司可以为产品条款、费率或其他活动确定标准，使后来者采纳这些标准，为后来者设置了较高的进入壁垒，加大了顾客转换成本。

第二，优先控制关键资源，获得成本优势。开发领先的保险公司可以优先获得稀缺资源，优先选择客户，优先进入有潜力的市场。

第三，获得领先者声誉，率先建立与保户的伙伴关系。建立相对于竞争对手的差异化优势，获得了领先者或开拓者的声誉，又通过先入为主效应，抢先与保户建立伙伴关系。

（二）产品差异化策略

产品差异化策略，是指企业提供同一种类不同类型的产品和服务，利用顾客的求知欲望心理和挑剔心理，来完成企业目标计划的一种竞争生存战略。面对客户多样化需求或偏好，产品差异化符合保险产品的异质性、广泛性，有利于保险人优化产品结构、塑造品牌形象、实现效益最大化。

产品差异化成功的关键在于得到客户认同。保险产品开发可以从产品功能、保障对象、承保风险、品牌、费率、服务等方面实现差异化。

（三）产品组合策略

产品组合策略，是指保险公司根据市场需要和经营实力对人身保险产品组合的广度、深度和关联程度加以合理选择的策略。对于产品组合策略，可根据其宽度、深度、长度和关联度四个要素来描述。所谓宽度，是指保险公司提供的保险产品线所包含的产品大类和服务种类；所谓深度，是指保险公司所提供的某一类保险产品所具有的具体品种数量；所谓长度，是指保险公司能够提供的所有产品品目的总数；所谓关联度，是指各个保险产品线在产品的功能、服务方式、服务对象和营销方面的相关性、接近性和差异性。

扩大人身保险产品组合有三个途径：一是增加保险产品组合的广度，即增加新的险种系列；二是加深保险产品组合的深度，即增加险种项目的数据，使保险产品系列化、综合化；三是保险产品广度与深度并举。

（四）模仿产品应对策略

保险公司开发保险产品时需投入大量的人力、财力和物力，而新产品一旦投入市场，不可避免地面临被仿制的风险。模仿产品的出现对创新保险产品形成了一种挑战，不仅使创新产品的保费收入受到影响，而且使开发产品的保险公司通过努力所形成的市场竞争力受到削弱，这种挑战要求开发保险产品的公司采取针对模仿产品的策略。

开发产品的保险公司可以采取的应对策略具体包括：一是利用商标保护保障保险新产品的服务品牌；二是利用有关商业秘密保护的法律法规对新产品进行保护；三是研究建立产品创新保护机制。

📖 学以致用7-1　新市民新贡献　新保险新保障

一、看事实：新市民提供新保险[①]

穿梭在大街小巷的快递小哥、工地上挥汗的建筑工人、街道上清扫卫生的环卫工人……随着我国工业化、城镇化的深入推进，约有3亿人走进城市成为"新市民"。

2022年3月，《关于加强新市民金融服务工作的通知》指出，针对新市民在创业、就业、住房、教育、医疗、养老等重点领域的金融需求，鼓励引导银行保险机构结合地方实际，高质量扩大金融供给，提升金融服务的平等性和便利度。

金融机构不断提升新市民金融服务覆盖面，推出了一系列创新性金融产品。截至2022年年底，银行保险机构推出新市民专项信贷产品2 244个，信贷余额1.35万亿元，专项保险产品1 001个。

从保险业来看，过去一年，为加强对新市民群体的金融服务，保险业持续丰富产品体系，发展雇主责任险、建筑工人意外险、家政雇佣责任险等多款有针对性的专属新市民保险

---

① 资料来源：中国金融新闻网，"为新市民提供金融服务 保险业须在供需两端发力"，2023年3月22日，https://www.financialnews.com.cn/bx/bxsd/202303/t20230322_267322.html

产品，同时聚焦新市民住房安居、消费、创业等主要需求，在一定程度上取得有效成绩。

但是，由于新市民群体普遍具有较高流动性，就业、医保等信息分散的特征，金融机构对这类群体的信息获取难度较大，面临的风险也相对较大，导致保险机构服务新市民面临很多难题，产品与服务的精准性、可得性、便利性均需进一步提高。也正因为保险机构对新市民群体的特征研究不够，为新市民产品和服务创新提供基础性支撑尚不充足。因此，对于以提供保险保障为主业的保险机构来说，为新市民提供保险服务，需要在可持续性和精准性方面继续发力，加大数据和信息的整合力度，更加精准把握新市民保险需求，持续提升新市民保险服务质效，这是行业解决上述问题的方案。

从产品层面看，保险公司应该从与保险业关系紧密的健康养老和金融服务业入手，通过完善健康保险服务、助力优化社保和医保服务等方式，强化对养老行业的保险支持。例如，部分保险机构与地方政府合作，推出商业医疗保险项目，推动当地医疗保障有效覆盖至新市民群体。由点至面，从保险公司耕耘最深的场景出发，逐步触达更多、更深层次领域，为新市民提供衣食住行全方位的金融服务。

再如，保险公司推出的专属商业养老保险服务，通过采取"保证+浮动"收益模式，缴费方式灵活，最低投保门槛仅为100元，可根据收入情况选择缴费金额，没有收入时可以缓缴，为不同职业的灵活就业人员定制了个性化方案。还有，在全国范围内走俏的惠民保类产品，以低保费、高保额成为近年来市场关注的热点，2022年以来多地惠民保将新市民纳入承保范围，在一定程度上解决了新市民医疗保障不足的问题。将新市民纳入进来，对稳定劳动力市场，长期吸引劳动力流入当地也有一定作用。

在解决供给侧产品供应不足的问题后，需求侧同样需要更加重视新市民消费者教育。一方面，"好酒也怕巷子深"，产品和服务跟上后，如何让新市民接受、认可最终购买保险产品和服务，还需保险业进一步探索；另一方面，也要以知识赋能新市民，面向这类群体开展保险科普，赋能新市民识别与防范诈骗的能力，加强新市民保险意识的服务工作。

对于保险机构来说，提升对新市民群体的风险识别能力、获客能力、产品开发能力、运营能力和服务质效，解决数据孤岛问题，更需要构建起新市民风险管理体系，在完善相关配套、提升数字化能力等环节多方面发力。另外，不可忽视的一点是，如何在盈利与保障方面寻求平衡，如何为新市民提供可持续的支持模式尚待保险机构去探索。

新市民作为城市发展进程中的"新鲜血液"、城市化过程中的重要参与者，对于国家发展、实现共同富裕有重要意义。当前，为新市民提供保险服务尚处于早期起步阶段，还有很大的发展空间。如何让新市民更加快速、充分地融入城市生活，真正实现"落地生根"，是保险业应该思考的命题。

二、做练习：看案例学保险

1. 通过互联网搜索引擎了解新市民含义、范畴和风险特征。

2. 以"新市民保险"为关键词，在中国知网等学术平台检索并浏览最新文献3~5篇。

3. 结合本节知识和浏览的信息，说一说你对新市民保险产品开发现状与发展的建议。

第二节　人身保险产品定价

📰 真实问题：人身保险定价与费率厘定存在的问题①

2022年11月18日，原中国银保监会人身保险监督部发布《关于近期人身保险产品问题的通报》（以下简称《通报》），就近期人身保险产品监管中发现的典型问题进行通报。

其中，产品费率厘定及精算假设问题主要包括以下几点。

（1）产品定价不合理。例如，合众人寿、中国人寿、农银人寿、民生人寿、和谐健康、长城人寿、信美相互人寿、渤海人寿共32款产品，利润测试的投资收益假设严重偏离公司投资能力和市场利率趋势，存在定价不足风险。

（2）费率厘定不合理。例如，平安人寿、北大方正人寿两款意外伤害保险，交费期包含2年交，存在假期交风险。信美相互人寿某养老年金保险，利润测试首年销售费用与定价假设差距较大。

（3）费率厘定或精算假设不合规。例如，建信人寿、和谐健康、农银人寿的产品，存在预定附加费用率超过监管规定上限或个别年龄段收益超过定价利率。泰康人寿的产品，精算报告中法定责任准备金评估未明确所选用的生命表。北大方正人寿某终身寿险，精算报告中法定责任准备金评估采用的生命表与《中国保监会关于使用〈中国人身保险业经验生命表（2010—2013）〉有关事项的通知》中的要求不一致。

人身保险产品应该如何定价？费率厘定受哪些因素影响？精算假设应遵循哪些要求？

一、人身保险定价原理

（一）保险费、保险费率与保险金额

我国《保险法》规定："保险费是指投保人为了获得保险保障，向保险人支付的费用。保险费是根据保险费率与保险金额计算出来的，必须在合同中载明。"

一般情况下，保险费是保险金额与保险费率的乘积②。保险人承保一笔保险业务，用保险金额乘以保险费率就得出该笔业务应收取的保险费，即：

保险费 = 保险金额 × 保险费率

为了说明保险费是如何计算出来的，我们需要先解释一下什么是"保险金额"和"保险费率"。

保险金额是指一个保险合同项下保险公司承担赔偿或者给付保险金责任的最高限额，即投保人对保险标的的实际投保金额。简单说，就是一旦发生保险事故，保险公司赔偿或给付被保险金额的上限。

---

① 资料来源：上观新闻，"90款产品被通报、4款被停售！涉中国人寿、上海人寿……有你买的吗？"，2022年11月21日，https://sghexport.shobserver.com/html/baijiahao/2022/11/21/906625.html

② 大多数情况下，保险费等于保险金额与保险费率的乘积。但也有特殊情况，如车辆损失险保费=基本保费+本险种保险金额×费率。

如果把保险金额比喻为买东西的"总量"，那么保险费率就可以看作保险产品的单价，是单位保险金额的保险费计收标准。

在人身保险中，保险金额一般是由投保人购买意愿和购买能力等因素共同决定的。为了防止发生道德风险或风险过于集中，以被保险人死亡或伤残为条件的人身保险产品一般会有保险金额上限规定。

例如，原银保监会规定，对于父母为其未成年子女投保的人身保险，在被保险人成年之前，各保险合同约定的被保险人死亡给付的保险金额总和、被保险人死亡时各保险公司实际给付的保险金总和按以下限额执行：对于被保险人不满10周岁的，不得超过人民币20万元。对于被保险人已满10周岁但未满18周岁的，不得超过人民币50万元。未成年人在年满10周岁不满18周岁时，最高给付限额不得超过50万元。

因此，保险金额的决定权并不掌握在保险公司手中，主要依据投保人需求和法律法规选择。

我们通常所说的保险定价，一般指的是确定保费费率。

（二）保险费率厘定的基本原则

保险人在厘定保险费率时总体上要做到权利与义务对等，具体包括的基本原则有充分性原则、公平合理原则、稳定灵活原则、促进防灾防损原则、合理性原则[1]。

1. 充分性原则

保险人所收取的保险费在支付赔款、营业费用和税款之后仍有一部分的结余，充分性原则的核心是保证保险人有足够的偿付能力。通俗点说，就是保险公司收完了保费，扣除掉必要的成本，剩下的钱足够满足保险赔偿才行。充足的偿付能力是保险公司稳健经营的保障。

2. 公平合理原则

公平，是指保险费率对保险人来说，其所收取的保险费应与其所承担的风险相当，对被保险人来说，其负担的保险费应与其获得的保障相当。

合理，则是指保险费率应尽可能合理，保险费的多少应与保险种类、保险期限、保险金额相关联。

3. 稳定灵活原则

稳定，是指保险费率应当在一定时期内保持稳定，以保证保险公司的信誉。

灵活，是指要随着风险的变化、保险责任的变化和市场需求等因素的变化而作出相应的调整，具有一定的灵活性。

例如，原中国银保监会要求从2021年2月1日开始，重大疾病保险合同按照对重大疾病保险新的定义开展业务，新的重疾险承保风险发生了变化就有必要调整保险费率[2]。

4. 促进防灾防损原则

促进防灾防损原则是指保险费率的厘定应有利于促进防灾防损，具体来讲，保险人对

---

① 王绪瑾. 保险学 ［M］. 6 版. 北京：高等教育出版社，2017.

② 见中国银保监会发布《关于使用〈中国人身保险业重大疾病经验发生率表（2020）〉有关事项的通知》第四条，"产品定价"，http：//www. cbirc. gov. cn/cn/view/pages/ItemDetail. html？docId=939867&itemId=915&generaltype=0

重视防灾防损工作的被保险人应采取较低的费率。以往，防灾防损在财产保险中运用较为普遍，比如对配备完备消防设施的工厂收取较低的保费，对抢险救灾的费用进行赔付等。

随着科技的进步和风险管理观念的完善，人身保险中也越来越多地运用事前管理控制风险。例如，平安保险公司推出了"平安健康"App，可以获取消费者的运动数据，对有良好健身习惯的投保人可以降低保费。

5. 合理性原则

合理性原则是指保险费率应尽可能合理，不可因保险费率过高而使保险人获得超额利润。

（三）保险费率的构成

遵循保险费厘定原则和保险监管当局要求，各家保险公司保险产品价格有了一个大致范围。如果要了解具体保险产品的定价，需要进一步学习保险费率的构成。

人身保险产品的保险费率是由纯费率与附加费率两部分构成。

纯费率是纯保费与保险金额的比率。纯保费是指保险人用于赔付给被保险人或者受益人的保险金。纯保费是保险费的最低限度。如果保险费比纯保费还低，保险公司将无法支付投保人到期收益，甚至没有足够的财力支付被保险人的合理索赔。

由于死亡率、疾病发生率、金融市场利率对保险公司而言都是无法控制和影响的，具有较强的客观性，即使在市场竞争比较充分的保险市场上，纯费率下降空间也是有限的，具有较强的价格"刚性"。

附加费率是附加保费与保险金额的比率。附加保费是由保险人所支配的费用，主要用于保险业务的各项营业支出，包括运营成本（包括营业税、广告费、代理手续费、企业管理费、工资以及工资附加费）、固定资产折旧和预留利润等。

从附加保费的构成可以看出，与纯保费不同，附加保费具有一定弹性空间。不同保险公司管理效率高低不同，运营成本就会存在差异；企业战略不同，广告费、代理手续费、工资等费用也存在差别；公司规模的大小和科技手段应用不同，也会形成不同的企业管理费用。

截至2020年11月，中国人身保险公司已经有95家，人身保险产品同质化比较严重，竞争非常激烈。因此，在被保险人相同、保险金额和保险责任都相同的情况下，纯保费竞争已经几乎没有空间，保费差异主要是由附加保费差异造成的。

因此，当我们选购保险产品时，不能光看价格是否便宜。价格较低的产品可能是保险责任范围比较小或者有较高的起付线标准、较低的保险金额、较短的承保期限等。如果保费明显比同业便宜很多，更要警惕是否存在违规违法行为。

当然，同类产品也不是保费越高越好，有的保险产品高可能是广告费用高或者保险代理人佣金更高，购买这类保险产品，花的钱更多，但是作为纯保费的部分不一定高，得到的保障并不多。

（四）保险费率厘定的一般方法

1. 分类法

分类法（Class Rating）是在按风险的性质分类基础上分别计算费率的方法。依据该方法确定的保险费率，常常被载于保险手册中，因此又称该方法为手册法。

该方法假设风险损失是一系列相同的风险因素作用的结果。因此，通常按一定的标准对风险进行分类，将不同的保险标的根据风险性质分别归入风险性质一致的相应群体，计算基本费率。对于同一类别的保险标的的投保人，适用相同费率。该方法广泛应用于财产保险、人寿保险和大部分意外伤害保险。如我国的企业财产保险，按标的的使用性质分为若干类别，每一类又分为若干等级，不同等级费率水平各异，但是，在使用分类费率时，可以根据所采取的防灾防损措施而增加费用或者减少费用。对人身保险，基本的分类依据是年龄、性别和健康状况，相同年龄和健康状况被归为一类。分类法的优点在于便于运用，适用费率能够迅速查到。

2. 个别法

个别法又称观察法或判断法（Judgement Rating），是按具体的每一标的分别单独计算确定费率的方法。该方法确定的费率依据核保人员的经验判断，提出一个费率供双方协商。由于某些险种没有以往可信的损失统计资料而不能使用分类法时，就只能根据个人的主观判断确定费率。如卫星保险，在首次发射人造卫星时，因无相应的统计资料，就只能使用观察法来确定费率。观察法多用于海上保险和一些内陆运输保险，因为各种船舶、港口和危险水域的情况错综复杂、情况各异。

3. 增减法

增减法（Merit Rating）又称修正法（Modification Rating），是在分类法的基础上，结合个别标的的风险状况进行计算确定费率的方法。增减法确定费率时，一方面凭借分类法确定基本费率，另一方面依据实际经验再进行细分，并结合不同的情况提高或者降低费率，对分类费率予以补充和修正。增减法因其使用结合了风险程度的差异，因此具有促进防灾防损作用的费率更能够反映个别标的的风险情况，从而坚持了公平负担保险费的原则。增减法的依据在于个别标的的风险损失数据与其他标的的风险损失数据明显不同。

 边学边做

试算人身保险产品保费

请在"微信-我-服务"的金融理财板块中找到"保险服务"入口，点击进入"腾讯微保"小程序。试算一下为自己配置百万医疗险、重疾险、意外险和定期寿险保险需要多少钱，了解影响保费的选项。

二、人寿保险产品保费的确定

（一）寿险保费的含义与类型

寿险保费是寿险产品的价格，是投保人转移风险所付出的代价，也是保险人进行经营活动的物质基础。一方面，投保人通过投保，缴纳一定的保费，可以获得死亡、养老等方面的保险保障；另一方面，保险人通过获得的保费，一部分作为保险金的支付，另一部分补偿保险人在经营管理上的必要开支，使保险公司能够正常运营。通常，寿险保费由两部分组成，用于保险金给付的称为纯保费，用于保险公司经营费用的称为附加保费，纯保费与附加保费之和称为毛保费或营业保费。

早期保险费的缴纳采用自然法，即随着被保险人的年龄增加，死亡率升高，所缴纳的保险费也应增加，这种缴费方法可能使大多数人在年老时，因保费负担过重，交不起保费而失去保障。之后，出现了趸缴保费法和均衡保费法。投保人在投保时将保险费一次缴清，此保险费称为趸缴保费。由于一次缴付的数额较大，投保人难以负担，保险实务中较少采用，但在保险精算中有较重要的理论价值。保险实务中大多采用均衡保费法，所谓均衡保费法也叫分期缴费法，是在保费缴付期内，按相同的时间间隔，缴纳一定数额的保费，这个时间间隔通常是一个月、一季度、半年、一年等。这样趸缴的高额保费就被分解到这些时间间隔中，投保人可以均衡地缴纳保险费。

（二）影响人寿保险费率的因素

在前面的学习中已经学习过，保险费率是保险产品的价格，影响保险费率的因素有利率因素、死亡率因素、费用率因素、失效率因素、平均保额因素。其中，为了简化分析过程，寿险公司往往只考虑死亡率因素、利率因素和费用率因素，这三个因素就是常说的计算寿险费率的三要素。

1. 死亡率因素

人寿保险费率的制定要考虑到被保险人的预定死亡率。我国已经依据相关的统计资料制定了国民生命表，用于反映相应人口群体的死亡规律，大体上与总人口的寿命情形一致，但是对于特定的地区和群体，应结合实际情况有所变通。预定死亡率主要与年龄和性别相关。

人寿保险包括死亡保险和生存保险。对死亡保险而言，预定死亡率高，而保险赔付成本就高，保险价格就高。反之亦然。对于生存保险而言，则正好相反。预定死亡率高，保险公司赔付成本反而降低，保险价格也较低。

2. 利率因素

人寿保险费率的制定要考虑到预定利率的影响。这是因为寿险业务大多属于长期保险，保险产品期限长、跨度大，寿险公司收取的保险费在整个保险期间要参与社会资本的运作，以获得投资收益。寿险公司一般会制定一个预定利率，其所制定的保险费率，应有利于公司实现预订目标。

3. 费用率因素

人寿保险费率的制定要考虑到寿险公司的营业费用。寿险公司的费用一般包括初始费用、代理人酬金、保单维持费用和保单终止费。

（三）人寿保险费率计算方法

人寿保险的现代定价方法有三元素法和资产份额法。

1. 三元素法

人寿保险的保险标的是人的生命，保险人积聚众多投保人所缴纳的保险费。一旦被保险人在保险期间死亡，或满期生存时便给付保险金，故保险费的计算必须考虑死亡率、生存率等因素，又由于寿险多为长期合同，而且收取保费在先、支付保险金在后，所以必须考虑利息的因素。另外，经营寿险业务的保险公司所必需的各项费用开支，亦必须由被保险人负担，所以在计算保险费时还必须考虑费用的因素。

因此人寿保险费的计算依据应该是预定死亡率、预定利息率和预定费用率。此三项就是寿险保费计算的三要素，亦称寿险保费计算的三个基础率。

一般说来，在人身意外伤害保险中，被保险人面临的危险程度，并不因被保险人的年龄性别而有所差异。例如，旅客乘坐长途汽车途中发生车祸，井下工人不幸遭遇塌方等，在同一危险环境中，所有的被保险人面临的危险程度基本相同。

由于人身意外伤害保险的危险性质与人寿保险的危险性质不同，因此计算保费所考虑的因素也不相同。意外伤害保险费率的制定一般不考虑被保险人的年龄（除了高龄外，年龄并不影响费率），不以生命表为制定费率的依据；同时由于意外伤害保险大都为短期契约，制定费率时也不考虑利率因素。制定意外伤害保险的费率时，考虑的主要因素是被保险人的职业以及所从事活动的性质。

与意外伤害保险一样，健康保险在制定费率时，除高龄外，被保险人的年龄不是影响费率的主要因素，不以生命表为制定费率的依据。制定健康保险费率时，所考虑的主要因素为职业、性别和保险金额等。因此，意外伤害保险与健康保险的保险费率厘定方法与财产保险的计算方法类似。

三元素法是寿险业务发展之初最常用的定价方法，该方法比较简单，寿险费率根据预定的利率、死亡率、费率计算，保费收入的精算现值等于未来支出的精算现值，未来支出包括赔偿支出、营业费用和利润。

我国大部分传统保险业务都采用三元素定价法定价。其优点是根据给定的预定利率、死亡率和费用率，保险费率可以很容易地计算出来。其缺点是没有表现出每个保单年度利润的变化，另外此种方法无法让保险公司据此得到一些其他的信息，缺乏一定的灵活性。

2. 资产份额法

这是一种数学模拟模型，通过这个模型，可以模拟在不同假设情况下，产品在每个年度的资产、负债和盈余的变化情况。运用这种定价方法，首先要对一系列定价因子进行规划。根据这些假设，计算出保险公司的现金收入和现金支出。现金收入减去现金支出，就是每个时点的净现金流。将这些净现金流用预定利率计算的终值就是每个时点的资产值，再分摊到有效保单的单位保额的资产，就是资产份额。

资产份额代表了产品的资产，期末准备金代表负债，其差额就是保单盈余，保单获利可以定义为盈余的增量，将保单获利扣除期初盈余利息收入，就是利润。保险公司可以通过上述现金流分析来检验产品的利润是否达到公司的目标，而后进行保费调整。

三、健康保险保费的确定

（一）影响健康保险费率的最主要因素

在遵循保险费率厘定基本原则基础上，影响健康保险费率厘定的因素有发病率、利率、费用率、保单失效率、保险公司营销方法、核保理念、理赔方针、整体理念与目标等。对于健康保险而言，发病率是最重要的因素。

1. 发病率统计资料的来源

由于外界的发病率统计资料不完整，所以，如不考虑年龄差别，健康保险费率厘定所使用的发病率统计资料主要来自保险公司对被保险人的记录，尽管这些统计资料也有其局限性。

（1）个人健康保险单。对于一家刚开始经营个人健康保险的公司来说，最初是根据对可能的年净赔付成本的假设来确定费率的。由于该假设是在统计资料不足的情况下作出的，所以在总保险费中意外准备金所占的比例较大。随着公司的个人健康保险业务量扩大，有关赔付的经验数据也迅速增加，公司自己的这方面经验数据就成为最重要的统计资料来源。

健康保险业的一些出版物也是最可信的统计资料来源。例如，美国健康保险委员会的精算师学会编写和出版的《丧失工作能力收入、住院、外科费用和大额医疗费用保险的个人保险单经验数据的年度报告》，按性别、年龄组、职业提供了各种个人健康保险的经验数据。又如，美国健康保险协会编制和出版的《保险监督官丧失工作能力表》，提供由于意外伤害和疾病造成的丧失工作能力的经验数据，经营健康保险的美国公司只要对这些数据作适当修正，就可以用于计算净保险费和准备金了。

（2）人寿保险的丧失工作能力收入附加特约。许多大的人寿保险公司都已积累了这一附加特约的大量经验数据，可以作为自己厘定费率的依据。精算师学会也编写和出版这方面经验数据的报告，可以作为免缴保险费和丧失工作能力收入附加特约的发病率的统计资料来源。

（3）团体健康保险单。大多数经营团体健康保险的美国公司都保存了团体健康保险的经验数据，主要根据自己的数据厘定费率。此外，美国精算师学会也定期出版提供一些大公司经验数据的报告。

2. 发病率统计资料的不足

从上述来源取得的发病率统计资料存在一些不足之处。首先，数据不均匀，有意义的数据应该是同质的，例如，就丧失工作能力收入保险来说，需要签单年份、性别、年龄或年龄组、职业危险因素和取消期等经验数据，甚至需要补偿期限与月度补偿金额也相同的经验数据。由于各家公司经营的健康保险的品种和实务不一致，所以可取得的经验数据不均匀。其次，编制统计资料的选择期与把这些资料应用于测定将来发病率的时期之间有一个时间间隔，在这个时间间隔中各种医疗费用可能已经发生了变化，所以在使用这些可取得的统计资料时必须加以判断，做较大的修正。

（二）均衡纯保费的计算

在健康保险费厘定时，首先要测定每份保险单的预期的年净赔付成本。假定以 1 元每天住院保险金为一个风险单位，如果年赔付频数是 0.1 人，平均赔付期是 7 天，则该单位的保险金成本是 0.70 元。如果每天住院保险金为 100 元，那么年净赔付成本为 70 元（即 100×0.70）。由此可见，估计赔付频数和平均赔付金额是精算师所面临的两个主要问题。

健康保险合同中的取消期、免赔额、赔付限额等规定对年净赔付成本也有很大影响，这是通过编制持续表来加以处理的。持续表上可以显示一组人持续住院的概率，如 10 000 人中在 7 天以后仍在住院的人数，或者一组人丧失工作能力持续的概率，还可以显示一组人均赔付金额等于或超过 70 元的概率。

在确定了保险期各年度净赔付成本之后，如同人寿保险一样，就可以计算出均衡纯保费。将来年净赔付成本是指从保险单签发日期到合同终止日期的预期给付的所有保险金的价值，再用一定的利率把它们折成现值。

对于 1 年定期健康保险业务，其费率厘定的基本方法是赔付率法（Loss Ratio Method），赔付率是已发生的赔付成本与已赚得保险费的比率，该方法是财产和责任保险费率厘定的方法之一。

（三）健康保险费率厘定特殊性

健康保险费率厘定取决于保险金成本保单失效率、利率和营业费用等，这在很大程度上与人寿保险相同，但是，在不同地区保险金成本的差别受经济状况的影响，以及取消期和免赔额对保险金成本的影响，产生了人寿保险费率计算中并不存在的问题。

在制定总保险费时，应考虑所选择的经验数据和最终的经验数据的关系。选择的经验数据对人寿保险费率厘定相对适用，而对健康保险的费率厘定并无多大实用之处。由于通货膨胀使每年的医疗费用递增，即使使用的是最终的经验数据，也需要使用趋势系数加以调整。

相对人寿保险而言，在健康保险费率厘定中利率的作用并不重要。健康保险在保险前期的赔付明显大于均衡保险费法的人寿保险，因而可用的资金不多，准备金的规模也不大。

相对人寿保险而言，健康保险单的失效率较高，对费率的水平有较大影响。

（四）健康保险总保费计算方式

健康保险的总保费如同人寿保险一样，也是由纯保费、费用、意外准备金等组成。总保费一般按年计算，但可以按月、季度或半年缴付。各种费用项目可以分别用保费的一定比例、每份保险单的一笔金额和每笔赔付的一个金额表示。意外准备金是作为赔付和费用开支高于预计情况下的备抵，它可以用保费的一定比例表示。

对一定金额的某种保险金，要按照被保险人的年龄、性别、职业、地区发病率、费用、保单失效率和利率做出假设，然后估计总保费。对这一试验性的总保险费要使用现实的经验数据加以测试，而后进行适当的调整，最终确定总保费水平。对总保费可以不必计算每一年龄的总保险费，而是计算每隔一定年数的年龄的总保费，如 20 岁、30 岁、40 岁、50 岁、60 岁，对中间年龄的总保费可以使用对这些年龄的保费画一条平滑曲线的方法得出。

四、意外伤害保险保费的确定

（一）人身意外伤害保险与保费确定特点

（1）一般寿险保费的计算主要依据被保险人的年龄大小，按照预定死亡率或者生存率的高低和预定利率来确定。而人身意外伤害保险所承担的只是外来的、剧烈的、偶然的危险，因此危险的发生与否基本上与被保险人的年龄大小，没有内在联系。

（2）人身意外伤害保险属于短期保险，保险期限一般不超过一年，因此，人身意外伤害保险的保险费计算一般也不考虑预定利率的因素。

（3）人身意外伤害保险费的计算原理近似于非寿险，即在计算意外伤害保险费率时，根据意外事故发生频率及其对被保险人造成的伤害程度来确定保险费率。

（二）人身意外伤害保险费率厘定的方法

不同保险公司对于具体意外伤害保险因素略有差别，但主要影响因素类似。例如，某财产保险股份有限公司人身意外伤害保险费率计算法如下：

保险费＝保险金额/10 000×基准保费×被保险人职业等级系数×被保险人风险状况系数×销售区域系数×预期保费规模系数×预期赔付率系数

很显然，上式中，被保险人的职业等级是最主要的一项。

职业分类按风险程度一般从低到高分为七个类别（见表7-1）。一类职业基本上是在办公室坐着不动的人，工作环境非常安全，如出纳、会计，其意外伤害保险费率是最低的。其他六类职业其发生意外的情况不一定会多，但是一旦发生情况会很严重，如石油管道清洗工等属于高危行业，通常是保险公司拒保的行业，如矿工、爆破工等。所以一般情况下，保险公司保单中会注明，保险合同适用于1~6类职业，费率表也只有六类职业。

表7-1　意外伤害保险职业分类

职业分类	风险等级	职业名称
1	低风险	教师，秘书，公务员，文学、生物、农业等研究员等
2	低风险	行政业务办公人员（外勤），农夫，园艺技术人员，兽医等
3	低风险	室内装潢人员，工商、税务行政执法人员，检察员，自用小客车司机等
4	中风险	出租车、救护车司机，搬家工人，摄影记者等
5	高风险	高速公路工程人员，钢筋工，救生员，武打演员等
6	高风险	室外装潢人员，隧道工，水泥生产制造工，潜水教练等
7	极高风险	前线军人，职业拳击运动员，特种兵，防毒防化防核抢险员，防暴警察等

除了职业分类，意外伤害保险还要考虑被保险人风险情况，综合考虑被保险人性别、年龄、健康状况、生活方式等方面，判断被保险人风险大小；也会考虑销售区域风险系数，如销售区域经济发展水平、卫生健康水平、社会治安水平和自然灾害风险状况等方面。

（三）人身意外伤害保险费率厘定相关参考资料

对人身意外伤害保险费率厘定感兴趣的同学可以关注以下两份资料。

1. 2021版意外表

2021年9月23日，中国精算师协会（以下简称精算师协会）、中国保险行业协会（以下简称保险业协会）及中国银行保险信息技术管理有限公司（以下简称中国银保信）正式发布《中国保险业意外伤害经验发生率表（2021）》（以下简称2021版意外表）。

2021版意外表共5张，其中，分年龄分性别混合职业等级经验发生率表2张，分年龄分性别意外伤残系数表2张，分职业等级风险系数参考表1张。

2. 意外险《风险管理报告》

2021年12月30日，中国精算师协会正式发布《中国保险业意外伤害风险管理报告》（以下简称《风险管理报告》）。

《风险管理报告》共计200余页、28万余字，包括6个章节及8个附录，280张图和24张表，系统梳理了意外表编制全过程，详细说明了意外表编制关键环节处理方法，深入分析了承保、理赔、死亡率、残疾率在性别、年龄、地域等维度的不同特点，研究比较了中国大陆与韩国、日本、中国台湾等国家或地区的意外发生率差异，不仅是保险从业人员技术学习的行路梯，也是补充行业意外险数据库的活水源，也为其他行业了解意外险发展提供了渠道。

学以致用7-2 读新意外表 学费率厘定

一、看事实：2021版意外表正式发布①

如上所述，2021年9月23日，精算师协会、保险业协会及中国银保信正式发布《中国保险业意外伤害经验发生率表（2021）》（以下简称2021版意外表）。

2017年，保险业协会首次开展了意外伤害发生率表的测算工作，在促进意外险科学定价、产品创新和提高保险业风险管理能力上发挥了重要作用，但随着社会风险管理意识的增强和对意外险保障功能重视程度的提高，原有测算成果已不能充分反映发生率实际情况，不能适应意外险市场发展需要。在原中国银保监会的指导下，精算师协会、保险业协会和中国银保信于2020年3月启动了意外表编制工作，在深入开展调研、全面验收数据、充分开展测试、广泛征求意见的基础上，最终形成了2021版意外表。

本次意外表首次编制了全应用场景的个人普通意外、少儿学平意外的身故发生率表及伤残系数表，并区分到性别与年龄，为风险细分及产品创新提供依据；首次编制了职业等级风险系数参考表，为行业进一步厘清职业风险等级及风险状况奠定了基础。后续还将陆续发布《中国保险业意外伤害风险管理报告》、《国民防范意外风险教育读本》、意外险数据规范及意外险职业风险等级标准等多项成果。

意外表编制是深化保险业供给侧结构性改革的内在需要，是推动意外险高质量发展的重要举措，是切实提高消费者满意度的重要手段。下一步，精算师协会、保险业协会、中国银保信将在中国银保监会的指导下，进一步发挥专业优势和平台作用，汇聚行业内外力量，继续开展意外医疗、交通意外、电力意外、新业态意外等细分风险研究，更好地服务保险业高质量发展。

二、做练习：看案例学保险

1. 关注"中国保险学会"公众号，或其他渠道，查找并浏览"《中国保险业意外伤害经验发生率表（2021）》编制过程与结果解读"一文。

2. 大学就读期间与中学就读期间相比，意外事故身故的原因有何变化？我们如何进行风险管理，降低风险发生概率，降低风险损失？

3. 根据本节所学知识和浏览内容，分析影响意外伤害保险费率厘定的主要因素。

第三节 人身保险营销

 真实世界：泰康保险的长寿闭环模式②

2023年8月2日，《财富》世界500强排行榜正式发布，泰康保险集团以348.37亿美元的营业收入位列榜单第431名，连续六年入围《财富》世界500强。

---

① 资料来源：中国精算师协会，"《中国保险业意外伤害经验发生率表（2021）》正式发布"，2021年9月27日，https://www.sohu.com/a/581450199_120181749

② 资料来源：金融界，"泰康连续六年上榜世界500强'保险+医养'闭环构筑核心竞争力"，2023年8月2日，https://baijiahao.baidu.com/s? id=1773089861861228260&wfr=spider&for=pc

经过16年的探索，泰康"保险支付+医养服务"的商业模式落地开花，保险、资管、医养三大业务板块协同发展，打造出泰康之家、幸福有约、健康财富规划师三张闪亮名片。泰康坚持创新驱动，大健康产业生态体系日臻成熟，引领保险行业发展方向，也成为中国大众养老方式变革的倡导者和推动者。持续站稳《财富》世界500强榜单，意味着泰康商业模式获得认可，也意味着市场对泰康产品和服务的广泛接受。

早在2007年，泰康开始探索进入养老产业，通过走访全球多地的养老社区，萌生了在中国投资建设并长期运营持续照料退休社区的想法。

2012年，泰康推出第一款将保险产品与养老社区相结合的综合养老计划，泰康人寿"幸福有约终身养老计划"正式问世。不同于传统的"保险+增值服务"模式，"幸福有约"由一张保单和一份《入住养老社区确认函》共同组成。这张保单是泰康养老社区的"入场券"，当保单符合相应条件后，将获得未来养老社区的入住权益，提前锁定养老资源，年金险产生的未来现金流，也将成为客户未来在养老社区生活的资金保障。

目前，泰康之家已在全国布局30个城市34个项目，其中14城15家社区投入运营，入住居民超过9 000人。泰康之家已经成为全国知名的高品质养老连锁品牌，持续领跑行业。预计今年，还将有多家泰康之家新社区投入运营。

在我国老龄化程度不断加深的背景下，养老和健康将成为最大的需求和最大的民生。泰康在医养方面的探索已经成为大众医养的优质基础设施，也为健全多层次养老保障体系贡献力量。

企业的本质是解决社会问题。泰康的实践无疑是成功的，这不仅为行业的发展积累了有益的经验，也为整个长寿时代提供了一种创新的解决方案。当前，泰康的长寿闭环模式已经成熟。在泰康的畅想中，未来长寿、健康、财富三大闭环，将助力人们实现对美好生活的向往。

一、人身保险营销内涵与重要性

人身保险营销，是寿险公司为实现其经营目标，以人身保险为商品，以市场为中心，满足人们对人身风险保障的需求、依据市场环境、利用各种营销技术和策略、与保险营销对象进行沟通并达到说服保险营销对象投保保险目的的运作过程，实现寿险企业目标的一系列整体活动。从整体来看，人身保险市场营销活动由三个阶段组成，即分析市场机会、研究和选择目标市场、制订营销策略。

人身保险市场营销是以人身保险市场为起点和终点的活动，它的对象是目标市场的准保户。人身保险市场营销的目的是满足目标市场准保户的人身保险需求。人身保险市场营销的目标不仅是推销人身保险商品获得利润，而且还要提高寿险企业在市场上的地位或占有率，在社会上树立良好的信誉。

二、人身保险市场营销模式

在以市场为导向的营销观念的指导下，寿险企业都应尽可能地利用自身资源来满足保险市场的需求，以实现企业目标。从人身保险特征来看，营销模式应包括三个方面的内容，即如何选择目标市场，如何发展适当的营销组合来满足目标市场的需求，以及如何才能战胜竞争对手。人身保险市场营销模式一般分为目标市场模式、营销组合模式和竞争模式。

（一）目标市场模式

目标市场模式是指选择适当的保险消费者作为寿险企业的目标市场。换言之，寿险企业根据自身情况和市场情况确定最具吸引力的细分市场作为自己为之服务的目标市场，以自己有限的能力来满足市场上特定保险消费者的需要。所谓目标市场，是指寿险企业经过市场细分后所要服务的一群保险消费者。

人身保险市场细分的依据是保险消费者对保险需求的差异。

寿险公司在细分人身保险市场时要注意其实用性和有效性。有效性表现在细分后的市场能为寿险企业制定营销组合策略提供依据；实用性则以细分市场能否成为保险企业的目标市场为条件。寿险公司在选择好目标市场后，还要选择适当的目标市场模式。一般来说，可供选择的目标市场模式有下列三种。

1. 无差异性市场模式

无差异性市场模式也称整体市场模式。这种策略是寿险公司把整体市场看作是一个目标市场，只注重人身保险消费者对人身保险需求的同一性，而不考虑他们对人身保险需求的差异性，以同一种保险条款、同一标准的保险费率和同一营销方式向所有的保险消费者推销同一种保险。

这种模式的优点是：减少保险险种设计、印刷、宣传广告等费用，降低成本；能形成规模经营，使风险损失率更接近平均的损失率。这种模式的缺点是：忽视人身保险消费者的差异性，难以满足人身保险需求的多样化，不适应市场竞争的需要。无差异性市场模式适用于那些差异性小、需求范围广、适用性强的人身保险险种的推销。

2. 差异性市场模式

差异性市场模式是指寿险企业选择了目标市场后，针对每个目标市场分别设计不同的险种和营销方案，去满足不同保险消费者的保险需求的策略。差异性市场模式的目的就是要保险企业根据人身保险消费者需求的差异性去捕捉人身保险市场营销机会。

这种模式的优点是：使保险市场营销模式的针对性更强，有利于寿险企业不断开拓新的人身保险商品和使用新的人身保险市场营销模式。这种模式的缺点是：拉高了营销成本，增加了险种设计和管理核算等费用。这种模式适用于新的寿险企业或规模较小的寿险企业。

3. 集中性市场模式

集中性市场模式，也称密集性市场模式，是指寿险企业选择一个或几个细分市场为目标市场，制订一套营销方案，集中力量争取在这些细分市场上占有大量份额，而不是在整个市场上占有小量份额。

该种模式的优点是：能够集中力量，迅速占领市场，提高人身保险商品知名度和市场占有率，使保险企业集中有限的精力去获得较高的收益；可深入了解特定的细分市场，实行专业化经营。这种模式的缺点是：如果目标市场集中，经营的人身保险险种较少，经营风险较大，一旦市场上人身保险需求发生变化，或者有强大的竞争对手介入，就会使寿险企业陷于困境。这种模式适用于资源有限、实力不强的小型企业。

（二）营销组合模式

营销组合模式是指用来满足目标市场内人身保险消费者需求的综合营销手段。它包括险种模式、费率模式、营销渠道模式和促销模式等。

1. 险种模式

险种模式主要有险种开发模式、险种组合模式和险种生命周期模式等。

（1）险种开发模式。新险种是整体或其中一部分有所创新或改革就能够给人身保险消费者带来新的利益和满足的险种。新险种开发的程序包括：构思的形成，构思的筛选，市场分析，试销过程和商品化。

（2）险种组合模式。险种组合模式又可分为扩大险种组合模式、缩减险种组合模式和关联性小的险种组合模式。

1）扩大险种组合的途径包括增加险种组合广度和深度，或二者并举。在保险消费者需求量增加或消费升级情况下，适合使用扩大险种组合模式。

2）缩减险种组合是将一些市场占有率低、经营亏损、保险消费者需求不强烈的险种取消，以提高寿险企业的经营效率。在保险消费者需求萎缩或保险公司目标市场改变、战略重心转型情况下，适合使用缩减险种组合模式。

3）关联性小的险种组合是以消费者需求为导向，将保障性质或保险标的差别比较大的险种打包组合。例如，家庭财产保险与家庭成员的人身意外伤害保险的组合，房屋的财产保险与分期付款购房人的人寿保险的组合，组合形成具有特色的新险种。在保险消费者对保险公司忠诚度较高而保险公司传统业务规模增长空间和潜力变小时，适合使用关联性小的险种组合模式。

（3）险种生命周期模式。险种生命周期，是指一种新的保险商品从进入保险市场开始，经历成长、成熟到衰退的全过程。险种的生命周期包括投入期、成长期、成熟期和衰退期，不同阶段需要配合不同的营销策略。

2. 费率模式

费率模式是保险市场营销组合策略中最活跃的模式，它与其他模式存在着相互依存、相互制约的关系。保险费率模式包括如下几种。

（1）低价模式。低价模式是指以低于原价格水平而确定保险费率的模式。实行这种定价模式的目的是迅速占领保险市场或打开新险种的销路，更多地吸引保险资金。但是寿险企业要注意严格控制低价模式使用的范围。实行低价模式，是寿险企业在保险市场上进行竞争的手段之一，但是如果过分使用它，就会导致寿险企业降低或丧失偿付能力，损害保险企业的信誉，结果在竞争中失败。

（2）高价模式。高价模式是指以高于原价格水平而确定保险费率的策略。寿险企业可以通过实行高价模式获得高额利润，有利于提高自身的经济效益，同时也可以利用高价模式拒绝承保高风险项目，有利于自身经营的稳定。但是寿险企业要谨慎使用高价模式。因为人身保险价格过高，会使投保人支付保险费的负担加重而不利于开拓保险市场，此外，定价高、利润大，极容易诱发激烈竞争。

（3）优惠价模式。优惠价模式是指保险企业在现有价格的基础上，根据营销需要给投保人以折扣费率的模式。实行优惠价模式的目的是刺激投保人大量投保、长期投保，并按时交付保险费和加强风险防范工作等。

（4）差异价模式。这一模式包括地理差异价、险种差异价和竞争策略差异价等。地理差异价是指保险人对位于不同地区相同的保险标的采取不同的保险费率。险种差异价是指各个险种的费率标准和计算方法都有一定的差异。

3. 促销模式

在成熟人身保险市场中，各家保险公司险种差异较小，促销策略起着十分重要的作用。下面着重介绍广告促销、公共关系促销和人员促销三种模式。

（1）广告促销模式。广告是通过大众媒介向人们传递人身保险商品和服务信息，并说明其价值的活动。广告是人身保险促销组合中的一个重要方面，是寻找人身保险对象的有效手段。由于人寿保险商品具有无形性，所以广告词应着重强调保险商品的特点，刺激保险消费者认识商品，并接受营销员的拜访。企业广告主要是展示保险公司的实力和资信，达到建立良好社会形象的目的。

（2）公共关系促销模式。公共关系对人身保险市场营销能够产生积极的作用。寿险企业在保险市场营销可运用的公关工具有新闻宣传、事件创造、公益活动、书刊与视听资料、电话公关、互联网公关等。

新闻宣传促销，是指利用报纸、杂志、广播、电视等媒介对保险新闻的传播活动。新闻宣传具有社会影响面广、公众容易理解和信任、传播成本低的特点。

事件创造促销，是指利用机会安排一些特殊事件，来吸引公众对保险服务的注意，以提高保险企业的公众信誉。例如，当寿险公司发生巨额理赔时，召开理赔兑现大会。此外还有新闻发布会、保险知识竞赛、保险咨询日、周年庆典活动等。

公益活动促销，就是寿险企业通过投入一定资金和人员用于社会公益事业，以利于寿险企业树立良好的企业形象。

书刊与视听资料促销，是指寿险企业借助保险报刊、宣传小册子等一些资料来影响公众。此外，电视、电影、录像带和录音带等视听资料也可以作为公关工具，其影响力很大，效果也很好。

电话公关，是指通过打电话，潜在的客户和已购买人身保险的客户可从寿险企业那里获得更多的信息和良好的服务，从而促使他们购买人身保险。

互联网公关，是指通过互联网随时随地为广大客户服务。客户可以轻松快捷地搜索到各家保险公司各类险种的详细资料，加以甄别、比对、挑选，免去了代理人、经纪人等诸多环节，极大地压缩了投保、承保以及理赔之间的诸多费用，提高了时效。

（3）人员促销模式。人员促销是指保险市场营销员直接与客户接触、洽谈、宣传、介绍、销售保险商品的活动。人员促销在保险市场营销组合中，起着不可取代的重要作用，尤其是人寿保险公司，人员促销是其主要的营销手段。

（三）竞争模式

根据保险企业在目标市场上所起的作用，可将这些企业的竞争地位分为四类，即市场领导者、市场挑战者、市场跟随者和市场拾遗补阙者。处于不同地位的保险竞争者，需要选用不同的竞争模式。

1. 市场领导者模式

市场领导者，是指在保险市场上占有市场最高份额的保险企业。它通常在保险商品开发、保险费率变动、保险促销强度等方面领导其他企业。无论领导者是否受到赞赏或尊敬，其他企业都不得不承认它的领导地位。但是领导者也必须随时注意其他企业的动向，不使自己轻易丧失良机，失去领导地位。

市场领导者通常采取的模式是：①扩大总市场，即扩大整个保险市场的需求；②适时采取有效防守措施和攻击战术，保护其现有的市场占有率；③在市场规模保持不变的情况下，扩大市场占有率。

市场领导者要扩大整个保险市场，是因为它在现有市场上占有率最高，只要市场的销售量增加，它就是最大的受益者。市场领导者既可以采取扩大营销的方式来提高其市场占有率，又可以采用各种防守措施来保护其市场占有率。总之，一个有经验的市场领导者是不会留任何机会给它的竞争者的。

2. 市场挑战者模式

市场挑战者，是指行业中名列第二或第三的保险公司。市场挑战者模式旨在掠夺领导者地位和吞并弱小者市场，它们以市场领导者、经营不善者或小型经营者为攻击对象，以扩大市场占有率为目标，选择进攻模式。市场挑战者对市场领导者的进攻模式，包括正面进攻、侧翼进攻、迂回攻击和游击战等。

如果甲保险公司居于人身保险市场的领导者地位，乙保险公司为市场挑战者。乙保险公司战略目标是打入甲保险公司市场占有率最高的细分市场，这就是正面攻击模式。显而易见，选择正面攻击模式需要有强大的实力，遭遇对方阻击的可能性也最大。

在侧翼攻击的情况下，乙保险公司考虑进入的细分市场是甲保险公司竞争力或服务较差的市场，如甲公司在寿险经营上比较强势，但健康险市场力量薄弱，乙公司就专门研究健康险市场，开发健康险险种。

在迂回攻击的情况下，乙保险公司采取不直接与甲保险公司发生正面冲突的方式展开竞争，以开发新目标市场为主。比如甲公司在传统人身保险市场上地位稳固，乙公司不在传统人身保险市场与甲公司竞争，而将资源主要用于开发互联网保险产品。

在游击战的情况下，乙保险公司若无法对甲保险公司提出正面挑战，就采取在某个细分市场向对方发动小规模的、断断续续的攻击的方式。这种方式包括有选择的降价、猛烈的爆发式的促销行动。

3. 市场跟随者模式

市场跟随者，是指那些不想扰乱市场现状而想要保持原有市场占有率的保险公司。市场跟随者并非不需要模式，而是谋求以较小成本投入保持市场地位，跟随市场发展。

市场跟随者必须懂得如何保持现有的客户，如何争取一定数量的新客户，每个跟随者都力图给目标市场带来某些独特的利益，如在地点、服务和融资方面的优惠或方便。市场跟随者必须保持低廉的成本和优秀的产品质量与服务，当新市场开放时，市场跟随者也必须具备跟进和占领新市场的能力。

4. 市场拾遗补阙者模式

拾遗补阙者，是指一些专门经营大型保险公司忽视或不屑一顾的业务的小型保险公司。成为拾遗补阙者的关键因素是专业化。有些专业化经营程度较高的保险公司，尽管在整个市场上占有率较低，但仍有利可图。

三、人身保险营销环节

人身保险营销管理程序包括分析营销机会、保险市场调查与预测、保险市场细分与目标市场选择、制定保险市场营销策略、组织实施和控制营销计划等各项工作。

（一）分析营销机会

分析市场环境，寻找营销机会，是人身保险市场营销活动的立足点。所谓机会，是指在营销环境中存在的对保险企业的有利因素。一个市场机会能否成为寿险企业的营销机会，要看它是否符合保险企业的目标和资源。如果有些市场机会不符合本企业的目标，也就不能转化成营销机会。因此，寿险企业应通过环境分析发现机会，抓住机会，化解威胁。

（二）保险市场调查与预测

在分析营销机会的基础上，寿险企业要对保险市场进行调查和预测。市场调查就是要弄清各种人身保险需求及其发展趋势，市场调查的程序包括确定调查目的、调查计划、调查方法、数据分析及撰写调查报告等。预测保险市场，特别是目标市场的容量，目的是不失时机地进行决策。人身保险市场预测一般要经过下列六个步骤：明确预测目标；制订预测计划；确定预测时间和方法；搜集预测资料；分析预测结果；整理预测报告。

（三）保险市场细分与目标市场选择

在激烈竞争的保险市场上，无论实力多么雄厚的寿险公司也不可能占领全部市场领域，每个公司只能根据自身优势及不同的市场特点来占领部分市场。这就需要寿险企业对市场进行细分并确定目标市场。市场细分就是依据人身保险购买者对人身保险商品需求的偏好以及购买行为的差异性，把整个人身保险市场划分为若干个需求与愿望各不相同的消费群，即"子市场"。在市场细分的基础上，寿险企业可以根据自身的营销优劣势选择合适的目标市场。一般而言，寿险企业首先对细分市场进行评估，然后选择一个或几个细分市场作为目标市场，最后确定吸引目标市场的策略。

（四）制定保险市场营销策略

人身保险市场营销策略主要有险种策略、费率策略、销售渠道策略和人身保险促销策略。险种策略是根据人身保险市场的保险需求制定的，包括新险种开发策略、险种组合策略、产品寿命周期策略等内容。费率策略包括定价方法、新险种费率开价等，保险企业应根据不同险种制定保险费率。销售渠道策略是对如何将人身保险商品送到保险消费者手中的决策。人身保险推销渠道有两种，即直接销售和间接销售。人身保险促销策略是指促进和影响人们购买行为的各种手段和方法，如人员促销、广告公关促销等。

（五）组织实施和控制营销计划

人身保险市场营销管理程序的最后一个步骤就是组织实施和控制营销计划。首先，寿险企业应设立一个能够执行市场营销计划的市场营销组织。营销组织通常由公司副经理负责，其主要工作一是合理安排营销力量，协调全体营销人员的工作，二是协调各有关部门的工作，促使寿险公司同心同德实现营销目标。其次，寿险企业要用控制手段来保证营销计划的实现。营销控制有年度计划控制、利润控制和策略控制三种。

学以致用 7-3　读寿险公司年报　论营销渠道发展

一、看事实：人保寿险发布半年报[①]

2023 年上半年，人保寿险实现原保险保费收入 788.13 亿元，同比增长 9.4%；保险服务收入 85.98 亿元，同比减少 16.2%，保险服务费用 52.67 亿元，同比减少 26.6%，保险服务收入下降主要由于 2023 年资本市场下行使得 2023 年年初待释放利润下降；实现净利润 34.11 亿元，同比增长 28%；2023 年上半年新业务价值 24.90 亿元，同比增长 66.8%。

在渠道方面，2023 年上半年，人保寿险个险渠道实现原保险保费收入 325.98 亿元。截至 6 月末，"大个险"渠道营销员为 79 068 人，其中月均有效人力 22 542 人，"大个险"渠道月人均新单期交保费 12 132.67 元。银行保险渠道原保险保费收入为 443.37 亿元，同比增长 12.9%，实现半年新业务价值 10.52 亿元，同比增长 333.1%。此外，团险渠道实现原保险保费收入 18.78 亿元，同比增长 12.3%，其中短期险原保险保费收入 13.21 亿元，同比增长 8.7%。

二、做练习：查寿险公司年报　评营销渠道现状

1. 通过"强哥保学"知识星球或寿险公司（或其集团公司）官网等渠道，查询、下载并浏览 1~3 家寿险公司最新年报或半年报。

2. 根据最新年报，说一说，寿险公司的个险渠道、银保渠道和团险渠道的发展状况。

3. 根据本节所学知识和年报，说一说，你对寿险营销渠道的现状、问题和前景的看法。

 # 本章小结

1. 人身保险产品开发主要是基于利润最大化、技术创新和避险需求，以市场性、效益性、合法性、规范性和国际性为原则，制订产品领先策略、产品差异化策略、产品组合策略、模仿产品应对策略。

2. 人身保险费率由纯费率和附加费率构成，费率厘定主要是分类法、个别法和增减法。

3. 影响人寿保险费率的三要素分别为死亡率因素、利率因素和费用率因素，计算方法包括三元素法和资产份额法。

4. 影响健康保险费率的最主要因素是发病率，费率厘定时首先要测定每份保险单的预期年净赔付成本，再计算均衡纯保费。

5. 人身保险市场营销模式一般分为目标市场模式、营销组合模式、竞争模式。

6. 人身保险的营销环节包括分析营销机会、进行市场调查与预测、市场细分与目标市场选择、制订合适的市场营销策略、组织实施和控制营销计划。

[①]　资料来源：澎湃新闻，"中国人保上半年净赚超 198 亿，增长 8.7%，保费收入增长 9%"，2022 年 8 月 29 日，https://baijiahao.baidu.com/s?id=1775564669516188321&wfr=spider&for=pc

关键词

新产品 产品开发 技术策略 组合策略 时机策略 生命表 选择表 精算现值 纯保费 毛保费 趸缴纯保费 年缴纯保费 附加保费 保额损失率

复习思考题

1. 分析人身保险产品开发的原则。
2. 分析人身保险产品开发的策略。
3. 分析影响人寿保险费率、健康保险费率和意外伤害保险的主要因素。
4. 人寿保险和健康保险保费如何确定？
5. 人身保险市场营销模式有哪些？
6. 怎样看待人身保险产品的创新？

第八章 寿险公司承保、理赔与投资

学习引导

【为何学】承保是保险行业中不可或缺的环节，它对于控制风险、维护公平、提高信誉和扩大业务都具有重要的意义；保险理赔有保障消费者权益、维护市场秩序、提高保险公司服务质量以及检验承保业务质量的作用；通过寿险资金的投资运用，可以增加保单利润，可以优化资产结构，提高资金使用效率，也支持国家重要战略性项目和新兴产业，推动国家经济的可持续发展。

【学什么】了解寿险公司承保核保、理赔和投资核心概念和主要流程，掌握承保、理赔和保险资金运用对寿险公司的重要作用。

【怎么学】回顾风险与风险管理、保险定价基础知识，思考人身保险业务核保要素和流程规定的合理性和有效性；通过行业新闻、保险消费者权益保护数据和保险理赔报告，加深对保险理赔的认识；查看上市寿险公司年报、保险年鉴和保险资产管理协会研究报告等，跟踪保险资金运用的最新动态，分析寿险公司资金管理效率和风险。

【如何用】了解承保和理赔知识，有助于选择适合自己的保险产品。了解投资知识，可更好地了解保险产品的投资收益和风险。在为他人提供保险咨询服务或参与保险公司项目时，运用所学的承保、理赔和投资知识，帮助他人避免保险风险，帮助他人了解保险公司的理赔流程和要求，以便在需要理赔时能够顺利获得赔偿。

第一节　寿险公司承保管理

保险案例：错误承保惹纠纷

某保险公司销售的个人意外伤害保险对被保险人职业类别有明确规定，只有一到三类职业类别的人可以购买。

某日，该公司业务员罗某，在明知易某是装卸工人的情况下，为了追求多做业务，为易某办理了意外伤害保险。装卸工人属于意外伤害保险职业分类中四类职业。

保单在某年9月2日生效，保险期限为1年。同年12月7日上午，易某在从事装卸工作时发生意外死亡。

易某家人申请索赔，保险公司查勘本案事故了解到易某是装卸工，因此发出了拒赔通知。死者家属多次与保险公司交涉未果，于是将保险公司告上了法院。

此案，双方纠纷发生在索赔中，但起因是保险公司承保中出现问题引发的。

一、承保

（一）承保的含义与意义

承保，是指保险人接受投保人的申请并与之签订保险合同的全过程。

在人身保险领域，保险营销过程和承保过程是两个密不可分的重要环节。保险营销，也称为展业，是保险公司在市场上推广和销售保险产品的过程。这个过程中，保险公司通过各种方式向潜在客户介绍保险产品，提供咨询服务，并努力促成保险合同的签订。而承保则是展业过程的延续，是保险合同双方在展业的基础上就投保条件进行实质性谈判的阶段。

（二）承保的步骤

承保程序是保险公司进行业务操作的重要环节，一般包括以下几个步骤。

1. 指定承保方针

在接受客户投保之前，保险公司需要根据市场情况和自身经营策略，制订具体的承保方针和政策。承保方针包括对保险种类的承保范围、保险金额的确定、保险费率的设定等。

2. 获取和评价承保信息

在展业过程中，保险公司需要收集客户的相关信息，如投保人的身份信息、健康状况、财务状况等。这些信息对于保险公司评估风险和做出承保决定具有重要意义。

3. 审查核保

审查核保是承保程序中最核心的环节，其主要目的是对投保人进行风险评估。在这个过程中，保险公司会对收集到的承保信息进行详细审查，以确定是否接受投保人的投保申请。审查核保的过程需要遵循一定的标准和程序，以确保其公正性和准确性。

4. 做出承保决定

经过审查核保后，保险公司需要根据投保人的具体情况和承保方针，做出是否接受投保的决定。承保决定应当以书面形式通知投保人，并详细说明承保条件、保险金额、保险费率等相关信息。

5. 单证管理

在保险合同签订后，保险公司需要对相关单证进行管理。这些单证包括投保单、保险单、保险凭证等，是保险合同的重要法律文件。保险公司需要妥善保管这些单证，并确保其真实性和完整性。

6. 续保

对于长期保险合同，保险公司还需要进行续保。续保，是指在保险合同到期前，根据投保人的要求和承保条件，对保险合同进行续约的操作。在办理续保手续时，保险人或被保险人都可以根据当时的客观情况或需要，适当增加或减少保险金额，或做其他变动。在保险合同中约定，在前一保险期间届满后，投保人提出续保申请，保险公司必须按照约定的费率和原条款继续承保。保险公司续保的内容，包括续保计划制订、续保信息管理、续保费用核算、续保风险评估和续保策略制订等。

二、核保

（一）核保的含义与目的

核保，是指保险公司对可保风险进行评判与分类，进而决定是否承保、以什么样的条件承保的分析过程。这个过程通常包括对投保人的财务状况、职业、健康状况、保险需求等多个方面的评估，以及对保险风险的识别、分类和评估。

（二）核保的意义

核保的目的，是确保保险公司的风险得到有效管理和控制，以便为客户提供合适的保险产品和服务，并保障公司的财务稳健。具体来说，有以下几点意义。

1. 风险评估和控制

核保是保险公司对投保人的风险进行评估和控制的过程。通过核保，可以避免承保高风险的客户，降低理赔风险，保证保险公司的可持续经营。在人身保险业务中，风险评估和控制是至关重要的环节。核保作为保险公司对投保人风险进行评估和控制的过程，旨在确保承保的风险在公司的可承受范围之内，以降低潜在的理赔风险，并保证保险公司的可持续经营。在风险评估中，核保人员会对投保人的年龄、性别、健康状况、职业、生活习惯等因素进行综合考虑，以确定其风险水平。此外，核保过程中还会对投保人的财务状况进行评估，如收入、负债等，以衡量其缴纳保费的能力。通过这些评估，可以避免承保高风险的客户，降低理赔风险。

2. 保费定价和费率调整

核保是保险公司确定保险费率的重要依据。通过核保，保险公司可以了解投保人的风险水平，根据风险评估结果确定合理的保险费率。核保还可以根据市场情况和公司经营策略进行费率调整，以保证保险公司的盈利能力和市场竞争力。在某些情况下，保险公司还会根据市场情况和公司经营策略进行费率调整。例如，当市场竞争激烈或公司需要提高市场份额时，可能会降低保险费率以吸引更多的客户。相反，当市场环境不佳或公司需要控制风险时，可能会提高保险费率以降低承保风险。

3. 保险责任管理

核保是保险公司对投保人提出的保险要求进行评估和确认的过程，通过核保，保险公司能够确定承保的范围和保险责任，避免保险公司承担过高的风险，同时也保护了投保人的权益。这既是为了避免保险公司承担过高的风险，也是为了保护投保人的权益。在核保过程中，保险公司会详细了解投保人的保险需求，并根据保险合同的规定，明确哪些风险可以承保、哪些责任不予承保。此外，核保结果还会直接影响到保险合同的效力，确保合同条款的公平性和合规性。

4. 保险欺诈防控

核保是保险公司防控保险欺诈的重要手段。通过核保，保险公司可以对投保人提供的信息进行核实和验证，发现和防止保险欺诈行为的发生。在核保过程中，保险公司会对投保人提供的信息进行核实和验证，包括身份证明、健康状况、财务状况等。通过这些核实工作，可以发现和防止虚报信息、伪造证明等欺诈行为的发生。此外，保险公司还会加强内部监管和审计，提高员工的风险意识和专业素养，严格遵守法律法规和行业规范，以保障市场的公平和透明。同时，保险公司还可以借助现代科技手段，如大数据分析、人工智能等，对投保人进行智能审核和风险预测，提高欺诈风险的识别和防范能力。

（三）核保的内容

保险核保内容包括核保选择和核保控制两个方面。

1. 核保选择

核保选择包括事前选择和事后选择。

（1）事前核保选择，是指在保险合同签订之前，根据投保单等核保资料对可承保的标的进行分析、审核，确定是否接受承保、确定承保条件。事前核保选择，包括对"人"的选择和对"物"的选择。前者是指对投保人或被保险人的选择，在人身保险中，保险公司主要核保被保险人的年龄、健康状况、职业等；后者是对保险标的及其利益的选择，在个人寿险业务核保中，保险公司需要审核投保人与被保险人是否具有可保利益。本节案例中，保险公司业务员罗某事前核保不到位，错误承保了高风险职业，应该负主要责任。

事前核保选择是保险业务中至关重要的一环，它发生在保险合同签订之前，对可承保的标的进行深入的分析和审核。这个过程的目的在于确保保险公司接受符合风险承受能力的标的，并为投保人提供公平、合理的保险条件。在事前核保选择过程中，核保人员需要对投保单等核保资料进行细致的审查，以便对标的的风险水平进行准确的评估。

为了进行有效的核保选择，核保人员需要提前准备好相应的核保资料。这些资料通常包括投保单、被保险人信息、保险标的详细情况、保险金额和费率等。在填写投保单时，投保人应当尽可能提供完整、准确的信息，如标的的种类、状况、位置等，以便核保人员更好地评估风险。同时，核保人员还需对投保人提供的信息进行核实，确保信息的真实性和准确性。

在审核标准方面，保险公司通常会根据标的的不同类型、风险水平等因素制订相应的审核流程。审核要素可能包括标的的历史损失情况、地理位置、价值等，而审核时间也会因具体情况而异。核保人员会根据这些要素对标的进行综合评估，并确定是否接受承保，以及承保的条件。

在事前核保选择过程中，核保人员需要遵循诚信、公平和专业素养的原则。他们需要保持客观、中立的态度，不受任何不当因素的影响。同时，核保人员还需要不断学习和掌握相关领域的知识和技能，以应对不断变化的保险市场和不同类型的保险标的。

在事前核保选择过程中，保险公司需要准备相应的核保资料，包括投保单、被保险人信息、保险标的详细描述等相关资料。这些资料需要充分、详尽、准确，以便对可承保的标的进行全面、准确的分析和审核。

保险公司会根据事先设定的审核标准，对可承保的标的进行审核。这些审核标准可能包括标的的风险等级、历史损失情况、同类保险业务的承保情况等。保险公司会对投保单中的各项要素进行仔细审核，包括保险期限、保险金额、免赔额、理赔条件等，以确保其符合公司的风险承受能力和经营策略。

在事前核保选择过程中，保险公司需要注意一些关键因素。例如，诚信原则是保险公司经营的基础，需要对投保人提供的信息进行认真核实。同时，保险公司还需要遵循公平原则，对所有投保人提供公平的承保条件，避免出现歧视或不公平现象。此外，保险公司还需要提高专业素养，充分了解各类保险标的的风险特征和风险控制方法，以便更好地进行核保选择。

总之，事前核保选择是保障保险合同签订公正、公平、合规的重要环节。在核保过程中，保险公司需要全面、准确、仔细地分析投保单等核保资料，严格遵守审核标准和流程，并注意关键因素的把握。只有这样，才能确保保险合同的签订符合公司的风险承受能力和经营策略，同时保障被保险人的利益。

（2）事后核保选择，是保险公司在签订保险合同后，针对保险标的超出核保标准的合同进行淘汰与否的决策过程。这个过程中，保险公司需要综合考虑多种因素，包括保险标的的情况、市场需求和经营策略等，以得出最优的核保选择。

对于保险标的的超出核保标准的合同，保险公司可以选择淘汰该合同，也可以根据具体情况进行其他决策。如果保险公司选择淘汰该合同，那么将不再为该合同提供保障。如果保险公司选择继续为该合同提供保障，那么需要对该合同进行特殊处理，并按照规定收取相应的保费。

除了保险标的的超出核保标准的合同，事后核保选择还包括合同期满后的续保决定和是否因发生某些事件解除保险合同等。对于合同期满后的续保决定，保险公司需要根据合同履行情况和市场需求等因素进行综合考虑，以作出是否续保的决定。如果保险公司选择续保，那么需要与投保人协商续保条件和保费等问题。

在是否因发生某些事件解除保险合同方面，保险公司需要依据法律法规和合同约定，对解除合同的流程和条件进行明确规定。如果发生某些事件导致保险合同无法继续履行或者合同目的已经实现，那么保险公司可以解除合同。但是，如果合同解除涉及相关法律程序和纠纷，那么保险公司需要依法进行处理，并尽可能减少自身的法律风险。

事后核保选择是保险公司在签订保险合同后，针对可能出现的不同情况进行的一种重要决策。这包括但不限于对保险标的超出核保标准的合同进行淘汰，以及在合同期满后是否续保，或者在特定事件发生时是否解除保险合同等情况。

首先，对于保险标的的超出核保标准的保险合同，保险公司需要对其风险进行重新评估。这可能是因为保险标的的状况发生了变化，或者是因为保险公司的风险承受能力发生了调整。如果保险公司认为风险过高，可能会选择淘汰这份合同，即不为被保险人提供保障的决策。如果保险公司认为风险仍然在可接受的范围内，可能会选择继续为被保险人提供保障，但可能需要调整保费。

其次，关于合同期满后的续保决定，保险公司会根据被保险人的风险状况、保费的支付情况，以及公司的风险承受能力等因素进行综合考虑。如果保险公司认为继续为被保险人提供保障的风险仍然在可接受的范围内，可能会选择续保。如果保险公司认为风险过高，或者被保险人的保费支付能力出现问题，可能会选择不续保。

最后，关于是否因发生特定事件而解除保险合同，如被保险人的欺诈行为、自然灾害等不可抗力事件，或者保险标的的价值大幅度下降等。在这些情况下，保险公司需要根据合同条款和相关法律法规，对是否解除保险合同作出决策。然而，在某些情况下，如被保险人的健康状况恶化等，保险公司可能需要调整保障范围或者保费，以维持合同的持续有效。

在进行事后核保选择时，保险公司需要注意以下几个方面。首先，需要充分收集和分析数据，以便准确评估风险和作出决策。其次，需要优化决策流程，确保决策的效率和准确性。此外，还需要注意法律风险和合规性，确保决策符合相关法律法规的要求。最后，需要关注后续监管的要求和变化，以确保决策的合规性和适应性。

2. 核保控制

核保控制，是指保险人对投保风险做出合理的承保选择后，对承保标的的具体风险状况，运用保险技术手段，控制自身责任和风险，以合适的承保条件予以承保。例如，在人身意外伤害保险中，登山、滑雪等剧烈体育运动和比赛一般被列为特约承保风险。

承保控制的对象主要有两类，一类是风险较大但保险人还是可以承保的标的，保险人为了避免承担较大的保险风险，必须通过承保控制来限制自己的保险责任；另一类是需要注意随着保险合同关系的成立而诱发的道德风险问题。

人身保险业务中核保控制可以采用控制保险金额、控制赔偿程度、规定免赔额和共同保险等方法。例如，寿险中一般不接受过高保险金额的保险业务，医疗费用保险要严格遵守保险补偿原则，一般都有免赔率或免赔额规定和费用分摊比例的规定。这些规定目的是让投保人或保险人在投保后因为无法完全转移风险后果，从而降低道德风险发生的可能性。

（四）核保的要素

1. 个人寿险业务核保要素

年龄是寿险业务核保中最重要的核保要素，因为死亡概率随着年龄的增加而增加。

除年龄外，保险人还要对被保险人许多风险要素进行风险选择，包括与健康水平有关的被保险人的体格、既往病症、家庭病史等，以及与健康没有显著关系的职业、习惯嗜好、投保人的品质与经济状况等。

2. 个人健康保险业务核保要素

与人寿保险相比，由于健康保险的保险种类多样化，所以对风险因素的评估显得更为重要。由于发病率与死亡率估计方法存在差别，所以健康保险的承保要考虑的因素与人寿保险有所不同。

一方面，健康保险的被保险人一般就是投保人，又是受益人，因此通常不像人寿保险那样需要甄别保险利益问题；另一方面，年龄、健康状况、职业、逆选择、道德风险在健康保险承保中显得格外重要。

3. 个人意外伤害保险业务核保要素

被保险人的职业是意外伤害保险最核心的核保要素，其他还包括高风险爱好、年龄、身体健康状况和保险金额等。本节案例中，保险公司销售的意外伤害保险明确了承保的职业范围是一到三类，而业务员罗某却在明知易某是四类职业的情况下仍然为其承保，是严重错误承保行为。易某并不存在违反如实告知义务的问题，而业务员是保险公司的代理人，其行为结果要由保险公司承担。因此，保险公司应该全额赔付易某家人意外伤害保险金。

其中年龄对意外伤害保险的影响与对寿险的影响有所不同。年龄不是影响意外事故发生的主要因素，但是如果被保险人年龄过大或过小时，年龄因素也会影响意外事故发生的概率。未成年人受意识水平和行为能力限制，自身应对外来风险的能力很弱，再加上考虑道德风险，一般人身意外伤害保险会限制给少儿提供保障，尤其是六周岁以下的儿童。老年人对外界突发事件应变能力下降，风险发生时也不容易区分死亡原因是意外事故还是被保险人自身疾病，因此意外伤害保险的条款中通常会规定被保险人的年龄不得超过65周岁。

4. 团体保险业务核保要素

团体保险核保与个人保险核保区别较大。一方面，个人核保注重的是审核单个被保险人的危险性质，而团体保险是以整个团体为核保对象，重点评估整个被保险团体的危险程度，考察团体中大部分健康状况良好的成员是否能抵消少数非健康成员所造成的理赔经验上的不利波动；另一方面，个人保险核保主要集中在投保时，而团体保险核保则是一项连续性的工作，核保人员需要定期评估该团体的风险是否仍符合寿险公司的承保要求。

对团体保险新业务的核保主要是考虑团体的资格、规模、业务性质、参保率和团体成员的投保资格、流动率等因素；对续保业务的核保主要集中在团体理赔经验和参保率两个因素上。

虽然团体保险的核保一般不要求团体成员提供可保证明，但对年龄过大、保额过高以及人数很少的团体，则可能因其逆选择风险较大而需要提供可保性证明。

（五）核保结果与处理方式

保险核保环节的作用之一就是甄别被保险人的风险水平，然后根据被保险人的风险水平以合理的保险费率承保。可保风险的前提之一是"大量同质风险"。其中"同质"是指在同一保险费率下的被保险人的风险水平相同或近似，要为不同风险水平的被保险人制定差别化保险费率，否则会产生逆选择问题。

核保结果之一是"标准体"，实务工作中一般简称"标体"，是健康体人群的总称，可以按照标准保险费率承保，也称无条件承保。非标准体，实务工作中一般简称"非标"，是指风险程度高于平均水平的人群总称。

对非标准体的处理主要有四种方式。

1. 加费承保

这是指在增加保费的情况下，仍然可以正常承保，但是并不会减少保险责任。这种情况通常适用于某些身体状况可能增加患病风险的个体，或者是由于年龄、性别、生活习惯等因素导致的高风险人群。保险公司会通过对个体进行额外的风险评估，并相应地增加保费以确保自身的经营风险得到控制。

2. 除外承保

这种处理方式是不增加保费，但是在减少保险责任后进行承保。例如，对于某些特定的疾病或者风险因素，保险公司可能会选择不承保相关的保险责任。这样做是为了避免可能出现的过高风险和潜在的巨额赔付。在除外承保的情况下，被保险人可能会发现自己购买的保险并不覆盖某些特定的风险，因此需要在购买保险时仔细阅读保险合同中的条款和条件。

3. 延期承保

这种处理方式是指经过一定的观察期后，再决定是否承保以及以何种条件进行承保。这通常是由于被保险人的健康状况或者其他风险因素存在较大的不确定性，需要经过一段时间的观察和评估后再进行决定。被保险人需要耐心等待观察期结束，然后再与保险公司商讨具体的承保条件和保费。

4. 拒绝承保

如果被保险人的风险过大，保险公司可能会选择拒绝承保。这通常是由于被保险人的健康状况或者其他风险因素已经超出了保险公司的可承受范围。被保险人可能需要寻找其他的保险公司或者选择购买其他的保险产品，以获得相应的保障。

总的来说，对于非标准体的处理方式主要取决于个体的具体情况和风险程度，保险公司会根据个体的具体情况来决定是否承保以及如何承保。因此，在购买保险时，个体需要仔细了解自己的健康状况和风险因素，并选择适合自己的保险产品。

📖 学以致用8-1　了解核保技术进展　学习数字化核保知识

一、看事实：农银人寿探索智能精准核保新模式①

近年来，保险行业数字化进程发展迅猛，客户个性化需求更加多元，农银人寿加大创新力度，不断探索智能精准核保新模式，积极应对保险发展新局面，以"创新、智能、精准"为理念，打造"智能核保组合包"，在提升核保服务质量方面取得成效。

据了解，农银人寿"智能核保组合包"包括"智能核保机器人""智能核保小助手""智能核保系统"。该系统凭借自动化和智能技术，在核保流程中嵌入大数据、AI等技术，实现了核保流程的自动化、智能化，有效提高了核保效率，提升了客户体验。

农银人寿"智能核保机器人"风控系统适用600余种疾病、1 200多套交互式投保问卷，满足各类型亚健康客户群体的投保需求，方便快捷。客户通过人机对话即可实现线上风险智能筛选，可选内容覆盖寿险、重疾、防癌、意外、百万医疗、普通医疗等多种险类。据悉，该系统于2020年年底上线，仅一年时间，"智能核保机器人"即完成核保2 375件。其中，15.3%的亚健康客户在线完成了标准体承保。"智能核保机器人"的出现，彻底解决了"亚健康客户不能在线即时承保"的业内难题，降低了客户流失率、提升了客户体验、促进了线上业务销售，使保险公司与客户实现双赢，满足了线上客户群体个性化核保的服务需求。

为进一步促进核保系统的智能化，农银人寿研究开发"智能核保小助手"专业咨询工具，并在公司"农银E家"App上线。该系统内置400余种疾病概况、200余条契约核保常见问题、万余核保疾病知识，其中包含常见医学知识解读和常见疾病核保评估分析，可为保险业务销售人员提供全天候实时在线人机互动、知识学习、疑难解答和业务咨询，进一步丰富了线上投保及线上咨询功能、拓展核保服务深度和广度。数据显示，自2021年4

---

① 资料来源：金融界，"加快保险数字化转型探索 农银人寿推出'智能核保组合包'"，2023年3月23日，https://baijiahao.baidu.com/s?id=1728068103954028438&wfr=spider&for=pc

月"智能核保小助手"上线以来，农银E家与公司企业微信总咨询对话量达 11 159 次，有效帮助保险销售人员提升保险业务营销专业性，现已逐渐成为保险营销人员的展业好顾问、营销好帮手。

为不断加快投保数字化进程，农银人寿始终坚持以提升客户服务体验为己任，努力做到考虑在客户前面，比客户多考虑一步。据悉，农银人寿"智慧核保系统"将于今年年内上线。该系统将集成人工智能、大数据分析、决策引擎等多种科学技术，通过自动化流程完成传统的人工核保业务，极大程度减少人工阅读体检资料的时间，进一步提升客户体验。该系统上线后，OCR（光学字符识别）完全识别的体检件较传统模式时效可提升 70%~90%，OCR部分识别的体检件较传统时效提升 46%~60%，将切实提升业务核保效率。

二、做练习：读研究报告　学核保知识

1. 在"强哥保学"知识星球中，检索"核保"，找到《中国人身险数字化核保趋势研究》，下载后浏览，着重阅读摘要部分。

2. 根据该研究报告，为什么人身险数字化核保有重要意义？中国人身险数字化核保现状、问题和趋势如何？

3. 根据本节所学知识和该研究报告，说一说，人身保险数字化核保发展对人身保险业务发展会有哪些影响？

第二节　寿险公司理赔管理

📄 **保险案例：保险未续保发生意外　保险公司拒赔**

2012年3月，崔小姐购买某保险公司一年期意外伤害险及其附加意外住院医疗险。2013年1月，她因意外导致右髌骨粉碎性骨折，住院进行手术复位，植入钢针；2月，她向保险公司申请索赔并获准；3月，保险单到期，崔小姐没有续保。

同年6月，她再次投保该保险公司相同险种，合同中约定"与右髌骨粉碎性骨折有关的住院、手术和治疗"责任免除，保险单于2014年1月后生效。

2013年12月，崔小姐为取出钢针再次住院，后又为医疗费用申请索赔，却遭保险公司拒绝。

崔小姐认为，她先后投保该保险公司同一险种，因相同原因发生住院医疗费用，在第一份合同中，保险公司已履行给付义务，在第二份合同中也应继续履行。

保险公司则认为，第二份合同明确约定，与右髌骨粉碎性骨折有关的住院、手术和治疗免责，因此公司可以拒赔。

此案中，保险公司拒赔合理吗？

一、理赔的含义与意义

（一）保险理赔的含义

保险理赔，是指保险人或委托的理赔代理人在承保的保险标的发生保险事故、被保险人提出索赔要求后，根据保险合同的有关条款的规定，对遭受物质上的损失或人身伤害所进行的一系列调查核实并予以赔付的行为。

（二）保险理赔的意义

保险理赔是保险经营的一个关键环节，理赔功能的切实发挥是保险保障功能的体现，是保险制度存在的价值体现。保险理赔的意义在于对被保险人或受益人提供经济补偿，并通过对承保业务和风险管理的质量进行检验，提高保险公司的信誉和服务质量，促进保险业务的发展。

保险理赔可以使被保险人或受益人及时得到补偿，充分发挥保险经济补偿的职能和作用，是保险经济补偿职能的具体体现，也是保险人履行保险责任和被保险人享受保险权益的实现形式。

同时，保险理赔可以对承保业务和风险管理的质量进行检验，发现保险条款、保险费率的制定和防灾防损工作中存在的问题和漏洞，为提高承保业务质量、改进保险条件、完善风险管理等提供依据。

二、保险理赔的原则

"主动、迅速、准确、合理"是保险理赔工作的"八字方针"。在人身保险理赔程序各环节中都要贯彻这个方针。

例如，在通知给付或拒赔环节上，我国《保险法》规定："保险人收到被保险人或者受益人的赔偿或者给付保险金的请求后，应当及时作出核定；情形复杂的，应当在 30 日内做出核定，但合同另有约定的除外。"

除此之外，保险理赔还要遵循下列原则。

（一）重合同守信用原则

在出现理赔情况时，保险公司需要严格遵守保险合同的相关规定，对投保人、被保险人或受益人进行合理的赔偿或给付。

（二）实事求是原则

保险公司应按照实际情况来进行理赔，不能有虚假、伪造等行为。

（三）公平合理原则

保险公司在理赔过程中需要做到公平、公正、合理，不能有任何偏袒或不公行为。

三、人身保险理赔程序

人身保险的理赔程序一般需要经过受理和立案、调查、审理、理算、复核、通知给付或拒赔、单证流转、结案归档等过程。

（一）受理和立案

当被保险人或受益人向保险公司报案后，保险公司会进行受理并立案。这一步骤中，保险公司会收集报案信息并记录案件的基本信息。

（二）调查

一旦案件立案，保险公司会进行调查，以了解事故的详细情况。调查的内容可能包括事故的起因、经过、被保险人的身份和医疗记录等。

（三）审理

在调查结束后，保险公司会对案件进行审理。这个阶段主要是对案件进行全面评估，包括事故的真实性、被保险人的保险责任等。

（四）理算

审理完成后，保险公司会对赔偿金额进行理算。这一步骤主要是根据保险合同、保险条款和相关法律法规来确定赔偿金额。

（五）复核

理算完成后，保险公司会对结果进行复核，以确保赔偿金额的准确性。

（六）通知给付或拒赔

如果理赔申请被批准，保险公司会通知受益人或被保险人领取保险金。如果理赔申请被拒绝，保险公司会通知受益人或被保险人并说明拒赔原因。

（七）单证流转

在整个理赔过程中，保险公司需要收集、整理、保存和传递各种单证，如索赔申请表、身份证明、医疗证明等。

（八）结案归档

一旦理赔案件结案，保险公司会将案件的相关材料归档保存，以备未来查询和处理类似案件。

学以致用8-2　回顾保险历史　重视保险理赔

一、看事实：《泰坦尼克号》背后的保险故事[①]

电影《泰坦尼克号》根据真实事件改编，不仅上演了动人的爱情故事，还还原了世界保险史上最大的海险赔偿案例。

"泰坦尼克"号搭载的2 000多名乘客，最后只有711人幸存，据统计，一等舱有62.46%的乘客获救，二等舱有41.40%的乘客获救，三等舱只有25.21%的乘客获救。获救者中，女性乘客占比为74.35%，男性乘客占比为20.27%，儿童占比为52.29%。

英国白星航运公司建造"泰坦尼克"号共耗资150万英镑。由于该公司属于远洋轮船航海公司所有，所以白星航运公司承担"泰坦尼克"号三分之一的海上风险。劳合社的经纪人威利斯·法伯联合其他保险公司共同为这艘船承担了风险。在1912年4月15日沉船事件发生前的15天，"泰坦尼克"号签署了全损保险协议。保险承保范围包括船体和船上设备等，保险金额为310万英镑，约合500万美元。保险费率仅为0.75‰，即7 500英镑的保险费可以保100万英镑。如此低的保险费率反映出当时的保险公司普遍看好"泰坦尼克"号，相信它是不会葬身海底的。"泰坦尼克"号的母公司远洋轮船航海公司在事故发生后的30日内获得了全部赔偿金。1912年4月28日《纽约时报》的标题是：远洋轮船航海公司迅速拿到"泰坦尼克"号保险索赔金，总赔付额达到1 200万英镑。

---

① 资料来源：董波. 世界保险史话［M］. 北京：中国金融出版社，2020.

然而，"泰坦尼克"号船上只有不到 1/3 的船员和乘客购买了人身保险。在这一灾难发生后，"泰坦尼克"号上的乘客所投保的英国保诚保险公司迅速作出理赔承诺，仅仅用了 24 天时间，就为投保的 324 名乘客和船员支付了 14 239 英镑的赔款。

白星航运公司向所有遇难者共赔付 260 万英镑，其中 220 万英镑赔付给了英国人，40 万英镑赔付给了美国人。美国人起初提出 1 000 万英镑的索赔金额，但最后只得到了其中一小部分的赔偿。那些遇难者家属继续向白星航运公司提出索赔要求，一纸诉状将其告上法庭。最终家属们花了 4 年时间，拿到总共 66.3 万美元的赔偿款。

各保险公司在事故发生后迅速支付了保险赔偿金，使这些保险公司树立起良好的信誉。例如，英国的保诚保险公司依托良好的信誉至今仍活跃在世界保险舞台上；在当时成立不到 20 年的德国安联保险集团面对天文数字的赔付账单，还是通过各种方式履行了赔付责任。良好的信誉是保险公司安身立命之本，更是世界保险业不断发展的重要保证。

二、做练习：比较不同类型寿险产品

1. 进入微信"发现"界面，点击右上角"检索"（放大镜图标），输入"理赔报告"进行搜索，在检索结果中，选取 3~5 项查看。

2. 查看后，说一说，理赔报告通常发布的主体、周期和主要内容。

3. 根据所学知识和浏览的理赔报告，说一说，你对目前保险理赔服务水平的看法或者新发现。

第三节　寿险公司投资管理

研报里的保险：2022 年保险资金配置情况①

中国保险资产管理业协会发布《中国保险资产管理业发展报告（2023）》（简称《2023 年报》），系统展现了保险资金运用、保险资产管理的最新行业数据、趋势特征等内容。

截至 2022 年年末，32 家保险资产管理公司管理资金总规模为 24.52 万亿元，半数机构第三方资金规模占比超过 20%，其中超三成机构第三方资金规模比例已超过 50%。

《2023 年报》显示，从保险资产管理行业管理资金构成来看，呈现以保险资金为主、业外资金为辅的多元化结构。截至 2022 年年末，32 家保险资产管理公司管理资金总规模为 24.52 万亿元，同比增长 15.11%。

在保险资金方面，共管理保险资金 19.67 万亿元，占比 80.39%，其中管理系统内保险资金 17.87 万亿元、管理第三方保险资金 1.8 万亿元；在业外资金方面，共管理业外资金 4.8 万亿元，占比 19.61%，其中管理银行资金 2.53 万亿元、管理养老金 1.42 万亿元、管理其他资金 0.84 万亿元。

从资产配置结构来看，行业整体资产配置以债券、金融产品（含保险资产管理产品）、

---

① 资料来源：券商中国，"股基 2.54 万亿！24.52 万亿保险资金配置曝光，债券依然居首"，2023 年 9 月 25 日，https：//baijiahao. baidu. com/s？id=1777973733319078642&wfr=spider&for=pc

银行存款为主，三者占比合计超过七成。

从主要资产类别看，债券仍是定海神针。《2023 年报》显示，截至 2022 年年末，债券配置规模以 9.17 万亿元居首，占比 40.95%；其次是金融产品（含保险资产管理产品），规模 4.98 万亿元，占比 22.22%；第三为银行存款，规模 3.23 万亿元，占比 14.43%；股票配置规模 1.53 万亿元，占比 6.84%；公募基金配置规模 1.01 万亿，占比 4.50%；股权投资规模 5 559.20 亿元，占比 2.48%。

一、人身保险资金运用的含义

保险资金运用，是指寿险公司将暂时闲置的保险资金在金融市场上进行各项资产重组、营运以使资金增值的活动。具体而言，保险资金运用包括投资、资产重组和营运、分享社会平均利润、暂时闲置资金管理等多个方面。

二、人身保险资金运用的作用

（一）有利于控制保险公司的经营风险

保险资金运用利用了保险人掌握雄厚保险基金的优势，是通过资本市场的运营来分享社会平均利润的有效举措。一般保险公司的投资是为了在市场竞争的条件下维护公司的财务稳定，并获取尽可能良好的财务成果以回报公司股东。

（二）为保险单持有人争取好的利益

这对于提高诸如分红保险、投资连结保险等寿险业务的市场竞争力显得尤为重要。分红保险和投资连结保险等产品的主要卖点之一就是其较高的预期收益。通过有效的保险资金运用，寿险公司能够实现资金的增值，进而为投资者提供更高的回报。在市场竞争日益激烈的今天，如何通过提高保险产品的预期收益来吸引更多的客户，是寿险公司必须面对的重要问题。

（三）促进国民经济的发展

将分散的、小额的保险费积少成多，并利用寿险资金长期性的特点加以充分运用，使一部分消费基金转化为生产基金，从而促进国民经济的发展。同时也为被保险人提供了可靠保障。

二、人身保险资金运用的特点

人身保险资金，因为具有负债性和长期稳定性，因此资金运用既不同于银行，也不同于财产保险公司。人身保险资金运用主要有以下特点。

（一）资金主要来源于保险基金的暂时闲置部分

保险人运用的保险资金除了资本金以外，主要来自保险基金暂时闲置部分，包括总准备金或公积金、责任准备金和未决赔款准备金的一部分。

可用的责任准备金数量主要取决于保险事故发生到实际做出保险赔付的时间间隔或期限。

（二）人身保险资金既可以短期投资，也可以长期投资

人寿保险和长期健康保险的共同特点是保险期限长，养老年金保险大多数是终身寿

险，会形成相当高比例的保险费沉淀下来并处于长期闲置状态。而且，由于生命风险相对稳定性，寿险公司面临的风险不像财产和责任保险那样集中，寿险公司中责任准备金部分的保险资金波动性较小，可以用于长期投资，从而获得长期收益。

（三）资金运用方式多样化

《保险法》第一百零六条规定："保险公司的资金运用限于下列形式：（一）银行存款；（二）买卖债券、股票、证券投资基金份额等有价证券；（三）投资不动产；（四）国务院规定的其他资金运用形式。保险公司资金运用的具体管理办法，由国务院保险监督管理机构依照前两款的规定制定。"

近年来，随着寿险公司偿付能力增强和风险管理水平提升，保险资金具体运用渠道逐步扩大，保险资金运用方式更灵活了。

灵活多样的投资方式，可以让保险公司根据自身业务和财务特点以及发展目标选择投资方式，按照收益性、安全性、流动性的要求和原则进行投资组合管理。

三、人身保险投资管理原则

由于保险经营的特殊性和人身保险投资资金的负债性和返还性，寿险公司保险资金管理不仅要符合投资原则，还要符合保险经营的特殊要求。

（一）安全性条件约束

安全性约束，是指保证保险投资资金的返还。安全性约束是从投资的总体上而言的，并非要求每一个投资项目都绝对安全。

在人寿保险中，对于终身寿险、两全保险这些保障型险种，由于保险资金的长期性和返还性特点，再加上保险公司承担保险经营中的全部风险，包括投资风险，因此保险公司在投资时必须以安全性作为保险投资的首要原则。但是对于投资型保险业务，如变额寿险、万能寿险，投资风险部分或全部转移给了投保人，且投保人收益期望高，因此寿险公司投资时将更重视收益性而非安全性。

本节案例中，《2023 年报》显示，从大类资产配置结构来看，2022 年年末，保险资金整体保持以利率债、信用债和银行存款（含现金及流动性资产）为主的配置结构，合计占比 55%，同比基本持平。具体来看，寿险公司（尤其是大型、超大型公司）的利率债（30.7%）和信用债（13.9%）配置比例显著，产险公司更倾向于投资信用债（18.7%）、银行存款（14.8%）和利率债（13.1%），集团公司则以股权投资（38.3%）为主，再保险公司的债券投资占比接近五成（信用债 28.5%、利率债 14.4%）。

（二）收益性条件约束

收益性条件约束，是指在制定或实施投资策略时，对投资组合的预期收益进行限制或约束。这种约束可能是为了控制投资风险、满足投资者的特定需求或实现特定的投资目标。

例如，一个投资者可能希望制订一个投资策略，该策略要求投资组合的预期年化收益率在5%至10%之间。这就是一种收益性条件约束，它限制了投资组合的预期收益在一个特定的范围内。

收益性条件约束可以是硬约束或软约束。硬约束是指在投资策略中必须满足的条件，如果不满足则无法实施该策略；软约束则是一种更灵活的条件，可以根据具体情况进行调整或放宽。

在投资策略的制订和实施过程中，收益性条件约束是非常重要的因素之一，它可以帮助投资者更好地了解自己的投资目标和风险偏好，从而更好地制订和执行适合自己的投资策略。寿险公司中大部分人寿保险业务都是长期保单，保险企业厘定费率时假定的预定利率是以同期银行一年长期利率保证，在保险事故发生或保险期满时保险人必须按预定利率以复利的方式进行保险金给付，并获得相应的利润。因此，保险投资的收益率只有超过保单预定利率，才能保证保险金顺利给付，并获得预定利润。当然，收益越高，风险越大。寿险公司需要在收益性和安全性之间进行权衡。

相较于确定性较强的固定收益类资产，权益类资产具有高风险、高收益的特点，也是决定多资产投资组合收益风险特征的"关键部位"。整体来看，保险公司趋向于更加重视股权投资（包括未上市企业股权、股权投资基金和股权投资计划，不含境外股权投资数据）。

《2023年报》显示，截至2022年年末，参与调研的196家保险公司股权投资资产规模为1.86万亿元，占总投资资产的7.84%。股权投资资产配置比重排在利率债、信用债和银行存款之后，并已超过股票成为第四大资产配置类别，股票投资占比约7.5%。从资产类别来看，未上市企业股权中保险类企业和非保险类企业投资规模分别为2586.97亿元和8948.16亿元，占比分别为13.90%和48.06%；股权投资基金中保险系股权投资基金和非保险系股权投资基金规模分别为961.80亿元和4238.59亿元，占比分别为5.17%和22.77%；股权投资计划规模为1881.57亿元，占比10.11%。

（三）流动性条件约束

流动性条件约束，是指在不损失资产价值的前提下将投入资金变现的能力。

人寿保险由于承保的风险是被保险人的生、老、病、死，风险小且分散，再加上业务运营是建立在科学精算基础上的，正常情况下保险公司每年业务收入和各项给付规律性较强，异常情况较少，流动性要求不像财产保险那么迫切，但寿险业务同样每个时期都有支付保险金的财务需求，而且人身保险业务中的意外伤害保险和医疗保险等的风险特征更接近于财产保险，赔付波动性也很高，因此仍必须保持一定流动性。

保险公司运营方式可以分为直接投资和间接投资。

直接投资是指将资金直接投入投资项目的建设或购置以形成固定资产和流动资产的投资，如合资入股、直接经商办厂、购置不动产等。《2023年报》显示，保险公司投资性房地产投资规模同比增长超两成。保险公司房地产投资主要集中于商业办公、物流地产、产业园、长租公寓等收租型物业，并且集中于一线城市。

间接投资则是保险投资者通过购买有价证券，以获取一定预期收益的投资，如购买有价证券、向企业或个人发放贷款等。二者比较，直接投资的投资风险较大且变现能力较差，因此在寿险公司投资总额中所占的比例不大；间接投资流动性较高，因此是保险投资的主要方式。

四、人身保险资金运用形式

（一）购买债券

购买债券是保险基金的一种常见投资方式。债券包括国债、地方政府债、金融债和公司债等，它们具有安全性好、变现能力强、收益相对稳定的特点。国债和地方政府债尤其安全，基本上不存在不确定性风险。然而，债券的收益相对较低，不如金融债和公司债。债券对通货膨胀和市场利率变动敏感，但其避险能力较差。

（二）投资股票

投资股票是一种风险较大但收益潜力较高的投资方式。股票的收益来自股息收入和资本利得。股息收入取决于公司的盈利状况，而资本利得取决于股票价格的变动。股票投资的风险较大，因为股票市场具有较大的波动性。股票可分为优先股和普通股，优先股具有固定的股息收入，但风险较债券大，较普通股小。优先股投资是保险基金的较佳选择，但目前我国尚未开放优先股市场。

（三）投资不动产

投资不动产是一种长期性投资方式。保险基金可以直接建造、购买并自行经营房地产。房地产投资具有安全性好、收益高的特点，但项目投资额大、期限长、流动性差。因此，房地产投资适合长期性保险基金的运用。

（四）贷款

贷款，是指向需要资金的单位或个人提供融资。贷款的收益率取决于市场利率。贷款的变现能力不如有价证券，流动性较差。贷款可分为信用放款和抵押放款两种形式，信用放款的风险主要是信用风险和道德风险，抵押放款的风险主要是抵押物贬值或不易变现的风险。

（五）存款

存款是将保险公司的闲置资金存放于银行等金融机构。存款具有良好的安全性和流动性，但收益率相对较低。存款主要用于保险公司的正常赔付或寿险保单满期给付的支付准备，不作为追求收益的主要投资对象。

五、人身保险资金运用风险

人身保险资金运用风险主要包括以下几种。

（一）利率风险

利率风险，是指由于市场利率的波动，投资组合的收益和资产净值有下降的风险。对于人身保险资金来说，由于保险投资组合中债券类资产占比较高，因此利率风险是较为重要的一种风险。市场利率的波动可能对保险投资组合的收益和资产净值产生影响，从而影响保险公司的收益和偿付能力。

（二）市场风险

市场风险，是市场价格波动导致投资组合收益下降或资产净值下降的风险。人身保险资金运用的市场风险主要来自股票、基金等投资品种的价格波动。这些投资品种的市场价格受到多种因素的影响，如宏观经济状况、行业情况、公司业绩等，这些因素可能导致投资组合收益下降或资产净值下降。

（三）信用风险

信用风险，是债务人或交易对手不能按照约定履行义务，导致投资组合收益下降或资产净值下降的风险。人身保险资金运用的信用风险主要来自企业债券、可转债等投资品种的信用等级下降或者债务人违约等情况。这些投资品种的信用状况受到企业信用状况、宏观经济状况等多种因素的影响，可能导致投资组合收益下降或资产净值下降。

（四）流动性风险

流动性风险，是由于市场缺乏足够的流动性，投资组合无法及时按照合理价格卖出或买入资产，从而对投资组合的收益和资产净值产生影响。人身保险资金运用的流动性风险主要来自投资品种的市场交易不活跃，或者市场缺乏足够的对手方，这导致投资组合无法及时卖出或买入资产，从而对投资组合的收益和资产净值产生影响。

（五）合规风险

合规风险，是投资组合不符合相关法律法规或监管要求，导致投资组合收益下降或资产净值下降的风险。人身保险资金运用的合规风险主要来自投资品种不符合相关法律法规或监管要求，如违反了保险法或者监管机构的规定等。这些不合规行为可能导致投资组合被监管机构处罚或者被撤销，从而对投资组合的收益和资产净值产生影响。

学以致用8-3 回顾保险故事 重视保险保障

一、看事实：国寿发布2023年半年报①

2023年8月24日，中国人寿保险股份有限公司（以下简称"中国人寿寿险公司"）在北京、香港两地同步召开2023年半年度业绩发布会。

发布会指出，2023年上半年，固定收益利率在年初短暂上行后向下调整，低利率环境没有显著改善，优质资产仍然稀缺；股票市场持续震荡，行业分化明显。面对复杂多变的市场环境，中国人寿寿险公司始终保持战略定力，坚持资产负债匹配管理，在战略资产配置引领下，灵活进行战术资产配置管理，积极把握市场机会。固收资产坚持哑铃型配置策略，抢抓年初利率反弹短暂窗口加大长久期债券配置力度。权益资产仓位总体保持稳定，持续推进均衡配置和结构优化。另类资产积极拓展项目储备，创新投资模式，稳定配置规模。

截至2023年6月30日，中国人寿寿险公司投资资产达54 218.19亿元，较2022年年底增长7.0%。主要品种中债券配置比例由2022年年底的48.54%提升至49.66%，定期存款配置比例由2022年年底的9.59%变化至8.04%，债权型金融产品配置比例由2022年年底的8.98%变化至8.72%，股票和基金（不包含货币市场基金）配置比例由2022年年底的11.34%变化至11.06%。

2023年上半年，中国人寿寿险公司实现净投资收益969.58亿元，净投资收益率为3.78%。主要受公开市场权益品种实现收益下降影响，2023年上半年实现总投资收益876.01亿元，总投资收益率为3.41%。考虑当期计入其他综合收益的可供出售金融资产公允价值变动净额后，综合投资收益率为4.23%，较2022年同期增长48个基点。

下半年，中国人寿寿险公司将始终以跨越周期的长期视角来开展资产负债匹配管理。一是注重固收底仓的稳固夯实。在利率水平低位的环境下采取中性偏灵活的配置策略，根

① 资料来源：中国经济网，"国寿寿险上半年综合投资收益率为4.23%，较2022年同期增长48个基点"，2023年8月28日。

据市场情况灵活调整配置的力度，持续夯实基础配置。二是注重权益投资的稳中求进。在权益市场重视中长线的布局，持续做好持仓结构的优化调整和机会把握。通过分散化的策略、差异化的管理等手段在稳定降低波动的同时统筹收益实现。三是注重另类投资的稳健配置。聚焦优质主体、优势赛道和核心资产推进产品、策略、渠道的创新，在不下沉信用风险的基础上加大配置规模，缓解配置压力。

二、做练习：比较不同类型寿险产品

1. 登录中国人寿官网，在"公开信息披露—专项信息—资金运用"栏目下，查看该公司最近半年资金运用情况。

2. 浏览后，说一说，该公司半年内披露了多少笔资金运用项目，属于哪种投资类型（债权投资、权益投资或另类投资等）。

3. 根据所学知识和该公司披露的资金运用信息，说一说寿险公司资金运用的特点及自己的新发现。

本章小结

1. 承保是指保险人接受投保人的申请并与之签订保险合同的全过程。

2. 续保是保险合同即将期满时，被保险人向保险人提出申请，要求延长该保险合同的期限或重新办理保险手续的行为。

3. 保险核保是指保险公司对可保风险进行评判与分类，进而决定是否承保、以什么样的条件承保的过程。保险核保内容包括核保选择和核保控制两个方面。

4. 保险理赔是保险人或委托的理赔代理人在承保的保险标的发生保险事故、被保险人提出索赔要求后，根据保险合同的有关条款的规定，对遭受物质上的损失或人身伤害所进行的一系列调查核实并予以赔付的行为。

5. 保险投资是保险公司运用保险基金的重要方式之一。在进行投资时，保险公司必须遵循安全性原则、收益性原则和流动性原则。

关键词

承保 续保 核保 事前核保选择 事后核保选择 标准体 非标准体 保险理赔 保险资金运用 安全性条件约束 收益性条件约束 流动性条件约束 利率风险 市场风险 信用风险 流动性风险 合规风险

复习思考题

1. 人寿保险公司的承保是指什么？请简要描述保险公司承保的全过程。

2. 简述核保的意义与主要内容。

3. 在承保过程中，人寿保险公司应该注意哪些核保要素？

4. 简述核保的主要结果和处理方式。

5. 保险理赔要遵循哪些原则？

6. 简述人身保险理赔程序。

7. 简述人身保险资金运用的作用。

8. 人身保险资金运用的特点是什么？

9. 简述人身保险投资管理原则。

第九章 人身保险监管

学习引导

【为何学】保险在风险日益复杂化的社会中对风险管理的作用日渐凸显，并且保险作为金融领域重要组成部分，了解保险行业的监管内容是每个保险专业人员的必修课程，熟知保险行业的监管内容和规定要求，才能督促人们在规章制度内开展相关的业务，也只有这样才能推动保险行业在正确的道路上不断发展。

【学什么】本章应该了解人身保险公司准入的门槛及退出的情况和路径，并且还应该了解人身保险业务监管的内容。

【怎么学】本章涉及许多法律的明确规定和规章制度的明确要求，因此对于本章的学习可以参考《保险法》及保险监管部门的文件。

【如何用】通过对本章的学习，可以对人身保险业务的相关规定要求有更加明确的认知，能够在法律和监管的规章制度的框架下用正确的方法开展业务。作为消费者，可以增加对保险产品、保险业务和保险法规的理解，更好地保障自己的权益。

第一节 人身保险监管概述

保险从严：银保监会的"罚单"

普华永道会计师事务所（以下简称普华永道）发布的《2022年二季度保险行业监管处罚及政策动态分析》（以下简称《报告》）指出，2022年二季度，人身险公司在保险机构中累计罚款总金额共计1 928万元，占本季度罚款总金额的25%；罚单数量达242张，位居第一，占本季度罚单总数量的44%。从月度趋势来看，罚款金额逐月增加，罚单数量呈波动变化趋势。

按照罚款总额排序，"财务、业务数据不真实""给予投保人保险合同约定外利益""未严格执行经批准或备案的保险条款、保险费率""欺骗投保人""编制或者提供虚假的报告、报表、文件、资料"为人身险公司前五大违法违规事由。其中"财务、业务数据不真实"成为财险前五大处罚事由中罚款总额最高的处罚类型，其总计金额418万元。

按照罚单数量排序，"财务、业务数据不真实""给予投保人保险合同约定外利益""欺骗投保人""未严格执行批准或备案的保险条款、保险费率""编制或者提供虚假的报告、报表、文件、资料"为人身险公司前五大违法违规事由。其中，"财务、业务数据不真实"居首位，罚单数量33张。

一、人身保险监管的含义

保险监管，是一种制度安排，它是不同国家和地区在一定条件下对保险业所制定的各种法律法规和监管方式及监管手段的总和，目的是确保本国保险业的健康有序发展。

2021年3月18日，银保监会机关对珠江人寿公司及相关个人开出138万元罚单，该处罚就是为了惩戒违规运用保险资金向房地产企业输送利益的行为。

人身保险监管，是指对人身保险市场进行监督和管理来维护市场秩序、保护消费者权益、促进保险市场稳定发展的一系列活动，包括监督和管理两方面。

（一）监督

监督是指监督保险公司及其分支机构、中介机构及个人代理人的市场经营行为，使之符合法律、行政法规和部门规章，对于违反者予以查处，监测保险公司的偿付能力和经营风险，督促保险公司防范和化解经营风险等。银保监会依据法律法规对保险业开出"罚单"，就属于监督作用。

人身保险监管的监督具体体现在以下几个方面。

1. 监督市场准入

监管机构会制定相关准入规定，对保险公司和代理机构进行审批和注册，确保市场参与者符合资质要求，具备稳定经营能力。

2. 监督销售行为

监管机构会审查保险产品的设计和销售方式，确保其合理性、透明度和风险可控性，禁止过度销售和误导性销售行为。

3. 监督信息披露

监管机构要求保险公司及时准确地披露相关信息，包括保险产品的条款、费率、保险公司的财务状况等，以保障消费者知情权和选择权。

4. 监督理赔处理

监管机构会对保险公司的理赔工作进行监督，确保保险公司按规定及时、公正地处理理赔事务，保护被保险人和受益人的权益。

5. 监督风险管理

监管机构要求保险公司建立健全风险管理制度，包括资本充足率、投资风险管理、产品风险管理等，以确保保险公司能够承担风险、保证保险责任履行。

（二）管理

管理是指批准人身保险公司及其分支机构的设立、变更、撤销等，审查人身保险公司高级管理人员任职资格，制定基本保险条款和费率，审批或备案保险公司上报的保险条款和费率，建立行业标准、制度架构和经营规则。银保监会制定行政规章和发布文件通知体现的就是管理作用。

人身保险监管的管理具体体现在以下几个方面。

1. 管理职责划分

监管机构会明确自身的职责和权限，确保监管工作的全面、有序进行。包括制定相关规章制度、组织职能部门等。

2. 管理人员能力建设

监管机构要求其管理人员具备丰富的保险业务知识和专业能力，通过培训和考核等方式不断提升管理人员的素质和水平。

3. 管理工作标准化

监管机构会制定管理工作的标准和流程，确保监管活动合规、规范进行，包括监管指南、监管检查程序等。

4. 管理信息化建设

监管机构会投资建设信息化系统，提高监管数据的收集、分析和利用能力，实现对人身保险市场的实时监控和预警。

5. 管理合作与协调

监管机构与其他相关部门和国际监管机构之间进行合作与协调，共同应对跨境业务、新技术和政策调整等挑战，推动人身保险市场发展。

二、人身保险监管的方式

从广义上说，人身保险监管分为国家监管、保险行业自律和社会监督三个方面。

（一）国家监管

国家对保险业的监管主要在三个层次上进行：立法监管、司法监管和行政监管。

1. 立法监管

立法监管是指立法机关通过立法手段以及对法律的立法解释对保险业进行监管。它是国家监管部门对保险业的第一层机制，也是国家金融监督管理总局实施有效管理和服务于经济发展战略目标的基本手段。国家金融监督管理总局所做出的一切监督行为都必须在法律法规及相关文件规定范围内进行，任何违反法律法规以及不符合上述要求情形下作出的任何决定都将导致违法违规行为或承担相应责任。主要体现在法律法规制定、经营准入规定、客户保护规定以及风险管理规定等方面。

2. 司法监管

法院是国家监管的第二层机制，主要解决保险活动中各方争议问题。司法监管是指通过审判机关对保险纠纷和违法行为进行判决和裁决，保障市场秩序和消费者权益，保证保险法律贯彻实施。它通过保险判例及其解释法律的特权实施对保险业的监管。在实施判例法的国家，司法监管作用尤为明显。

3. 行政监管

行政监管是国家监管的第三层机制，也是承担保险监管职能的最主要层次。主要体现在市场准入和登记管理、监督销售行为和信息披露等方面。它通常享有广泛的行政权、准立法权和准司法权。由于各国具体政治经济环境不同，不同国家保险监管机关差异也很大。改革开放以来，我国保险监管经历了人民银行负责、成立保监会、组建银保监会，组建国家金融监督管理总局等阶段。狭义的保险监管指的是行政监管层次，即保险监督管理机关的监管，如无特别说明，此后书中的保险监管，指的都是狭义的保险监管内容。

（二）保险行业自律

保险行业协会是保险人或者保险中介机构自己的社团组织，对规范保险市场发挥着政府监管所不具备的协调作用。

只有运作良好、运作正常的保险业协会才能在不受国家行政干预、没有国有企业垄断地位、没有国家财政负担压力的情况下，以其自身的优势与专业能力，通过自身内部协调和外部沟通，有效地发挥好自我调节功能。

另外，由于我国目前实行分业经营体制，各保险公司之间相互独立发展。因而我国还需要一种"相对独立"和"相互制约"相结合的机构——"保险业自律组织"来保护各自在业务上以及利益上能够统一意见。

（三）社会监督

社会监督包括非常丰富的内容，以下介绍三种组织的监督。

1. 保险信用评级机构

保险评级是由独立的信用评级机构采用一定的评级方法，把保险公司复杂的业务与财务信息转变为易于理解的不同级别，以供外界参考。

信用评级的评判结果不具有强制力，它以其自身的信用来决定人们对其评定结果的可信度。

尽管各评级机构对保险公司信用评级界定不尽相同，但它们进行保险信用评级的核心是保险人的偿付能力水平。

2. 独立审计机构

独立审计机构是指依法接受委托，对保险公司的会计报表及其相关资料进行独立审计并出具审计意见的注册会计师事务所和审计师事务所。由于其客观公正性，各国在保险监管时，都比较重视独立审计部门的意见。

3. 社会媒体

社会媒体是指由有关国家和地区的政府主管机关、司法机关、企事业单位等通过一定的宣传渠道，向社会公众介绍并传播保险产品信息和其他有关信息。关于保险业经营行为、财务状况等方面的披露报道，直接影响着消费者对保险业及保险业的信心，影响着消费者对保险业发展前景及保费收入变化情况作出判断和选择。社会媒体广泛而潜在地引导着公众对保险业及其经营行为和财务状况等方面进行判断与选择。同时，在某种程度上还会引起保险监管部门注意，并影响其政策取向。因此，社会媒体作为一种舆论监督工具存在于我国保险人中，而对于广大投保人来说也具有不可忽视的约束作用。

三、人身保险监管的特殊性

1. 长期性

与财产保险相比，人身保险涉及的风险可能更长、更复杂。人身保险产品通常是长期承保的，如寿险、健康险等，在设计时对被保险人的健康状况进行评估。在保险期间内根据被保险人健康状况发生变化时，监管机构可以进行动态监管。

2. 经验性

人身保险的风险评估和价格定价往往依赖于多年的经验数据和统计分析。从大量资料中归纳总结出客观规律并加以运用，是监管部门不可缺少的工作。由于我国保险业长期处于经营体制改革中，各种体制机制还不够完善，加之缺乏专门研究部门，需要对不同类型的投保人与被保险人开展有针对性和前瞻性的调查研究并提出意见建议。特别是对于一些特殊群体（如老年人或特定职业人群）所产生的疾病风险以及因意外事件而造成经济损失等问题，监管部门需要考虑如何实施有效监管。监管机构需要对保险公司的风险管理能力、数据质量和统计方法进行审查和监督，确保保险公司在设计、定价和销售人身保险产品时符合法律法规规定。

3. 公共利益

人身保险事关个人和家庭长期保障及其社会稳定问题，既关系到广大人民群众切身利益，又事关社会公平正义、经济安全稳定运行。保护投保人及被保险人权益维护市场秩序和公平竞争；防范个别公司违规行为引发市场混乱；防范经营风险引发重大安全事故；利用"互联网+"实现普惠金融等方式促进社会发展等，这些离不开政府职能部门提供公共服务支持以维护公众利益。

4. 专业性

人身保险合同的订立、理赔处理需要专业的保险知识和技能。监管机构应具备专业的人力资源和技术能力，对人身保险公司进行专业监管，制定行业自律规范，建立起科学有效的内控机制，切实履行自身职责。同时应妥善处理与保险公司、投保人之间发生争议时的协调工作。

四、人身保险监管目标及监管内容

（一）监管目标

从保护社会公众利益和市场公平的角度出发，高度重视在保险业处于弱势地位的投保人和被保险人的根本利益，将保护消费者利益，维护公平竞争的市场秩序，维护保险体系的整体安全与稳定，保证产品和服务的充足性、合理性和非歧视性，以及将促进行业健康发展作为监管的主要目标。

2021年3月银保监会开出的"罚单"之一，是永达理公司在2018年以相关会议的名义，组织客户出境旅游，存在给予投保人、被保险人或者受益人保险合同约定以外的利益，被原银保监会开出60万元的罚单。这一处罚的目的是维护公平竞争的市场秩序，保证产品合理性和非歧视性。

（二）监管内容

（1）机构监管，一般包含对保险市场的准入与退出以及保险公司的组织形式等的监管。

（2）业务监管，主要包括对业务范围、保险条款、保险费率、业务行为以及再保险等的监管。

（3）财务监管，主要是对保险公司资产负债情况进行监管，重点是保险准备金的提取和资金运用情况。

（4）偿付能力监管，主要包括资本金要求、风险资本要求、保证金提取及保险保障基金的建立。

（5）治理监管，主要包括对公司治理、人员适格性、风险管理及信息披露等要求。

（6）金融稳定监管，主要包括宏观审慎监管、集团监管、反洗钱及监管合作等方面。

本教材主要介绍前两项内容，如需了解其他方面请访问国家金融监督管理总局官网，或查询相关文献资料。

学以致用 9-1　寿险条款标准化

一、看事实：国家金融监督管理总局正式揭牌[①]

当前，保险资金运营总体稳健审慎，个别公司的激进投资行为得到有效遏制，但仍有保险机构存在违规问题。2023 年 8 月 31 日，国家金融监督管理总局一连发布 3 张罚单，涉及国寿养老、人保养老及中国太平三家保险公司，合计被罚 206 万元。

从违规事由来看，两家险企皆因保险资金运用违规被处罚。其中，国寿养老涉及使用受托管理的养老保障管理产品资金开展债券质押逆回购交易违规，中国太平涉及保险资金投资不动产项目不合规。而人保养老则因年度财务报表数据不真实被罚。

2023 年 5 月 18 日，国家金融监督管理总局正式挂牌成立，加强了对金融机构的日常监管和执法力度，进一步提高了监管效能。未来，宏观经济不确定性依旧存在，行业监管持续趋严，对金融机构短期业绩表现、长期经营能力以及应对未来市场和政策变化的能力提出更高要求。

具体来看，国寿养老因使用受托管理的养老保障管理产品资金开展债券质押逆回购交易，相关交易不符合监管规定，被罚 100 万元，时任国寿养老投资中心副总经理（主持工作）被警告并罚款 10 万元。

此外，中国太平因决策以保险资金投资不动产项目，相关项目不符合保险资金运用监管规定，被罚款 30 万元。与此同时，时任中国太平投资管理部总经理被警告并罚款 10 万元，时任中国太平投资管理部不动产处经理被警告并罚款 7 万元。

除了上述两家机构涉及的保险资金运用问题，数据质量也是保险机构在监管数据类检查中的一道必答题。

罚单显示，人保养老因多计提管理费收入，导致年度财务报表数据不真实，被罚 35 万元。在落实"双罚制"方面，时任人保养老财务管理部总经理、时任人保养老投资中心

---

① 资料来源：东方财富网，"险资穿透式监管升级！3 家险企合计被罚 206 万元 涉保险资金投资不动产、逆回购交易违规等"，2023 年 9 月 1 日，https://finance.eastmoney.com/a/202309012835156414.html

总经理均被警告，且两人分别被罚款 7 万元。

业内人士表示："近年来，无论是保险业还是银行业，针对数据不实的监管一直相当严格"。据毕马威金融业监管数据处罚调查，2023 年上半年，人民银行及金融监管总局向银行、保险公司等金融机构共开出数据罚单 687 张，罚款金额 10.03 亿元，平均罚单146.06 万元，涉及 408 家机构。

二、做练习：阅读人寿保险产品条款

1. 登录国家金融监督管理总局官网，在"政务信息—行政处罚"栏目下，浏览与寿险公司有关的 3~5 个行政处罚决定书。

2. 浏览后，说一说，以上处罚决定涉及哪家公司，为什么被处罚，处罚对象和措施是什么？

3. 结合本节所学知识和浏览的行政处罚决定书，说一说，你对人身保险监管内容与作用的认识或收获。

第二节　人身保险机构准入与退出

📱 **保险开放：新设外资银保机构加快**

原中国银保监会 2020 年 8 月 22 日晚表示，2018 年以来，银保监会共批准外资银行和保险公司来华设立近 100 家各类机构，其中包括外资独资或控股的保险公司和理财公司。

今年上半年又有 3 家外资保险公司的资产管理公司等陆续设立，美国安达保险集团也在今年上半年成为华泰保险集团最大股东。

外资在华设立保险公司有哪些要求？中国公民到境外设立保险公司需要具备哪些条件？本节带你了解这些问题。

一、人身保险机构的准入

人身保险机构监管是对人身保险机构的组织形式、市场准入、变更、兼并、市场退出以及人身保险中介人实施的监管。

设立保险公司属于市场准入问题。人身保险公司的设立不仅要具备法律法规规定的条件，还必须经国家金融监督管理总局机构批准并在注册机构注册。

为指导保险公司合理、有序地设立分支机构，提高监管的质量和效率，2021 年银保监会发布《保险公司分支机构准入管理办法》（以下简称《办法》），从设立、改建、变更、撤销等方面对其进行了明确规定。

新规在整体上反映出我国保险公司及分公司行业准入管理日趋严格的情况，并在新规定中添加了很多新的要求与条件。例如，按照《办法》，分支机构只能在其申请成立时所划定的营业地区内进行业务转移，不得跨业务地区进行业务转移。并且在达到开办条件后，向上级主管部门申请批准；或者递交申报材料；或者作出达到开办条件的承诺。

人身保险公司的市场准入监管包括对人身保险公司的组织形式、人身保险公司的设立条件、保险公司分支机构与代表处设立、设立境外保险类机构、设立外资保险公司和人身保险公司境外保险类机构设立等进行监管。

（一）人身保险公司的组织形式

对于人身保险公司的组织形式，各国一般都有适合其国情的限制和规定。现存的保险公司组织形式按投资主体可分为公营保险组织、民营保险组织、个人保险组织、合作保险组织和自保公司。公营保险组织是指由国家机关或事业单位、团体等社会团体，依法投资设立的经营保险业务的企业法人；民营保险组织是指以个人财产、人身为基础，依据国家法律法规，以盈利为目的，依法独立进行经营活动的公民自愿参加保险并承担相应风险的商业组织；个人保险组织是自然人充当保险人的组织，比较少见，迄今为止只有英国伦敦的劳合社；合作保险组织是一种以企业和个人为主体的保险机构，通过建立和实施有效合作，能够使风险管理更加便捷、安全和可靠。合作保险组织可以帮助企业更好地控制风险，改善客户体验，提升服务水平，提高企业竞争力；自保公司是一种新型的金融服务模式，它以客户的安全为前提，通过建立一系列的保险产品来保护客户的资产。自保公司提供了多种风险管理方案，包括财产保险、人身意外伤害险、信用保证保险等。此外，自保公司还提供多种增值服务，如融资担保、信用增级等。

我国《保险法》第六条规定，"保险业务由依照本法设立的保险公司以及法律、行政法规规定的其他保险组织经营，其他单位和个人不得经营保险业务"。

（二）人身保险公司的设立条件

在我国，《公司法》规定了公司的设立条件和程序，《保险法》规定了保险公司的设立条件和程序，另外还有《保险公司管理规定》。依据特别法优于普通法的原则，保险公司的设立应以《保险法》和《保险公司法管理规定》为主要依据。

我国《保险法》规定设立保险公司应当经中国保险监督管理委员会批准。中国保险监督管理委员会审查保险公司的设立申请时，应当考虑保险业的发展和公平竞争的需要。

2015年修订的《保险公司管理规定》指出，设立保险公司应当向中国保监会提出筹建申请，并符合下列条件。

（1）有符合法律行政法规和中国保监会规定条件的投资人，股权结构合理。

（2）有符合保险法和公司法规定的章程草案。

（3）承诺出资或者认购股份，拟注册资本不得低于2亿元人民币，且必须为实缴货币资本。

（4）具有明确的发展规划、经营策略、组织结构框架、风险控制体系。

（5）拟任董事长总经理，应当符合中国保监会规定的任职资格条件。

（6）投资人认可的筹备组负责人。

（7）中国保监会规定的其他条件。

（三）保险公司分支机构与代表处设立

1. 设立分支机构的监管要求

根据业务发展需要，向国家金融监督管理总局申请设立分支机构。

我国《保险公司管理规定》明确指出，保险公司分支机构层级依次为分公司、中心支公司、支公司、营业部或者营销服务部。

保险公司可以不用逐级设立分支机构，但其住所地以外的各省、自治区、直辖市开展业务，应当首先设立分公司。设立分公司必须满足最低资本额和注册资本要求。具体规定，请查询法律法规要求，进一步学习掌握。

人身保险公司存在重大违法违规或重大的风险等问题的，将被限制新设分支机构，而对于积极发展风险保障型和长期储蓄型业务的保险公司，则会支持、鼓励新设分支机构。

2. 设立保险公司代表处的规定

保险公司代表处是负责保险公司咨询、联络、协调非保险业务经营活动的派出机构。

国内的保险公司在境外设立代表处和外国保险公司在中华人民共和国境内设立代表机构必须经中国保险监督管理委员会批准。代表机构不得从事保险经营活动。

（四）设立境外保险类机构的监管

境外保险类机构是指保险公司的境外分支机构、境外保险公司和境外中介机构。

设立境外保险类机构是指保险公司的下列行为：一是设立境外分支机构（境外保险公司和境外中介机构）。二是收购境外保险公司和保险中介机构。

原中国保监会颁布的《保险公司设立境外保险类机构管理办法》指出，保险公司设立境外保险类机构应当遵守中国有关保险和外汇管理的法律、行政法规以及原中国保监会的相关规定，遵守境外的相关法律及规定。

保险公司收购境外保险公司和保险中介，应当执行现行保险外汇资金的有关规定。

（五）设立外资保险公司和人身保险公司境外保险类机构设立

外资设立保险公司主要依据 2001 年制定的《中华人民共和国外资保险公司管理条例》（以下简称《条例》），根据中国保险业的发展和金融开放步伐需要，该《条例》分别在 2013 年、2016 年和 2019 年进行了三次修订，对外资进入中国市场的限制进一步放宽，如删去了原来外资比例不得超过总股本 51% 的规定等。

1. 设立外资保险公司的主要规定

目前设立外资保险公司的主要规定如下。

（1）设立外资保险公司，应当经中国保险监督管理委员会批准。

（2）设立外资保险公司的地区，设立形式、外资比例等由中国保险监督管理委员会按照有关规定确定。

（3）合资保险公司、独资保险公司的注册资本最低限额为 2 亿元人民币或者等值的自由兑换货币；其注册资本最低限额必须为实缴货币资本。

（4）外国保险公司分公司应当由其总公司无偿拨给不少于 2 亿元人民币或者等值的自由兑换货币的营运资金。

以上规定与本国设立保险公司要求并无太大区别。

2. 设立外资保险公司的条件

申请设立外资保险公司的外国保险公司，应当具备下列条件。

（1）提出设立申请前 1 年年末总资产不少于 50 亿美元。

（2）在国家或者地区有完善的保险监管制度，并且该外国保险公司已经受到所在国家或者地区有关主管当局的有效监管。

（3）符合所在国家或者地区偿付能力标准。

（4）所在国家或者地区有关主管当局同意其申请。

（5）中国保险监督管理委员会规定的其他审慎性条件。

以上规定则是考虑到对保险消费者权益保护的需要，确保申请设立的外资保险公司能够稳健运行。

边学边做

读文件学保险

2021年3月19日，为进一步扩大保险业对外开放，原银保监会决定对《中华人民共和国外资保险公司管理条例实施细则》部分条款予以修改。请进入国家金融监督管理总局官网，查询并阅读该文件。

二、人身保险机构市场退出

平地惊雷：六家保险机构同时被接管

原银保监会发布公告称，自2020年7月17日起，将依法对天安财险、华夏人寿、天安人寿、易安财险、新时代信托、新华信托六家机构实施接管。接管期限为一年，如接管工作未达到预期效果，接管期限依法延长。

消息一出，平地惊雷，一时间谣言四起，个别保险业务人员开始借题发挥，宣称在这样的公司买保险并不安全，产品保费看起来便宜，最后可能没保障。

寿险公司被接管意味着什么呢？假如我们在保险公司买了保险，结果保险公司被接管了，那保险利益会因此受到损害吗？

（一）市场退出预警：整顿、接管与重整

完善的寿险公司退出机制，可以分为市场退出预警和市场退出路径两个方面。

保险机构退出机制预警程序的功能在于帮助监管机构及时发现和评价保险机构的经营风险和财务风险，及时采取必要措施控制和减少风险，挽救陷入危机的保险机构，使之尽量避免遭受退出市场的灭顶之灾。

由于寿险业保障内容的特殊性，各国对寿险公司的市场退出都持相当谨慎的态度，都在努力建立和强化保险机构退出机制的前置或预警程序。

按照我国的《保险法》规定，可以将我国保险机构市场退出机制预警程序归纳为"整顿"和"接管与重整"两大步骤。一般来说，整顿是接管与重整的前置程序，接管与重整则是接管后的必然步骤。

1. 整顿

在我国，对于未依法提取或者结转各项责任准备金及办理再保险，或者严重违反资金运用规定的保险机构，由保险监督管理机构责令限期改正。

逾期未改正的，保险监督管理机构可以决定选派保险专业人员和指定该保险公司的有关人员组成整顿组，对公司进行整顿。

整顿过程中，被整顿保险公司的原有业务可以继续进行，也可以停止部分原有业务或停止接受新业务。

被整顿保险公司经整顿已纠正其违法违规行为，恢复正常经营状况的，整顿组可以向保险监督管理机构出具报告，经批准后结束整顿。

可以看出，整顿主要是保险机构自我调整的过程，如果整顿未能取得预期效果，甚至进一步恶化，则可能进入接管与重整阶段。

2. 接管与重整

接管与重整是保险监管机构对保险机构实施的强制性行政干预措施，其目的在于使有重生希望的保险机构通过接管后的重整，摆脱破产清算的危机，恢复正常的经营能力。

重整期间，接管组可以根据需要采取资产重组、债务重组、合并、并购、业务分拆、获取政府资助等拯救措施，化解保险机构的风险。

接管期限届满，被接管的保险公司已恢复正常经营能力的，由保险监督管理机构决定终止接管。

在 2020 年，有六家保险机构被同时接管，一方面说明其在业务经营中存在严重问题且整顿不力，另一方面说明其尚未到破产清算局面，经接管和整顿有恢复正常经营能力的希望。

（二）寿险公司退出路径

保险机构市场退出机制的退出路径可以分为主动退出和被动退出两类情况。

1. 主动退出

主动退出是指丧失了经营能力的保险机构，经批准并注销登记后，公司法人资格消灭的法律行为。

2021 年 12 月，一家名为"江苏华为保险代理有限公司"的企业公告自愿退出保险代理市场。这也是全国首家宣布自愿退出市场的保险中介机构。

需要注意，我国《保险法》规定：经营有人寿保险业务的保险公司，除因分立、合并或者被依法撤销外，不得解散。也就是说，经营有人寿保险业务的保险公司，只能因公司分立或者合并而解散，不能以公司章程约定的事由解散。

这种规定是为了保护被保险人或者受益人的人寿保险利益不致因为保险公司的解散而受到影响。因为，保险公司经营的人寿保险业务包括长期人寿保险，如果允许保险公司股东或者出资人可以通过公司章程约定自愿解散保险公司，将会有损于被保险人或者受益人的利益，对社会的稳定也不利。

2020 年被接管的保险公司中，华夏人寿和天安人寿是寿险公司，因此除非分立、合并或被依法撤销，是不能主动解散的。

2. 被动退出

保险机构市场退出路径中的被动退出是指保险公司由于严重违规经营、资不抵债、支付困难等原因，被保险监管机构依法撤销或被人民法院依法宣布破产，将其强制驱逐出保险市场的行为。

被动退出分为撤销和破产两种情形。

我国《保险法》第一百五十条规定："保险公司因违法经营被依法吊销经营保险业务许可证的，或者偿付能力低于国务院保险监督管理机构规定标准，不予撤销将严重危害保险市场秩序、损害公共利益的，由国务院保险监督管理机构予以撤销并公告，依法及时组织清算组进行清算。"

在清算期间，保险机构只能从事了结业务、收取债权、偿还债务、分配剩余财产之类的行为。清算完结，由清算组到工商行政管理机关办理注销登记，正式退出保险市场。

破产是指企业不能清偿到期债务被依法宣告破产时，对企业所有资产进行清理，将破产财产公平地分配给债务人，并取消企业主体资格的法律事件。

当经营有人寿保险业务的保险公司被依法撤销或者被依法宣告破产时，其持有的人寿保险合同不能同步终止。由于人寿保险业务的广泛性和普遍性，如果众多的人寿保单持有人的权益因保险公司破产而不能获得有效的保障，容易引起较大范围内的恐慌情绪或非理性行为，甚至可能在保险市场上产生多米诺骨牌效应，导致金融秩序混乱，进而引发金融风险。

为此，我国法律特别规定，被依法撤销或者被依法宣告破产的保险机构的人寿保险合同及责任准备金必须转让给其他继续留在保险市场上的，并且经营人寿保险业务的保险公司。否则，则由保险监督管理机构指定经营有人寿保险业务的保险公司接受转让。

因此，即使被接管的寿险公司无法恢复正常经营，甚至被依法撤销或者破产，寿险保单也会转让给其他经营寿险业务的保险公司。这种转让，可以是主动转让和受让，也可能是由中国保险监督管理委员会指定转让。

如上所述，本节案例中，"华夏人寿和天安人寿被接管，其销售的寿险保单可能得不到保障"的说法是靠不住的，保险机构退出机制惩戒的是经营中存在严重问题或风险的保险公司，而对投保一方有比较完善的保障机制。

天安财险、华夏人寿、天安人寿、易安财险四家保险机构接管期限为一年。到期后，由于接管工作未达到预期效果，该四家机构的监管期再被延期一年。到2022年7月16日，两年接管期已满，四家机构终于迎来命运的"归宿"，而这也同样意味着新的开始。天安财险挂牌出售资产包，易安财险进入破产重整，华夏人寿和天安人寿也均被托管组成员正式接手经营。

学以致用9-2　追踪接管公司动态　分析接管方式差异

一、看事实：瑞众人寿开业[①]

又一家被接管险企的风险处置结局揭晓。

继2023年6月20日承接天安人寿的中汇人寿获批开业后，7月3日，国家金融监督管理总局再次发布批文，批准瑞众人寿保险有限责任公司（下称"瑞众人寿"）开业，注册资本高达565亿元。同时，批准瑞众人寿筹建661家分支（专属）机构，并准予开业。

据了解，瑞众人寿将依法受让华夏人寿资产负债，承接机构网点及人员。华夏人寿回应第一财经记者称："华夏人寿目前正常经营。根据华夏人寿风险处置安排，瑞众人寿设立后将全面履行保险合同义务，切实保护保险消费者及各有关方面合法权益。"

---

① 资料来源：第一财经，"承接华夏人寿的新公司也来了：瑞众人寿获批开业，注册资本高达565亿"，2023年7月3日，https://baijiahao.baidu.com/s?id=1770406525540887095&wfr=spider&for=pc

从注册资本来看，瑞众人寿可谓是我国保险公司中的"巨无霸"级别。

根据批复文件，瑞众人寿注册资本高达 565 亿元。据统计，这一注册资本规模甚至超越了人保集团（442.24 亿元）、中再集团（424.8 亿元）等"老牌"保险公司，以及刚刚因承接天安人寿业务获批开业的中汇人寿（332 亿元），一跃成为目前我国境内单体保险法人公司中注册资本最高的一家。

参股瑞众人寿有两大股东，分别是出资 339 亿元、持股 60% 的九州启航（北京）股权投资基金（有限合伙）（下称"九州启航"）和出资 226 亿元、持股 40% 的中国保险保障基金有限责任公司（下称"保险保障基金"）。

根据媒体统计，这已是保险保障基金第五次出手参与险企风险处置，上月获批开业的中汇人寿两大股东中，保险保障基金就是其中之一，其对中汇人寿出资 66.4 亿元，持股 20%。

而另一个貌似"名不见经传"的九州启航其实也大有来头。

根据工商信息，2023 年 4 月 20 日，九州启航在北京西城区成立。刚一成立，这家私募基金就受到了行业的广泛关注，因为其可谓是一只保险业的行业基金，出资人共计 12 家，除执行事务合伙人跟投外，有 11 家寿险公司参与出资。这 11 家险企包括中国人寿、太保寿险、太平人寿、人保寿险等大中型国有上市险企，以及工银安盛人寿、建信人寿、农银人寿、中银三星人寿、交银人寿、中邮人寿六大银行旗下的寿险公司。

当时，就有媒体报道称，九州启航由中国人寿牵头设立，是一只用于保险业风险处置、具有特殊目的的基金，而"国寿系"的国寿健康产业投资有限公司正是华夏人寿的托管方，因此九州启航也被市场认为是面向华夏人寿的资产处置基金。

从目前的股权信息来看，九州启航的基金规模为 339.01 亿元，而九州启航此次对于瑞众人寿的出资额恰为 339 亿元，定向意味明显。

二、做练习：对比两家新寿险公司

1. 登录"中汇人寿"官网（https：//www.zhonghuilife.com），查看首页以及"公开信息披露—基本信息—公司治理"栏目下信息，说一说，承接天安人寿的中汇人寿目前资本金和业务以及股权结构情况。

2. 登录中国保险保障基金有限公司官网（http：//www.cisf.cn），重点了解该公司业务范围和基金规模情况；登录基金中央汇金投资有限责任公司官网（http：//www.huijin-inv.cn），重点了解该公司控参股机构情况。

3. 根据以上信息，说一说，瑞众人寿接管华夏人寿和中汇人寿接管天安人寿方式上有何异同，你有哪些新的收获？

第三节 人身保险业务监管

📋 **保险改革：千亿意外险迎新规**

早在 2018 年，意外险保费收入就已经突破了千亿大关。2020 年，因疫情影响出行，意外险保费收入略降，但也达到 1 174 亿元。

2021 年 4 月 13 日，原银保监会向各保险公司下发了《意外伤害保险业务监管办法（征求意见稿）》，对意外伤害保险的经营行为进行规范。

征求意见稿明确，保险公司开发的激活注册式意外险产品的保险期间应不少于 7 天，保险责任开始时间应在激活注册之后。

具体产品设计上，短期意外险产品可以进行费率浮动。保险公司在厘定长期意外险保险费时，应根据公司历史投资回报率经验和对未来的合理预期及产品特性按照审慎原则确定预定利率。保险公司应以行业公开发布的意外伤害经验发生率表为基础，结合公司实际经验数据，按照审慎原则确定预定发生率。意外险征求意见稿体现了人身保险业务监管的内容与作用。

一、人身保险业务范围监管

人身保险业务范围监管是对有权开展人身保险业务的机构是否在核定的义务范围内从事经营活动的行为实施监管，禁止没有取得授权而开展全部或部分人身保险业务的行为。

我国《保险法》规定，人身保险业务包括人寿保险、健康保险、意外伤害保险等保险业务。保险人不得兼营人身保险业务和财产保险业务。不过，经营财产保险业务的公司经中国保险监督管理委员会批准，可以经营短期健康保险业务和意外伤害保险业务。

2023 年 2 月原银保监会向各人身险公司下发《人身保险公司分类监管办法（征求意见稿）》，根据征求意见稿，监管将依据《人身保险公司监管评级办法》对人身保险公司评定监管评级，并依据评级结果将人身险公司划分为五大类，评级越高的险企，其可经营的业务范围就越广，等级越低的险企可经营的业务范围越小。

二、人身保险产品监管

国家金融监督管理总局对人身保险产品设计一般实施事后备案和事后抽查管理。

保险公司开发设计的人身保险产品，除明确要求事前审批的外，均实行事后备案，即在产品销售之后的 10 日内向国家金融监督管理总局备案。

保险公司违反监管规定开发设计人身保险产品，或者通过产品设计刻意规避监管规定的，国家金融监督管理总局将依法进行行政处罚，采取一定期限禁止申报新产品、责令公司停止接受部分或全部新业务等监管措施，并严肃追究公司总经理、总精算师等责任人的责任。

国家金融监督管理总局建立人身保险产品问责机制。

（1）保险公司对备案产品负有主体责任。

（2）保险公司总经理对产品开发负有领导责任，并对向国家金融监督管理总局报送产品备案报告审核、签发负有直接责任。

（3）保险公司总精算师对产品负有精算审核职责，并对产品设计分类和费率厘定的合理性、充足性、适当性和公平性负有直接责任。

（4）保险公司法律责任人对产品负有法律审核责任，并对条款的公平性、合理性、合规性，条款表述的准确性、严谨性负有直接责任。

此次意外险征求意见稿明确，连续两年保费收入超过 200 万元且赔付率低于 30% 的产品须停售，监管用意是显而易见的，杜绝赔付率过低，华而不实，甚至"不道德"的产品。

国家金融监督管理总局要求保险公司建立人身保险产品信息披露机制，主动对产品备案资料进行信息披露。

此次征求意见稿明确要求，2022年试点披露部分个人意外险数据，2023年开始全面披露个人意外险数据，2024年则将披露范围进一步扩展至团体意外险。

全面披露后，涉及的数据将十分丰富，包括但不限于：个人意外险的保费收入、赔款金额、中介费、赔付率等；团体意外险的销售渠道情况、产品情况、合作机构名称、保费收入、赔付情况、中介费情况、盈亏情况等。

三、人身保险合同监管

由于保险合同的附合性，保险合同的条款一般事先由保险人依据保险条款的性质和风险情况对不同的险种拟定好保险条款，投保人只能依据已有的保险条款表示接受或不接受。

另外，由于保险条款中有一些专业性较强，复杂性较高，可能出现保险人故意利用合同条款的模糊规定逃避责任的问题。因此，一般保险监管机构会规定保险合同的基本条款，并对其内容和含义作明确规定。

四、人身保险费率监管

人身保险费率是保险公司向被保险人收取的保费金额与保险合同规定的保险费总额之间的比率，是人身保险险种中每个风险单位的保险价格。人身保险费率反映了投保人所支付的保险金金额与保险人所承担的风险之间的关系。

由于费率的确定、保险费的缴纳先于实际损失的发生，保单购买者一般难以判断价格是否合理。保险监管机构有责任维护公平、合理的价格，保证投保人的利益，避免个别保险公司恶意抬高价格、牟取暴利。

确定合理的费率水平对于人身保险机构和被保险人都有重要影响。合理的费率不仅能保证保险费的积累足以支付保险金索赔请求和日常的经营管理费用，而且也有助于建立和维护规范有序的市场秩序。

过高或过低的保险费率都将产生不良的后果。保险费率过低，会导致保险公司准备金不足、财务状况不稳定，甚至影响偿付能力；保险费率过高，会影响保险公司市场竞争力和被保险人的保险需求。

我国《人身保险公司保险条款和保险费率管理办法（2015年修订）》明确要求，保险公司应当按照《保险法》和保险监管要求，公平合理地拟定保险条款和保险费率，不得损害投保人、被保险人和受益人的合法权益。保险公司对其拟定的保险条款承担相应责任。

据了解，一些意外险手续费率、渠道费用水平较高，如银行借款人意外险、旅游意外险等，部分渠道手续费率高达50%，航空意外险的手续费高于90%。此次意外险征求意见稿中明确，短期意外险平均附加费用率上限不得超过35%，长期意外险中，期交产品不得超过35%，趸交产品不得超过18%。

五、人身保险投资业务监管

(一) 人身保险投资监管的一般情况

保险业经营的特点是保费支付在先，保险金支付在后，而人身保险通常期限较长，且大多具有储蓄性质，保险资金的收支之间存在着一定的时间差。若投保人一次性趸缴保险费，将产生一笔沉淀资金；若投保人分期均衡或变额缴纳保险费，一定时期内，因为危险责任较小，保险费将有一部分处于备用状态。因此，当年保费收入总额扣除费用之后的余额与人身保险公司的资本金、各种人身保险未到期责任准备金、未决赔偿款准备金（给付准备金）、公积金、公益金和保险公司盈余中尚未分配、支付的部分共同构成了闲置资金，为人身保险公司进行投资提供可能。大量闲置资金的存在也使得人身保险公司的投资成为必要。

纵观各国、各地区，由于经济发展水平、保险业和资本市场的发展程度、所选择的保险监管模式等不尽相同，各国保险监管部门对人身保险投资进行了不同程度的监管，但从总体来看，监管的内容主要包括：保险资金投资方式的准入、资产类别的最高比例、单个投资项目的最高比例限制、资产与负债的匹配、衍生金融产品的投资限制以及资产评估方法的要求几个方面。

1. 保险资金投资方式的准入

保险投资必须满足安全性、流动性、收益性、社会性和合法性的原则，禁止盲目冒险投机行为。因此，各国或各地区的保险法都对投资范围进行了具体的规定。保险资金可投资的方式很多，包括银行存款、政府债券、公司债券、普通股、优先股、不动产、抵押贷款、信用贷款、衍生金融产品等。有些国家在保险法规中明确规定保险公司可以投资的方式。有些国家仅列举禁止或限制投资的投资方式，大多数国家保险资金投资方式有日渐放宽的趋势，但几乎都禁止或限制对流通性差和风险性的非上市公司股票和非抵押或非担保的信用贷款进行投资。

2. 资产类别的最高比例

在对保险资金投资方式进行监管的同时，大多数国家和地区还以百分比的形式规定了投资于某类资产的最高或最低比例，以分散风险、防止保险投资方向过于集中、风险过于集中。通过最高比例的限制，保证保险投资的收益的同时保证保险投资风险的充分分散化，从而最大限度地消除非系统风险，保证保险资金的流动性和收益性。而实施最低比例的限制，一般是为了保证有足够的资金为政府债券融资，但实施最低比例限制的国家为数不多。还有一些国家不是分别规定每类资产的百分比，而是规定几种资产的综合百分比，如加拿大、日本、瑞典将上市股票和非上市股票综合在一起；法国、挪威、希腊将国内股票和国外股票综合在一起，挪威还将不动产和贷款综合在一起。

3. 单个投资项目的最高比例

各国还对保险公司的单项投资进行了最高比例限制，防止保险公司的资金过多投入某一具体项目，保证保险资金投资的变现能力。一般情况下，对同一公司的股票和抵押债务比非抵押债务限制宽松，对非上市股票比上市股票限制严格。政府对保险投资进行单项限制是为了避免保险公司拥有其他企业过多的股权而形成对其他企业的控制，防止保险经营与其他业务经营的交叉，确保保险经营的专业性。

4. 资产和负债匹配要求

对保险投资实施监管的目的决定了保险投资资金监管的一个重要方面就是资产和负债的匹配，即投资期限和保单持有人负债期限相匹配以及资产货币和负债货币相匹配。人身保险公司的负债是长期负债为主，持续期较长且暗含有利率保证，其期限较长要求人身保险公司的投资是长期投资，如果投资期限低于负债期限，则会面临投资风险，因此，资产负债期限匹配是保险监管的组成部分。除了少数几个国家规定了明确的匹配目标和具体匹配方法，大多数国家以告示方式辅之以定期检查的方式对其资产负债期限匹配进行监管。

5. 衍生金融产品的投资限制

随着资本市场的发展，各种金融衍生产品逐渐成为人身保险公司投资的新渠道。金融衍生产品是以实质金融产品为基础的金融工具，是规避原有的实质金融产品风险的产物，但同时也带来了巨大的风险（如投机），有悖于保险投资的安全性原则。在一些发达国家，允许保险资金参与衍生金融产品的交易，但只限于套期保值等，以防止未来投资收益的下降，规避风险。如法国、日本、瑞士等国禁止技术准备金投资衍生金融产品；欧盟《第三次保险条例》允许保险公司使用金融性衍生产品，但规定将技术准备金投资于衍生金融产品，应用于"降低投资风险或促进有效的资产组合管理"，而对资本金的投资，保险公司有更大的自主权。

6. 资产评估方法

人身保险公司的资产包括固定资产、当期资产和投资，保险公司的负债包括责任准备金、当期负债、平衡准备金和资本金。人身保险公司的资产和负债都具有较大的不确定性。但是为了测定公司的偿付能力，衡量公司经营的好坏，或是仅仅出于向监管部门递送年报的需要，必须对保险公司的资产与负债状况做一个估值。不同的国家采用的估值方法不同，但一般要求保险公司采取比较保守的资产估值方法，不同的资产采用不同的估值方法。可用于资产评估的方法有：①成本与市价孰低法（上市公司证券）或成本法（非上市证券）；②低价法；③摊销价值法；④市价法；⑤调整市价法等。一些监管相对自由的国家，如美国、英国、澳大利亚等，对上市的投资采用市价法，对不存在二级市场的投资采用估算市价法；大多数国家则要求采用谨慎的投资方法，对上市的投资采用账面价值和市场价值孰低法，对没有二级市场的投资采用价值减记法；而德国、土耳其、希腊则要求采用"历史最低价值原则"，即选择账面价值和交易的历史最低市场价值的较低者为估价基础。对于技术准备金的估值法，一般来说，要求非寿险公司只采用净准备金法，寿险公司采用毛准备金法。

综上所述，各国对人身保险投资的具体限制千差万别，有些国家比较严格，而有些国家则比较宽松。监管严格的国家不但对保险资金投资方式的准入、资产类别的最高比例、单个投资项目的最高比例限制、资产与负债的匹配有详细的规定，而且还严格限制投资于衍生金融产品并采取保守的资产评估方法；相对宽松的国家在一定程度上允许投资于高风险领域，包括金融衍生产品，对于投资的比例也没有明确的限制，资产评估方法相对大胆，灵活性较大。

（二）我国对人身保险投资的监管

根据《保险法》《保险公司管理规定》和《保险公司财务制度》，我国对人身保险投资的监管主要有以下内容。

我国保险公司的资金运用必须稳健，遵循安全性原则，并保证资产的保值增值。保险公司的资金不得用于设立证券经营机构和向企业投资，保险公司运用的资金和具体项目的资金占其资金总额的具体比例，由金融监督管理部门规定，但比例管理到目前为止仍未落到实处，未发挥其应有的作用。

到目前为止，我国保险公司可运用资金包括权益资产（资本金、公积金、公益金、总准备金、未分配利润等）；保险准备金（未到期责任准备金、未决赔款准备金、长期责任准备金、人寿保险未到期责任准备金）；保险保障基金（由各保险公司专户存储或购买国债，使用权归各保险公司）。除经国家金融监督管理总局批准，保险公司的资本金、公积金、各项保险责任准备金，只能在中国境内运用。

可以看出，我国的保险监管部门考虑到我国保险企业的实际水平和国内相关市场（保险市场、资本市场和房地产市场）的发育水平，以安全性和流动性作为监管的重点，但随着市场的完善、保险企业自身水平的提高，也逐渐认识到保险投资的重要性，逐渐放开保险资金的运用渠道，为保险资金寻求更高回报的机会，以保证保险投资的收益性。相信随着我国市场体制的逐步完善，经济的进一步发展以及保险公司经营管理水平的提高和国内相关配套市场的发展，我国人身保险投资的渠道会越来越宽。当然，投资领域的放开不是一蹴而就的，而是一个渐进的过程，需要各种制度的建设与完善与之相配套，也需要相应的保险监管水平与之相配套。

我国目前对中外资保险公司实施不一致的资金运用政策。外资保险公司可用于投资的资金包括资本金、未分配利润、各项准备金及其他资产，其可以以人民币或外币在境内从事以下的投资领域。

（1）中国的金融机构的存款，没有具体的比例限制。

（2）购买政府债券和金融债券，没有具体的比例限制。

（3）购买企业债券，但投资额不得超过可投资总额的10%。

（4）境内外汇委托放款，该放款应有抵押品或金融机构担保，对每一单位的放款，不得超过可投资总额的5%，所有放款的总和不得超过可投资总额的30%。

（5）股权投资，不得超过可投资总额的15%。

（6）经批准的其他投资。

对中外保险公司采取不同的政策，严格限制中资保险公司的投资渠道，主要考虑了中资保险公司的投资管理水平，控制保险公司的经营风险。但随着保险市场化程度的加大，不平等的资金运用政策限制中资保险公司的利润空间，影响中资保险公司的费率取向，并进一步影响公平的保险市场氛围的形成。

 学以致用9-3　了解分类监管办法

一、看事实：人身保险公司分类与业务范围限制[①]

2023年2月2日，原中国银保监会下发了《人身保险公司分类监管办法（征求意见稿）》（以下简称《办法》）。

---

① 资料来源：中国银行保险报，"人身保险公司将开启分类监管"，2023年2月3日，http：//www.chimc.cn/content/2023-02/03/content_476358.html

人身保险公司业务范围分为基础类业务和扩展类业务：基础类业务包括普通型保险、健康保险、意外伤害保险、分红型保险、万能型保险；扩展类业务包括投资连结型保险和变额年金。

根据《办法》，Ⅰ类公司可开展基础类业务和扩展类业务；Ⅱ类公司原则上万能型保险和扩展类业务规模保费增速不能超过公司上一年度万能型保险和扩展类业务规模保费增速或30%，两者取低；Ⅲ类公司原则上万能型保险和扩展类业务规模保费收入不能超过公司上一年度万能型保险和扩展类业务规模保费收入；Ⅳ类公司严格压降万能型保险和扩展类业务保费规模和业务占比；Ⅴ类公司暂停万能型保险和扩展类业务。

2022年5月，原银保监会下发《人身保险公司法人机构风险监测和非现场监管评估办法（征求意见稿）》，将人身险公司综合风险水平等级分为1~5级和S级。评级结果为1~5级的，数值越大表明法人机构风险越大，需要越高程度的监管；正处于重组、被接管、实施市场退出等情况的法人机构经监管机构认定后直接列为S级。

以此为依据，《办法》将人身险公司分为Ⅰ类、Ⅱ类、Ⅲ类、Ⅳ类和Ⅴ类共5个类别，对应的最近一次监管评级分别为1级、2级、3级、4级、5级或S级。

二、做练习：阅读人寿保险产品条款

1. 登录国家金融监管总局官网，检索"关于近期人身保险产品问题的通报"信息，阅读其中3~5条。

2. 浏览后，说一说，从保险监管机构角度看，人身保险产品的常见问题。

3. 结合所学知识，说一说，人身保险公司分类监管与人身保险产品问题通报对人身保险公司发展的影响。

本章小结

1. 保险监管是一种制度安排，它是不同国家和地区在一定条件下对保险业所制定的各种法律法规和监管方式及监管手段的总和，目的是确保本国保险业的健康有序发展。保险监管包括监督和管理两个方面。

2. 人身保险监管从广义上分为国家监管、保险行业自律和社会监督三个方面。

3. 人身保险监管有其特殊性，如长期性、经验性、公共利益和专业性等。

4. 人身保险机构的准入监管包括组织形式、设立条件、设立程序等方面。

5. 完善的寿险公司退出机制，可以分为市场退出预警和市场退出路径两个方面。我国保险机构市场退出机制预警程序归纳为"整顿"和"接管与重整"两大步骤；保险机构市场退出机制的退出路径分为主动退出和被动退出两类情况。

6. 一般保险监管机构会规定保险合同的基本条款，并对其内容和含义作明确规定。

7. 保险业务监管是指国家对保险企业的营业范围、保险条款和保险费率、再保险业务以及保险中介的监督和管理。

8. 人身保险业务监管主要有三个方面的内容，即人身保险业务范围监管、人身保险合同监管和人身保险产品设计与销售监管。

9. 保险监管机构有责任维护公平、合理的价格，保证投保人的利益，避免个别保险公司恶意抬高价格、牟取暴利。

10. 由于经济发展水平、保险业和资本市场的发展程度、所选择的保险监管模式等不尽相同，各国保险监管部门对人身保险投资进行了不同程度的监管。

 关键词

保险监管　人身保险监管　立法监管　司法监管　行政监管社会监督　保险评级机构监管　市场准入监管　业务监管公营保险组织　民营保险组织　个人保险组织合作保险组织　自保公司保险机构市场退出机制预警程序　整顿　接管重整　主动退出被动退出　保险保障基金

 复习思考题

1. 什么是人身保险监管？
2. 人身保险监管的方式有哪些？
3. 简述人身保险监管目标及监管内容。
4. 什么是人身保险机构的准入？如何理解其目标？
5. 简述人身保险业务监管的三个主要方面。
6. 为什么要对保险合同基本条款的内容和含义作明确规定？
7. 什么是人身保险费率？
8. 简述人身保险投资业务监管的主要方面。

参 考 文 献

[1] 布莱克. 人寿与健康保险 [M]. 13 版. 北京：经济科学出版社. 2014.

[2] 蒋虹. 人身保险 [M]. 2 版. 北京：对外经济贸易大学出版社. 2020.

[3] 刘冬姣. 人身保险 [M]. 3 版. 北京：中国金融出版社. 2022.

[4] 孙祁祥. 保险学 [M]. 7 版. 北京：北京大学出版社. 2021.

[5] 许飞琼. 经典保险案例分析 100 例 [M]. 北京：中国金融出版社. 2020.

[6] 张洪涛，庄作瑾. 人身保险 [M]. 2 版. 北京：中国人民大学出版社. 2019.

[7] 魏巧琴. 保险公司经营管理 [M]. 上海：上海财经大学出版社. 2021.

[8] 张晓华. 人身保险 [M]. 3 版. 北京：机械工业出版社. 2019.